计算机应用基础

主　编　王　雄　林　敏

副主编　郝丽娜　黄媛吉　甘文娟

郑　非　李　博

中国出版集团

世界图书出版公司

广州·上海·西安·北京

图书在版编目(CIP)数据

计算机应用基础/王雄，林敏主编. —广州：世界图书出版广东有限公司，2014.7
ISBN 978-7-5100-8328-0

Ⅰ.①计… Ⅱ.①王… ②林… Ⅲ.①电子计算机-基本知识 Ⅳ.①TP3

中国版本图书馆 CIP 数据核字(2014)第 168280 号

计算机应用基础 王 雄 林 敏 主编

策划编辑：梅祥胜
责任编辑：汪再祥
封面设计：高艳秋
出版发行：世界图书出版广东有限公司
地　　址：广州市新港西路大江冲 25 号
电　　话：020－84459702
印　　刷：武汉三新大洋数字出版技术有限公司
规　　格：787mm×1092mm 1/16
印　　张：15.5
字　　数：311 千
版　　次：2014 年 7 月第 1 版 2014 年 7 月第 1 次印刷
ISBN 978-7-5100-8328-0/TP·0024
定　　价：28.80 元

前　言

随着计算机科学和信息技术的飞速发展，计算机的应用已深入各个领域，计算机操作能力和应用能力已成为当代大学生应熟练掌握的一项基本技能。为了适应这种新发展，我们根据教育部计算机基础教学指导委员会《关于进一步加强高等学校计算机基础教学的意见》和《高等学校非计算机专业计算机接触课程教学基本要求》，结合《全国计算机等级一级考试大纲》，编写了本教材。

本书特色如下：首先，在教材结构的组织上，有利于采用任务驱动项目导向教学法，选取学生在未来工作中可能用到的典型案例作为实训项目，按做什么（实训目的、实训内容）、怎么做（操作步骤）、为什么这样做（知识要点）、怎样做得更好（实训操作）、做的效果如何（章节综合训练）五个部分设计教学内容，学生可在教师的引导下独立或分组完成；其次，在教材内容的选择上，本书引入了若干素质教育方面的素材，提升学生学习兴趣，丰富了文档的可读性，增加了学生的安全、心理健康等意识。如精心选取了心理健康、传统名著名篇等作为Word 文档编辑的内容。

本书内容丰富，可作为高职高专院校、职业院校和各类培训学校计算机应用基础课程的教材，亦可作为全国计算机等级考试——一级计算机基础及 MS Office 应用的教材，并可用于不同层次的办公人员、计算机操作人员的自学参考教材。

本书由王雄策划和统稿，林敏、郝丽娜、黄媛吉、甘文娟、李博、郑菲等分工编写而成。由于编者水平有限，书中不妥之处在所难免，敬请读者批评指正。

编　者
2014 年 5 月

目　录

第1章　计算机基础知识

1.1　计算机概述

一、学习目标

(1) 理解计算机的定义;
(2) 掌握第一台计算机的名称、诞生时间和地点;
(3) 掌握各代计算机的元器件及代表机型;
(4) 理解计算机的特点与分类;
(5) 了解计算机的应用领域及发展趋势。

二、知识要点

1. 什么是计算机

计算机(computer),俗称电脑,是一种可以进行数值计算、逻辑计算且具有存储记忆功能的电子设备,它能够按照程序运行,能够自动、高速地处理海量数据。

一台计算机由硬件系统和软件系统组成。硬件系统通过软件来管理和使用计算机中的硬件,没有软件系统计算机无法工作,我们称没有安装任何软件的计算机为裸机;同时,硬件又是计算机信息处理的工作实体,没有实体无法实现计算机的各种功能。

2. 计算机的产生

第一台真正意义上的计算机1946年2月诞生于美国宾夕法尼亚大学,名称为ENIAC(电子数字积分计算机),用于军事中计算弹道轨迹。后来又进一步研制出EDVAC(电子离散变量自动计算机),采用著名的冯·诺依曼原理,实现计算机自动连续执行程序,提高了运算速度。

冯·诺依曼提出的原理和思想为:

(1) 采用二进制,在计算机内部,程序和数据采用二进制代码表示;
(2) 存储程序控制,程序和数据存储在存储器中,自动连续执行。

根据冯·诺依曼的原理和思想,计算机必须具备五个基本功能部件:运算器、存储器、控制器、输入设备、输出设备。

3. 计算机的发展历程

根据计算机所采用的电子原件的不同,人们通常把计算机的发展分为四个阶段,分别称之为第一代至第四代计算机。

我国的计算机研制起步于1956年,1958年研制成第一台计算机103机,银河(1983年)、曙光(1995年)、神威(1999年)、天河一号(2009年)是我国研制的高性能巨型计算机。1971年,世界上第一片微处理器诞生,标志着计算机进入了微型机阶段。

表 1-1　计算机发展经历的四个阶段

阶段	年份	物理器件	处理速度	应用范围
第一代	1946—1959	电子管	每秒几千至几万条	科学计算
第二代	1959—1964	晶体管	每秒几万至几十万条	科学计算、数据处理、事务处理、工业控制等
第三代	1964—1970	中小规模集成电路	每秒几十至几百万条	科学计算、数据处理、事务处理、过程控制等
第四代	1971—至今	大规模集成电路	每秒上千万至上亿条	各个领域

4.计算机的特点与分类

1）计算机的特点

（1）高速、精确的运算能力。

（2）准确的逻辑判断能力。

（3）强大的存储能力。

（4）自动功能。

（5）网络与通信功能。

2）计算机的分类

（1）按处理数据的类型分类。

①数字计算机：仅处理“0”、“1”表示的二进制，精度高通用性好。

②模拟计算机：处理连续的数据，速度快但精度低。

③混合计算机：综合数字计算机和模拟计算机的特点。

（2）按使用范围分类。

①通用计算机：适合于一般的领域，就是日常工作中常用的计算机。

②专用计算机：为某种特殊用途研制的计算机。

（3）按其性能（如字长、存储容量、运算速度等）分类。

①超级计算机：用于气象、太空、能源、医药、战略武器研制等领域中的复杂运算。

②大型计算机：用于软件企业、商业管理等的大型企业使用的数据库或者主机。

③小型计算机：价格相对低廉，适合中小企业使用。

④微型计算机：单一用户使用的个人计算机。

⑤工作站：应用于特定的图像处理、计算机辅助相关领域。

⑥服务器：通过网络提供相关服务。

5.计算机的应用领域

（1）科学计算：主要解决科学研究和工程技术中产生的各种大量数字运算问题，如气象预报、导弹监测等。

（2）数据处理：主要解决大量数据的加工处理，筛选有用信息，如高考招生中考生录取与统计工作，铁路、飞机客票的预定系统等。

（3）实时控制：主要用于计算机代替人对生产或者操作过程进行监视和控制，大大提高工作效率。

（4）计算机辅助：主要用于计算机模拟操作过程，实施操作方案，如计算机辅助设计

(CAD)、计算机辅助制造(CAM)、计算机辅助教育(CAI)。

(5) 网络与通信:通过网络将计算机互连实现资源共享和信息交互功能,如用Internet发E-mail。

(6) 人工智能:模拟人类的活动轨迹和探索过程,如代替人类到危险的环境中去工作。

(7) 多媒体:通过计算机为人类带来更加丰富的生活,如网络游戏等。

(8) 嵌入式系统:把计算机芯片植入特定的设备中,完成特定的处理任务,如数码相机、高档玩具等。

6. 计算机技术发展的趋势

(1) 巨型化:运算能力越来越强、存储能力越来越大、功能越来越全面,更多的应用于尖端的科学技术和国防军事领域的研究开发。

(2) 微型化:芯片越来越小、可靠性越来越好、价格越来越便宜,能够应用于更加细致的功能领域,渗透到小型机无法进入的仪表、小家电等领域。

(3) 智能化:能够实现像人类大脑一样的思维、推理、学习过程,可以多领域内代替人类工作和科学研究。

(4) 网络化:更广泛地按照网络协议进行相互通信,更大范围地共享网络中各计算机的软件、硬件和数据资源。

三、要点回顾

要点1:掌握世界公认的第一台计算机诞生的国家、时间、英文名称、主要元器件、开发的用途;掌握计算机发展历程中各阶段的主要元器件、处理速度及代表机型;了解计算机的发展趋势。

例题1.1-1　关于世界上第一台电子计算机的叙述中,错误的是________。

A. 世界公认的第一台计算机的名字是ENIAC

B. 它是1946年在美国诞生的

C. 它采用了存储控制概念来进行弹道运算

D. 它的主要元器件是电子管和继电器

【例题解析】　世界上第一台计算机于1946年诞生于美国宾夕法尼亚大学,名为ENIAC,用于帮助军方计算弹道轨迹。其主要的元件为电子管,实现了比当时最快的计算工具要快300倍的运算速度,同时也使用了大量的继电器来完成电路的连线。而存储控制是EDVAC中才开始使用的,因此正确答案为:C。

例题1.1-2　针对ENIAC的缺陷,科学家们开始研制新的计算机EDVAC,数学家冯·诺依曼在ENIAC基础上提出两个重要的改进意见是________。

A. 采用机器语言和十六进制

B. 引入CPU和内存储器的概念

C. 采用ASCⅡ编码系统

D. 采用二进制和存储程序控制的概念

【例题解析】　采用著名的冯·诺依曼原理的计算机称之为冯·诺依曼机,它具有两个特点:①在计算机内部,程序和数据采用二进制代码表示;②程序和数据存储在存储器中,自动连续执行。因此正确答案为:D。

例题 1.1-3 按电子计算机传统的分代方法,第一代至第四代计算机依次是________。

A. 机械计算机,电子管计算机,晶体管计算机,集成电路计算机

B. 电子管计算机,晶体管计算机,中小规模集成电路计算机,大规模和超大规模集成电路计算机

C. 晶体管计算机,集成电路计算机,大规模集成电路计算机,光器件计算机

D. 巨型计算机,大型计算机,小型计算机,微型计算机

【例题解析】 按照计算机发展的四个阶段,计算机采用的电子器件依次为:第一代是电子管,第二代是晶体管,第三代是中小规模集成电路,第四代是大规模、超大规模集成电路。目前个人计算机属于第四代。因此正确答案为:B。

要点 2:计算机的特点与分类。学习时需要理解并掌握计算机的特点、常见的分类方法。

例题 1.1-4 下列不属于计算机特点的是________。

A. 具有逻辑推理和判断能力 B. 存储程序控制,工作自动化

C. 处理速度快、存储量大 D. 不可靠、故障率高

【例题解析】 计算机具有五大特点:①高速、精确的运算能力;②准确的逻辑判断能力;③强大的存储能力;④自动功能;⑤网络与通信功能。因其具有程序控制与自动运算功能,因此其故障率小、可靠,故正确答案为:D。

例题 1.1-5 专门为某种用途而设计的计算机,称为________计算机。

A. 专用 B. 通用 C. 特殊 D. 模拟

【例题解析】 按计算机使用的范围分类可将计算机分为通用计算机和专用计算机,通用计算机适合于一般的领域,就是日常工作中常用的计算机,专用计算机是专门为某种用途而设计的特殊计算机,因此故正确答案为:A。

要点 3:计算机科学研究与应用。学习时需要理解计算机的应用领域,判断特定应用所属的领域。

例题 1.1-6 电子计算机的最早的应用领域是________。

A. 数据处理 B. 数值计算 C. 工业控制 D. 文字处理

【例题解析】 第一台计算机用于计算弹道轨迹,属于数值计算,计算机也因此得名。正确答案为:B。

例题 1.1-7 下列的英文缩写和中文名字的对照中,正确的是________。

A. CAD—计算机辅助设计 B. CAM—计算机辅助教育

C. CIMS—计算机集成管理系统 D. CAI—计算机辅助制造

【例题解析】 计算机应用于多个领域,其中关于计算机辅助相关的有:计算机辅助设计(CAD)、计算机辅助制造(CAM)、计算机辅助教育(CAI)等,计算机集成制造系统的缩写是(CIMS)。正确答案为:A。

例题 1.1-8 办公室自动化(OA)是计算机的一大应用领域,按计算机应用的分类,它属于________。

A. 科学计算 B. 计算机辅助 C. 实时控制 D. 数据处理

【例题解析】办公自动化主要是对大量的信息进行数据的分类、组织和处理,属于数据处理的应用领域。天气预报、航空航天属于科学计算,核爆炸和地震灾害之类的仿真模拟属于计算机辅助,工业生产过程的操作属于实时控制。正确答案为:D。

四、练习与思考

1. 冯·诺依曼型体系结构的计算机硬件系统的五大部件是________。
   A. 输入设备、运算器、控制器、存储器、输出设备
   B. 输入设备、中央处理器、硬盘、存储器和输出设备
   C. 键盘和显示器、运算器、控制器、存储器和电源设备
   D. 键盘、主机、显示器、硬盘和打印机
2. 下列不属于第二代计算机特点的一项是________。
   A. 采用集成电路作为逻辑元件
   B. 运算速度为每秒几万～几十万条指令
   C. 内存主要采用磁芯
   D. 外存储器主要采用磁盘和磁带
3. 目前，个人计算机中所采用的主要功能部件（如CPU）是________。
   A. 小规模集成电路　　B. 大规模集成电路
   C. 电子管　　D. 光器件
4. 计算机最主要的工作特点是________。
   A. 高精度与高速度　　B. 可靠性与可用性
   C. 有记忆能力　　D. 存储程序与自动控制
5. 核爆炸和地震灾害之类的仿真模拟，其应用领域是________。
   A. 计算机辅助　B. 实时控制　C. 数据处理　D. 科学计算
6. 英文缩写CAI的中文意思是________。
   A. 计算机辅助管理　　B. 计算机辅助制造
   C. 计算机辅助设计　　D. 计算机辅助教学
7. 电子数字计算机最早的应用领域是________。
   A. 辅助制造工程　B. 过程控制　C. 数值计算　D. 信息处理
8. 个人计算机属于________。
   A. 小型计算机　B. 巨型机算机　C. 大型主机　D. 微型计算机
9. 计算机的发展趋势是________、微型化、网络化和智能化。
   A. 大型化　B. 巨型化　C. 精巧化　D. 小型化
10. 计算机之所以能按人们的意图自动进行工作，最直接的原因是因为采用了________。
    A. 二进制　B. 高速电子元件　C. 程序设计语言　D. 存储程序控制

参考答案：1. A　2. A　3. B　4. D　5. A　6. D　7. C　8. D　9. B　10. D

1.2 计算机中数据的表示与存储

一、学习目标

(1) 掌握计算机中数据的表示、存储；
(2) 掌握数制的概念；
(3) 二进制数的算术运算和逻辑运算；
(4) 掌握不同数制间的转换,尤其是十进制与二进制之间的转换；
(5) 理解西文字符的编码,掌握ASCII码的基本内容；
(6) 理解汉字编码的基本过程,掌握常用编码的相互转换。

二、知识要点

1. 计算机中数据的表示、存储

1) 计算机中的数据

数据是对客观事物的符号表示,数字、文字、图形、图像、声音、视频等都是不同形式的数据。计算机表示的数据分为数值和字符两类。

(1)数值:表示量的大小和正负。

(2)字符:表示一些符号、标记,如英文字母、数字专用符号、标点符号、汉字、图形、声音等数据。

任何形式的数据,计算机均采用二进制数表示。经过输入设备输入的数值和字符通过不同格式对应的转换方式进行转换,在计算机中用二进制进行处理或运算,然后再转换成对应的数据类型进行输出,具体转换方式如图1-1所示。

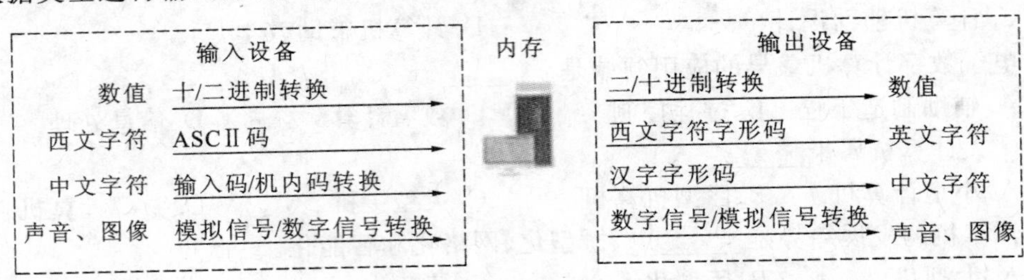

图1-1 各类数据在计算机中的转换

2) 计算机中数据的单位

由于在计算机内部指令和数据都是用二进制表示的,因此,计算机系统中信息存储、处理也都是以二进制数为基础的。首先介绍一下计算机内二进制数的单位。

(1) 位。

计算机中所有的数据都是以二进制来表示的,一个二进制代码称为1位,记为bit,简写为b。位是计算机中最小的信息单位。

(2) 字节。

在对二进制数据进行存储时,以八位二进制代码为一个单元存放在一起,称为1个字节,记为Byte,简写为B,是信息处理的最基本单位。

(3) 字长。

字长是衡量计算机性能的一个重要技术指标，计算机的字长是指它一次可处理的二进制的位数。如8位的CPU一次只能处理1个字节，该计算机的字长为8；而32位的CPU一次就能处理4个字节，其字长为32。字长的大小反应了该台计算机的精度、功能和速度，字长越长计算机的处理能力就越强，现在的个人计算机一般都是64位机。

(4) 常用单位。

字节是计算机信息处理的最基本单位，如一个数字用1个字节表示，一个汉字需用2个字节表示。实际使用中字节的表示量太小，常用KB、MB、GB和TB作为数据的存储单位，它们之间的转换均为2^{10}倍数。常用的二进制数的数据单位见表1-2。

表1-2　常用的二进制数的数据单位

单位	名称	含义	说明
bit	位	表示1个0或1，称为bit	最小的数据单位
B	字节	8 bit为1 B	数据处理的基本单位
KB	千字节	1 KB=1 024 B=2^{10} B	适用于文件计量
MB	兆字节	1 MB=1 024 KB=2^{20} B	适用于内存、软盘、光盘计量
GB	吉字节	1 GB=1 024 MB=2^{30} B	适用于硬盘的计量单位
TB	太字节	1 TB=1 024 GB=2^{40} B	适用于硬盘的计量单位

2. 进位计数制(简称数制)

1) 数制

(1) 概念。

数的表示规则，通常按进位原则进行计数，称为进位计数制，简称数制。

(2)基数。

某进位制中用到的基本符号(数码)的个数。如R进制表示有R个基本符号，其基数就为R。

(3)位权。

在某一进位制的数中，每一位的大小都对应着该位上的数码乘上一个固定的数，这个固定的数就是这一位的权数。权数是一个幂。

常用的几种进位计数制的表示见表1-3。

表1-3　常用的几种进位计数制的表示

进位制	基数	基本符号(数码)	权	表示
二进制	2	0、1	2	B
八进制	8	0、1、2、3、4、5、6、7	8	O
十进制	10	0、1、2、3、4、5、6、7、8、9	10	D
十六进制	16	0、1、2、3、4、5、6、7、8、9、A、B、C、D、E、F	16	H

2）二进制编码的优点

(1)运算简单、易于物理实现。

(2) 占用空间少、消耗能量小、可靠性高。

虽然二进制具有以上两个优点,但实际表示的过程可能会出现位数过长不便描述等情况,经常会涉及十六进制的使用,表 1-4 列出了十进制数 1-15 与二进制、十六进制的对应关系。

表 1-4　二进制、八进制、十六进制的对应表

十进制	二进制	八进制	十六进制	十进制	二进制	八进制	十六进制
0	0000	0	0	8	1000	10	8
1	0001	1	1	9	1001	11	9
2	0010	2	2	10	1010	12	A
3	0011	3	3	11	1011	13	B
4	0100	4	4	12	1100	14	C
5	0101	5	5	13	1101	15	D
6	0110	6	6	14	1110	16	E
7	0111	7	7	15	1111	17	F

3. 进制之间转换

1）各进制数转换成十进制数

各进制数转十进制数的方法均是按权展开,然后求和。也就是说,基数为 R 的数字,将 R 进制按照权数展开,就实现了 R 进制对十进制的转换。

例 1.2-1　二进制数转十进制数

$$(1011.11)_B = 1\times 2^3 + 0\times 2^2 + 1\times 2^1 + 1\times 2^0 + 1\times 2^{-1} + 1\times 2^{-2}$$
$$= 8+2+1+0.5+0.25$$
$$= (11.75)_D$$

例 1.2-2　八进制数转十进制数

$$(6143.65)_O = 6\times 8^3 + 1\times 8^2 + 4\times 8^1 + 3\times 8^0 + 6\times 8^{-1} + 5\times 8^{-2}$$
$$= 4096+64+32+3+0.75+0.078125$$
$$= (4195.828125)_D$$

2）十进制数转换成二进制数

十进制数转换成二进制数,整数部分和小数部分分别进行运算。具体步骤如下:

例 1.2-3　十进制数转二进制数,求$(41.35)_D = (\qquad)_B$

整数部分:

除数	被除数/商	余数（取余倒排）
2	41	
2	20	1
2	10	0
2	5	0
2	2	1
2	1	0
	0	1

小数部分:

0.35	积（取整顺排）
× 2	
0.70	0
× 2	
1.40	1
0.40	
× 2	
0.80	0
× 2	
1.60	1

所以，$(41.35)_D=(101001.0101)_B$

步骤1：将整数部分除以2得到一个商和一个余数（如41除以2得到商为20余数为1），取余数（取1）；再将商继续除以2得到一个商和一个余数，取余数（取0）；……；直到商为0（取1）。

步骤2：将先取的余数放在低位，后取的余数放在高位排列，得到的就是与十进制整数位等值的二进制整数位了（即为101001）。

步骤3：将小数部分乘以2取整数部分，用余下的小数部分继续乘以2取整数部分（如积为1.4时取1，用0.4继续乘以2），直到值为0或达到精度要求。先取的整数在高位，后取的整数在低位（即为0101）。

步骤4：将步骤2的整数位和步骤3的小数位组合在一起（即为101001.0101）。

因此，将十进制转换成R进制，可将此数分成整数部分和小数部分分别运算后合并而成，整数部分进行"除R取余自低位到高位倒排"，小数部分进行"乘R取整自高位到低位顺排"，然后整数和小数位组合后即可。

3）二进制数与八进制、十六进制数的相互转换

由于$8=2^3$，所以在将二进制数转换成八进制数时，对于整数，从最右侧开始，每三位二进制数划为一组，用一位八进制数代替；八进制数转换成二进制数时正好相反，一位八进制数用三位二进制数来替换。对于有小数的数，要分小数和整数部分处理。十六进制亦是如此，每4位一组划分。

例1.2-4　将二进制数001101010转化成八进制数，将八进制数374.26转化成二进制数。

$(0\ 0\ 1\ |\ 1\ 0\ 1\ |\ 0\ 1\ 0\ )_B=(152.2)_O$

$(374.26)_O=(011\ 111\ 100\ .010\ 110)_B$

例1.2-5　将十六进制数AF4.76转化成二进制数，将二进制数111010100.0110转化成十六进制数。

$(0\ 0\ 0\ 1\ |\ 1\ 1\ 0\ 1\ |\ 0\ 1\ 0\ 0\ .0\ 1\ 1\ 0)_B=(1E8.6)_H$

$(AF4.76)_H=(1010\ 1111\ 0100\ .0111\ 0110)_B$

4. 字符编码

用一定位数的二进制数来表示十进制数码、字母、符号等信息称为编码。

1）西文字符编码

ASCII码（美国信息交换标准交换代码），是微型计算机中表示字符的常用编码。有7位码和8位码两个版本。国际通用是7位ASCII码，即用7位二进制数表示一个字符的编码。标准的ASCII是占一个字节，最高位置为"0"，用7为二进制数编码，总共可以表示128个字符。ASCII的新版本是把原来的7位码扩展到8位码，最高位为1，是扩展了的ASCII编码，通常各个国家将扩展的部分作为自己国家语言文字的代码，一共可以表示$2^8=256$个不同的字符。

ASCII编码表中，对世界通用的字符规定了编码码值，它们的排列顺序从小到大依次为控制字符、阿拉伯数字、大写字母、小写字母，其中0～9、A～Z、a～z均再按照从小到大的顺序排列，且小写字母比对应的大写字母的码值大32。

2）中文字符编码

为了使计算机能够处理汉字，必须对汉字进行编码。计算机对汉字进行处理的过程实

际上是各种汉字编码进行转化的过程。这个过程包括:汉字输入码→国标码→机内码→地址码→字形码→汉字输出码。

(1) 汉字输入码(也称为外码):利用计算机标准键盘上按键不同排列组合来对汉字的输入进行编码。根据不同的编码方案,又分为音码、形码、音形码等,同一个汉字在不同的输入码编码方案中的编码一般不同。

(2) 国标码:是我国国家汉字编码标准。我国于 1980 年发布了标准 GB 2312—1980,全称是《信息交换用汉字编码字符集基本集》(简称国标码),它把常用 6763 个汉字分成两级,一级汉字 3755 个,按照汉语拼音排列;二级汉字 3008 个,按照偏旁部首排列。现行的标准《信息技术中文编码字符集》GB 18030—2005 标准,已收录 7 万多常用汉字。因 1 个字节只能表示 2^8 种编码,所以国标码也用 2 个字节来表示,通过区位码来呈现,但国标码并不等于区位码,它是由区位码稍作转换得到。

(3) 区位码:为了便于使用,GB 2312—1980 将其中的汉字和其他符号按照一定的规则排列成为一个大的 94×94 的方阵,每一行称为一个"区",编号为 01～94;每一列称为一个"位",编号为 01～94,这样得到 GB 2312—1980 的区位图,用区位图的位置来表示的汉字编码,称为区位码。由 4 位 10 进制数组成,前两位为区号,后两位为位号,在区位码的区号和位号基础上分别加上 20H 即为该汉字的国标码。以汉字"大"为例,在区位图中位于区号 20、位号 83 的位置,因此其区位码为$(2083)_D$,国标码为$(2083)_D+(2020)_H=(1453)_H+(2020)_H=(3473)_H$。

(4) 机内码:在计算机内部对汉字进行存储、处理的汉字编码。当一个汉字输入后,转化为内码才能进行处理。对应于国标码,一个汉字内码用 2 个字节存储,为避免与 ASCII 重复,将 2 个字节的最高为固定为 1,这样一来,机内码=国标码$+8080_H$。仍以汉字"大"为例,其机内码为$(3473)_H+(8080)_H=(B4F3)_H$。

(5) 地址码:指汉字库中存储汉字字形信息的逻辑地址码,需要向输出设备输出汉字时,必须通过地址码找到汉字字库中的对应汉字。

(6) 字形码:也称为汉字字模,用于在显示屏或打印机输出。汉字字形码有点阵和矢量两种表示方式。用点阵表示字形时,汉字字形码就是把汉字按图形符号设计成点阵图,简易型汉字为 16×16 点阵、普通型汉字为 24×24 点阵、提高型汉字为 32×32 或 48×48 点阵。用点阵表示字形时,可计算出存储一个汉字站用字节空间,如用 16×16 点阵表示一个汉字,就是将每个汉字用 16 行,每行 16 个点表示,一个点需要 1 位二进制代码,16 个点需用 16 位二进制代码(即 2 个字节),共 16 列,所以需要 16×16/8=32 字节,即 16×16 点阵表示一个汉字,字形码需用 32 字节。即:字节数=点阵行数×(点阵列数/8)

三、要点回顾

要点 1:计算机中数据的常用单位。学习中要理解数据在信息表示中的作用,熟记在计算机内的常用单位的含义和简写,掌握各单位之间的换算方法。

例题 1.2-6 计算机的存储器中,组成一个字节(Byte)的二进制位(bit)个数是________。

A. 4　　B. 8　　C. 16　　D. 32

【例题解析】 Byte 简写为 B,通常每 8 个二进制位组成一个字节。字节的容量一般用

KB、MB、GB、TB来表示。正确答案为B。

例题1.2-7 下列有关信息和数据的说法中，错误的是________。

A. 数据是信息的载体

B. 数值、文字、语言、图形、图像等都是不同形式的数据

C. 数据具有针对性、时效性

D. 数据处理之后产生的结果为信息，信息有意义，数据没有

【例题解析】 数据包括数值、文字、语言、图形、图像等不同形式。数据是信息的载体，是信息的描述方式。数据经过处理之后便成为了信息，所以信息有意义，具有针对性、时效性。正确答案为C。

例题1.2-8 假设某台计算机内存的容量为1 KB，其最后一个字节的地址是________。

A. 1023H　　B. 03FFH　　C. 0400H　　D. 1024H

【例题解析】 计算机中最小的数据单位为位，英文名是bit，最小的存储单位是字节，英文名是Byte，1 Byte＝8 bit。存储单位除字节外，还有千字节(KB)、兆字节(MB)、吉字节(GB)、太字节(TB)，1 TB＝1024 GB，1 GB＝1024 MB，1 MB＝1024 KB，1 KB＝1024 B。若某内存为1 KB＝1024 B，内存地址为0～1023，用二进制表示为0～001111111111，十六进制表示为0～$03FF_H$。正确答案为B。

要点2：数制之间的转换。学习中要理解数制的概念和表示方法，掌握数制之间的转换步骤，熟练掌握二进制与十进制之间的相互转换。

例题1.2-9 十进制数90转换成二进制数是________。

A. 1011010　　B. 1101010　　C. 1011110　　D. 1011100

【例题解析】 十进制整数转成R进制的方法是“除R取余，余数倒排”，因此十进制转二进制的方法是除2取余法。“除2取余法”：将十进制数除以2得一商数和一余数(90÷2得商为为45，余为0)，再用商除以2(45÷2得商为22，余为1)，再用商除以2(22÷2得商为11，余为0)，再用商除以2(11÷2得商为5，余为1)，再用商除以2(5÷2得商为2，余为1)，再用商除以2(2÷2得商为1，余为0)，再用商除以2(1÷2得商为0，余为1)。最后将所有余数从后往前排列即为1011010。正确答案为A。

例题1.2-10 在一个非零无符号二进制整数之后添加一个0，则此数的值为原数的________。

A. 4倍　　B. 2倍　　C. 1/2倍　　D. 1/4倍

【例题解析】 非零无符号二进制整数之后添加N个0，相当于向左移动了N位，也就是扩大了原来数的2^N倍。在一个非零无符号二进制整数之后去掉N个0，相当于向右移动了N位，也就是变为原数的2^{-N}倍。因此正确答案为B。

例题1.2-11 下列各进制的整数中，值最大的一个是________。

A. 十六进制数34　　B. 二进制数110010　　C. 八进制数63　　D. 十进制数55

【例题解析】 不同进制数之间的比较，必须统一转换成同一进制的数。一般而言，转换成十进制数比较更方便且通俗易懂。十六进制数34(二进制为00110100)转换成十进制数是52；二进制数110010转换成十进制数是50；八进制数63转换成十进制数是51。正确答案为D。

要点3：ASCII码的组成。学习中应掌握国际通用的ASCII码的存储方式，掌握ASCII

码表中常用码的排列规则和顺序。

例题 1.2-12 在微机中,西文字符所采用的编码是________。

A. 国标码 B. EBCDIC 码 C. ASCII 码 D. BCD 码

【例题解析】 计算机中常用的字符编码有 EBCDIC 和 ASCII 码。ASCII 是美国标准信息交换码,被国际标准化组织规定为国际通用标准,是目前微机中所普遍采用的一种编码方式。正确答案为 C。

例题 1.2-13 在标准 ASCII 码表中,已知英文字母 D 的 ASCII 码是 01000100,英文字母 B 的 ASCII 码是________。

A. 01000001 B. 01000010 C. 01000011 D. 01000000

【例题解析】 ASCII 表中数字 0~9,英文大小写 A(a)~Z(z)都是按照从小到大的顺序排列的,字母 B 比字母 D 小 2,所以 B 的码值应该是 68(二进制为 01000100)−2=66(二进制为 01000010)。正确答案为 B。

例题 1.2-14 在下列字符中,其 ASCII 码值最大的一个是________。

A. 控制符 B. 9 C. A D. a

【例题解析】 在 ASCII 码表中,根据码值由小到大的排列顺序是:控制符、数字符、大写英文字母、小写英文字母。正确答案为 D。

要点 4:汉字编码之间的转换。学习中需理解汉字编码中各种编码的关系,熟记国标码、区位码和内码之间的转换关系,掌握不同汉字字形码所需存储空间的计算方法。

例题 1.2-15 国标 GB 2312—1980 把汉字分成________。

A. 简化字和繁体字两个等级

B. 常用字、次常用字、罕见字三个等级

C. 一级汉字、二级汉字和三级汉字三个等级

D. 一级常用汉字、二级次常用汉字两个等级

【例题解析】 国标 GB 2312—1980 把汉字按照使用的频率分为两个等级:一级常用汉字 3755 个,按汉语拼音字母顺序排列;二级次常用汉字 3008 个,按部首排列。正确答案为 D。

例题 1.2-16 已知某汉字的区位码是 1551,则其国标码和机内码分别是________。

A. 2F53H 和 AFD3H B. 3630H 和 AF53H

C. 3658H 和 2FD3H D. 5650H 和 AFD3H

【例题解析】 区位码转国际码需要两个步骤:① 分别将区号、位号转换成十六进制数。② 分别将区号、位号各+20H(区位码 + 2020H = 国标码),国标码加上 8080H 即为机内码。本题中区号 15 转换成十六进制为 0F,位号 51 转换成十六进制为 33,分别+20H,即得 2F53H。机内码在国标码的基础上加上 8080H,2F53H+8080H=AFD3 H。因此正确答案为 A

例题 1.2-17 一个汉字的 16×16 点阵字形码长度的字节数是________。

A. 16 B. 24 C. 32 D. 64

【例题解析】 在 16×16 的网格中描绘一个汉字,整个网格分为 16 行 16 列,每个小格用 1 位二进制编码表示,每一行需要 16 个二进制位,占 2 个字节,16 行共占 16×2=32 个字节。正确答案为 C。

四、练习与思考

1. 现代计算机采用二进制的主要原因是________。
   A. 代码表示简短,易读
   B. 只有0和1两个数字符号,容易书写
   C. 物理上容易实现、运算规则简单且便于设计
   D. 容易阅读,不易出错
2. 在计算机的硬件技术中,构成存储器的最小单位是________。
   A. 字节(Byte)　B. 字(Word)　C. 位(bit)　D. 双字(Double Word)
3. 在计算机术语中,bit 的中文含义是________。
   A. 位　B. 字节　C. 字　D. 字长
4. KB(千字节)是度量存储器容量大小的常用单位之一,1 KB 等于________。
   A. 1000 个字节　B. 1024 个字节　C. 10000 个二进位　D. 1024 个字
5. 计算机存储器中,组成一个字节的二进制位数是________。
   A. 4 bit　B. 8 bit　C. 16 bit　D. 32 bit
6. 计算机技术中,下列不是度量存储器容量的单位是________。
   A. KB　B. MB　C. GHz　D. GB
7. 数据在计算机内部传送、处理和存储时,采用的数制是________。
   A. 十进制　B. 二进制　C. 八进制　D. 十六进制
8. 假设某台式计算机的内存储器容量为 128 MB,硬盘容量为 20 GB。硬盘的容量是内存容量的________。
   A. 40 倍　B. 160 倍　C. 80 倍　D. 100 倍
9. 在计算机中,信息的最小单位是________。
   A. bit　B. Byte　C. Word　D. Double Word
10. 在十六进制数 CD 等值的十进制数是________。
   A. 204　B. 205　C. 206　D. 203
11. 执行二进制逻辑乘运算(即逻辑与运算)01011001 ∧ 10 100111 其运算结果是________。
   A. 00000000　B. 1 111111　C. 00000001　D. 1111110
12. 按照数的进位制概念,下列各个数中正确的八进制数是________。
   A. 10101　B. 7081　C. 1109　D. B03A
13. 二进制数 00111101 转换成十进制数是________。
   A. 58　B. 59　C. 61　D. 65
14. 二进制数 110000 转换成十六进制数是________。
   A. 77　B. D7　C. 70　D. 30
15. 根据数制的基本概念,下列各进制的整数中,值最大的一个是________。
   A. 十六进制数 10　B. 十进制数 10
   C. 八进制数 10　D. 二进制数 10
16. 将十进制 257 转换成十六进制数是________。

A. 11　　B. 101　　C. F1　　D. FF

17. 设一个十进制整数为D(D＞1),转换成十六进制数为H。根据数制的概念,下列叙述中正确的是________。

A. 数字H的位数≥数字D的位数　　B. 数字H的位数≤数字D的位数

C. 数字H的位数＜数字D的位数　　D. 数字H的位数＞数字D的位数

18. 十进制数100转换成无符号二进制整数是________。

A. 0110101　　B. 01101000　　C. 01100100　　D. 01100110

19. 下列两个二进制数进行算术加运算,100001＋111＝________。

A. 101110　　B. 101000　　C. 101010　　D. 100101

20. 下列四个无符号十进制整数中,能用八个二进制位表示的是________。

A. 257　　B. 201　　C. 313　　D. 296

21. 与十进制数245等值的二进制数是________。

A. 11111110　　B. 11101111　　C. 11101110　　D. 11110101

22. 字长为6位的无符号二进制整数最大能表示的十进制整数是________。

A. 64　　B. 63　　C. 32　　D. 31

23. 如果删除一个非零无符号二进制偶整数后的2个0,则此数的值为原数________。

A. 4倍　　B. 2倍　　C. 1/2　　D. 1/4

24. 如果在一个非零无符号二进制整数之后添加3个0,则此数的值为原数的________。

A. 4倍　　B. 2倍　　C. 1/2　　D. 8倍

25. 设任意一个十进制整数为D,转换成二进制数为B。根据数制的概念,下列叙述中正确的是________。

A. 数字B的位数＜数字D的位数　　B. 数字B的位数≤数字D的位数

C. 数字B的位数≥数字D的位数　　D. 数字B的位数＞数字D的位数

26. 无符号二进制整数01110101转换成十进制整数是________。

A. 113　　B. 115　　C. 116　　D. 117

27. 已知a＝00101010 B和b＝40 D,下列关系式成立的是________。

A. a＞b　　B. a＝b　　C. a＜b　　D. 不能比较

28. 已知A＝10111110 B,B＝AEH,C＝184 D,关系成立的不等式是________。

A. A＜B＜C　　B. B＜C＜A　　C. B＜A＜C　　D. C＜B＜A

29. 在数制的转换中,正确的叙述是________。

A. 对于相同的十进制整数(＞1),其转换结果的位数的变化趋势随着基数R的增大而减少

B. 对于相同的十进制整数(＞1),其转换结果的位数的变化趋势随着基数R的增大而增加

C. 不同数制的数字符是各不相同的,没有一个数字符是一样的

D. 对于同一个整数值,二进制数表示的位数一定大于十进制数字的位数

30. 标准ASCII码用7位二进制位表示一个字符的编码,其不同的编码共有________。

A. 127个　　B. 128个　　C. 256个　　D. 254个

31. 标准ASCII码字符集有128个不同的字符代码，一个字符的标准ASCII码的长度是________。

A. 7 bit　　B. 8 bit　　C. 16 bit　　D. 6 bit

32. 已知英文字母m的ASCII码值为109，那么英文字母p的ASCII码值是________。

A. 112　　B. 113　　C. 111　　D. 114

33. 在ASCII码表中，根据码值由小到大的排列顺序是________。

A. 空格字符、数字符、大写英文字母、小写英文字母

B. 数字符、空格字符、大写英文字母、小写英文字母

C. 空格字符、数字符、小写英文字母、大写英文字母

D. 数字符、大写英文字母、小写英文字母、空格字符

34. 标准ASCII码表中英文字母A的码值是01000001，字母D的码值是________。

A. 01000011　　B. 01000100　　C. 01000101　　D. 01000110

35. 标准ASCII码表中字母A的十进制码值是65，字母a的十进制码值是________。

A. 95　　B. 96　　C. 97　　D. 91

36. 在标准ASCII码表中，英文字母D和d的码值之差的十进制值是________。

A. 20　　B. 32　　C. －20　　D. －32

37. 下面不是汉字输入码的是________。

A. 五笔字形码　　B. 全拼编码　　C. 双拼编码　　D. ASCII码

38. 显示或打印汉字时，系统使用的是汉字的________。

A. 机内码　　B. 字形码　　C. 输入码　　D. 国标码

39. 存储1024个24×24点阵的汉字字形码需要的字节数是________。

A. 720 B　　B. 72 KB　　C. 7000 B　　D. 7200 B

40. 根据国标GB 2312—1980的规定，总计有各类符号和一、二级汉字编码________。

A. 7145个　　B. 7 445个　　C. 3008个　　D. 3755个

41. 根据汉字国标GB 2312—1980的规定，一个汉字的机内码的码长是________。

A. 8 bit　　B. 12 bit　　C. 16 bit　　D. 24 bit

42. 根据汉字GB 2312—1980的规定，1 KB容量能存储的汉字内码的个数是________。

A. 128　　B. 256　　C. 512　　D. 1024

43. 根据汉字国标GB 2312—1980的规定，二级次常用汉字个数是________。

A. 3000个　　B. 7445个　　C. 3008个　　D. 3755个

44. 根据汉字国标码GB 2312—1980的规定，将汉字分为常用汉字(一级)和非常用汉字(二级)。一级汉字按________排列，二级汉字按________排列。

A. 偏旁部首，偏旁部首　　B. 汉语拼音字母，偏旁部首

C. 笔划多少，汉语拼音字母　　D. 使用频率多少，汉语拼音字母

45. 根据汉字国标GB 2312—1980的规定，一级常用汉字数是________。

A. 3477个　　B. 3575个　　C. 3755个　　D. 7445个

46. 汉字的区位码是由一个汉字在国标码表中的行号(即区号)和列号(即位号)组成。

正确的区号、位号的范围是________。

A. 区号1～95,位号1～95　B. 区号1～94,位号1～94

C. 区号0～94,位号0～94　D. 区号0～95,位号0～95

47. 区位码输入法的最大优点是________。

A. 只用数码输入,方法简单、容易记忆　B. 易记易用

C. 编码有规律,不易忘记　D. 一字一码,无重码

48. 全拼或简拼汉字输入法的编码属于________。

A. 音码　B. 形声码　C. 区位码　D. 形码

49. 设已知一汉字的国标码是5E48H,则其内码应该是________。

A. DE48H　B. DEC8H　C. 5EC8H　D. 7E68H

50. 王码五笔字型输入法属于________。

A. 音码输入法　B. 形码输入法

C. 音形结合的输入法　D. 联想输入法

51. 下列四个4位十进制数中,属于正确的汉字区位码的是________。

A. 5601　B. 9596　C. 9678　D. 8799

52. 下列编码中,正确的汉字机内码是________。

A. 6EF6H　B. FB6FH　C. A3A3H　D. C97CH

53. 下列关于汉字编码的叙述中,错误的是________。

A. BIG5码是通行于香港和台湾地区的繁体汉字编码

B. 一个汉字的区位码就是它的国标码

C. 无论两个汉字的笔画数目相差多大,但它们的机内码的长度是相同的

D. 同一汉字用不同的输入法输入时,其输入码不同但机内码却是相同的

54. 下列叙述中,正确的是________。

A. 一个字符的标准ASCII码占一个字节的存储量,其最高位二进制总为0

B. 大写英文字母的ASCII码值大于小写英文字母的ASCII码值

C. 同一个英文字母(如字母A)的ASCII码和它在汉字系统下的全角内码是相同的

D. 标准ASCII码表的每一个ASCII码都能在屏幕上显示成一个相应的字符

55. 一个汉字的机内码与国标码之间的差别是________。

A. 前者各字节的最高二进制位的值均为1,而后者均为0

B. 前者各字节的最高二进制位的值均为0,而后者均为1

C. 前者各字节的最高二进制位的值各为1、0,而后者为0、1

D. 前者各字节的最高二进制位的值各为0、1,而后者为1、0

56. 一个汉字的机内码与它的国标码之间的差是________。

A. 2020H　B. 4040H　C. 8080H　D. A0A0H

57. 已知“装”字的拼音输入码是“zhuang”,而“大”字的拼音输入码是“da”,它们的国标码的长度的字节数分别是________。

A. 6,2　B. 3,1　C. 2,2　D. 4,2

58. 已知汉字“家”的区位码是2850H，则其国标码是________。

A. 4870D　　B. 3C52H　　C. 9CB2H　　D. A8D0H

59. 已知英文字母m的ASCII码值为6DH，那么，码值为4DH的字母是________。

A. N　　B. M　　C. P　　D. L

60. 已知某汉字的区位码是2351，则其机内码是________。

A. 3753H　　B. 97B3H　　C. B7D3H　　D. AFD3H

参考答案：1. C　2. A　3. A　4. B　5. B　6. C　7. B　8. B　9. A　10. B　11. C　12. A　13. C　14. D　15. A　16. B　17. B　18. C　19. B　20. B　21. D　22. B　23. D　24. D　25. C　26. D　27. A　28. B　29. A　30. B　31. A　32. A　33. A　34. B　35. C　36. D　37. D　38. B　39. B　40. B　41. C　42. C　43. C　44. B　45. C　46. B　47. D　48. A　49. B　50. B　51. A　52. C　53. B　54. A　55. A　56. C　57. C　58. A　59. B　60. C

1.3　计算机的系统组成与功能

一、学习目标

(1) 掌握计算机的系统组成；

(2) 掌握计算机的硬件结构及主要性能指标；

(3) 掌握计算机软件的概念、组成及种类。

二、知识要点

一个完整的计算机系统主要分为硬件系统和软件系统。硬件是计算机系统的物质基础，是软件的载体，软件是计算机系统的灵魂，控制、指挥和协调整个计算机系统的运行，两者相辅相成，构成计算机系统的统一体。图1-2列出了整个计算机系统的组成结构。

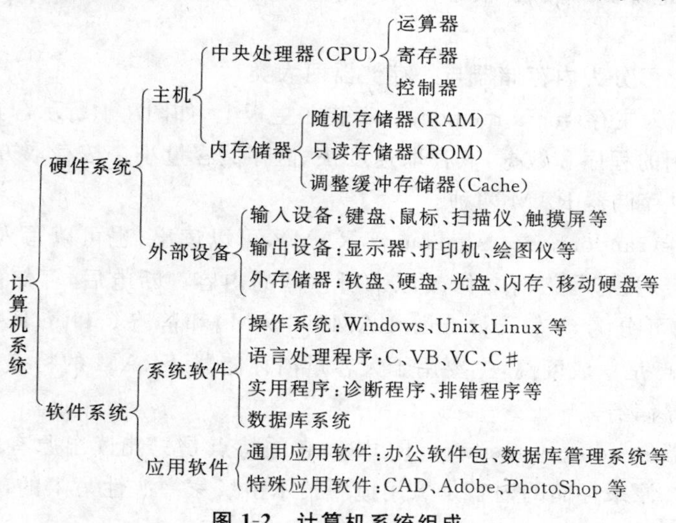

图1-2　计算机系统组成

1. 计算机硬件系统

计算机硬件系统的基本功能是接受计算机程序的控制,实现数据输入、运算、输出等一系列基本操作,主要由运算器、控制器、存储器、输入设备和输出设备五部分组成(著名的冯·诺依曼结构)。

1) CPU(中央处理器)

运算器和控制器构成了计算机的核心部件——中央处理器(central processing unit,CPU)。CPU是由运算器、控制器和寄存器组(register array)三部分所组成的。如图1-3为P4(Pentium 4)CPU正面与反面。

图1-3 P4 CPU正面与反面实物图

运算器是对信息进行加工、运算的部件,它的速度几乎决定了计算机的计算速度。运算器的主要功能是对二进制编码进行算术运算和逻辑运算。

控制器是整个计算机的控制、指挥中心。它指挥计算机各部分协调地工作,保证计算机按照预先规定的目标和步骤有条不紊地进行操作及处理。它根据人们预先编写好的程序,依次从内存中逐条取出指令,分析每条指令规定的是什么操作码,以及进行该操作的数据在存储器中的位置(地址码),然后,根据分析结果向计算机其他部件发出控制信号。

2) 存储器

存储器总体上可分为内存储器与外存储器两大类。

(1) 内存储器也称为主存(main memory),安装在主板上,如图1-4所示,与CPU直接连接,用来存放当前要用的程序和数据,其存取速度快,但存储容量小。按存取方式可分为只读存储器ROM和随机存储器RAM两种。

①随机存储器(random access memory,RAM),可以读出,也可以写入。读出时并不损坏原来存储的内容,只有写入时才修改原来所存储的内容。断电后,存储内容立即消失,具有易失性。RAM可分为动态(dynamic RAM,DRAM)和静态(static RAM,SRAM)两大类。DRAM的特点是集成度高,主要用于大容量内存储器;SRAM的特点是存取速度快,主要用于高速缓冲存储器。

②只读存储器(read only memory,ROM),它的特点是只能读出原有的内容,不能由用户再写入新内容。原来存储的内容是采用掩膜技术由厂家一次性写入的,并永久保存下来。它一般用来存放专用的固定的程序和数据,不会因断电而丢失。

(2) 外存储器主要用来存放暂时不使用的程序和数据。与内存储器相比,它的特点是存储容量大，存取速度慢，但可永久保存信息而不受断电的影响。通常有磁盘存储器（包括软盘、硬盘）、光盘存储器、可移动存储器等，如图 1-5 所示。

图 1-4 内存条　　图 1-5 U盘与移动硬盘

3）输入设备

输入设备是用来输入计算机程序和原始数据的设备。常见的输入设备有键盘、扫描仪（见图 1-6）、鼠标、摄像头等。

4）输出设备

输出设备是用来输出计算机结果的设备。常见的输出设备有显示器、打印机、激光打印机、数字绘图仪等。常用的液晶显示器（LED）如图 1-7 所示。

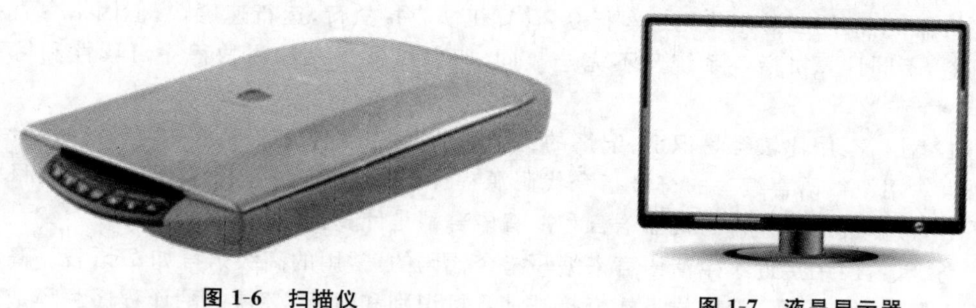

图 1-6 扫描仪　　图 1-7 液晶显示器

2. 软件系统

软件系统的主要任务是提高计算机的使用效率，发挥和扩大计算机的功能和用途，为用户使用计算机系统提供方便。按软件的功能来分，可分为系统软件和应用软件两大类。

1）系统软件

系统软件是负责管理、控制、维护、开发计算机的硬软件资源的软件。系统软件使得计算机系统中各种独立的硬件可以协调工作。

一般来讲，系统软件包括操作系统、工具软件（比如数据库管理、存储器格式化、文件系统管理、用户身份验证、驱动管理、网络连接等方面的工具）、语言处理系统、数据库系统和人机交互系统等。其中，操作系统是系统软件的核心。

（1）操作系统。

操作系统（operating system，OS）是对计算机系统中所有硬件与软件资源进行统一管理、调度及分配的核心软件。用户在操作计算机时实际上是通过使用操作系统来实现对计算机的操作，操作系统是用户和计算机之间的一个接口。操作系统也是所有软件的基础和核心，是它们正常工作的基础平台。因此，如果计算机系统中操作系统被损坏了，那么，整个计算机系统将无法工作。在个人计算机发展史上，出现过许多不同的操作系统，其中最为常

用的有:DOS、Windows、Linux、Unix、OS/2。操作系统的主要功能有作业管理、处理机管理、存储器管理、设备管理和文件管理等。

①DOS 操作系统:单用户、单任务、字符界面的操作系统。

②Windows 系统:支持多任务、图形用户界面的操作系统。

③Linux 系统:全球最大的一个自由免费软件,其本身是一个功能可与 Unix 和 Windows 相媲美的操作系统,具有完备的网络功能。

④Unix 系统:一个多用户、多任务系统,Unix 系统是迄今为止最安全的、最稳定的系统。

(2) 工具软件。

工具软件属于系统软件的一个子集,为计算机用户提供各种控制分配和使用计算机资源的方法。工具软件有两种形式,一种就是包含在操作系统之中,如 Windows 磁盘管理工具等;另一种是软件开发商开发的独立软件包,如各种数据压缩软件、磁盘分区软件、数据备份与恢复工具及各种防病毒软件等。

(3) 程序设计语言。

指令是控制计算机操作的命令。程序是指具有一定功能的有序指令的集合。程序设计语言提供用户编写计算机程序,可分为机器语言、汇编语言和高级语言。

①机器语言:用二进制代码编写指令,计算机能直接执行,运行速度快,但因指令直接依赖与机器,不同计算机指令系统又不完全相同,所以机器语言编写的程序可读性和可移植性差。

②汇编语言:用比较容易识别、记忆的助记符代替机器语言的二进制代码,即符号化的机器语言。用汇编语言编写的符号指令代码源程序,必须由汇编程序编译成二进制目标代码程序后,计算机才能执行。机器语言和汇编语言都是计算机低级语言。

③高级语言:用接近于生活语言来编写指令代码的,常用的高级语言如 C 语言。高级语言易于人们阅读和使用,但同样不能直接被计算机识别和执行,必须由翻译程序翻译成二进制目标代码计算机才能运行。按照翻译的方法,翻译程序分为解释方式和编译方式两种。解释方式在程序运行时解释一句执行一句;而编译方式经过"编译"和"链接装配"两步后才能成为可执行机器语言。

(4) 数据库系统。

数据库系统的主要功能包括数据库的定义、操纵、共享数据的并发控制、数据的安全和保密等,按数据定义模型可划分为关系数据库、层次数据库和网状数据库;按控制方式可分为集中式数据库系统、分布式数据库系统和并行数据库系统。数据库系统研究的主要内容包括:数据库设计、数据模式、数据定义和操作语言、关系数据库理论、数据完整性和相容性、数据库恢复与容错、死锁控制和防止、数据安全性等。

2) 应用软件

应用软件是指为解决某一领域的具体问题而编制的软件产品,例如,文字处理软件、表格处理软件、财务管理系统、辅助教学软件、图形处理软件、计算机辅助设计软件、游戏软件等。

常见的通用软件有:

(1) 数据库软件,如 VF、SQL;

(2) 电子表格软件,如 Excel;

(3) 计算机辅助软件,如 CAD、CAM、CAI;

(4) 动画制作软件,如 3D MAX。

常见的专用软件有:

(1) 文字处理软件,如 WPS、Word;

(2) 图形、图像处理软件,如 Photoshop;

(3) 防杀计算机病毒软件,瑞星,360 卫士;

(4) 实用工具软件,用户根据自己的实际工作要求需要自行开发的软件。

3) 计算机的性能指标

微型计算机的性能指标决定一台计算机的好坏。

(1) 字长:是计算机内部一次可以处理的二进制数的位数。一般计算机的字长取决于它的通用寄存器、内存储器、ALU 的位数和数据总线的宽度。微型计算机字长有 4 位、8 位、16 位,高档微机字长为 32 位或 64 位。目前使用的大多数是 32 位和 64 位机。

(2)主频:是指微型计算机中 CPU 的时钟频率(CPU clock speed),也就是 CPU 运算时的工作频率。一般来说,主频越高,一个时钟周期里完成的指令数也越多,当然 CPU 的速度就越快。

(3) 存储容量:是衡量微型计算机中存储能力的一个指标,它包括内存容量和外存容量。内存容量以字节为单位,分最大容量和装机容量。最大容量由 CPU 的地址总线的位数决定,而装机容量按所使用软件环境来定。外存容量是指磁盘机和光盘机等容量,应根据实际应用的需要来配置。

(4) 运算速度:是指 CPU 每秒钟所能执行的加法指令的条数,一般用百万次每秒(MIPS)来描述。

(5) 存储周期:是 CPU 从内存中存取数据所需的时间。存取周期越短,运算速度越快。目前,内存的存储周期为 7～70 ns。

(6) 外设扩展能力:组装一台计算机还需要考虑可配置的外部设备数量以及设备类型,如显示器的分辨率、多媒体接口功能和打印机型号等,都是外部设备选择中要考虑的问题。

(7) 软件配置情况:直接会影响到一台计算机系统的使用和性能的发挥,要选择和硬件相匹配的软件,通常应配置的软件有操作系统、计算机语言以及工具软件等,如 Windows 7 的操作系统就需要 1 GHz 以上的 CPU、1 GB 以上的内存。

4) 计算机之间的连接

计算机各个部件之间的连接方式,也称计算机的结构。最早的计算机采用的是任何两个部件之间相互连接的方式,称之为直连。现在的计算机普遍采用的是总线方式,总线为各个部件的公共通信线,根据总线上传输的信号不同可将总线分为以下 3 类:地址总线负责传输地址信息,控制总线负责传输控制信号,数据总线负责传输数据信号。

计算机的各个硬件只有通过各种总线的连接才能进行各种信号和数据的传输,下面将本节中所讲的计算机硬件组装在一起,形成一台计算机。组装应按照以下步骤有条不紊地进行。

(1) 准备好所有配件:CPU、散热风扇、主板、内存、显卡、硬盘、光驱、机箱电源、键盘鼠标、显示器、打印机、数据线、电源线等。

(2) 机箱的安装。主要是对机箱进行拆封，将电源安装在机箱内固定好。

(3) CPU 的安装。将 CPU 按照针脚结构(32 位机)或触点结构(64 位机)安装在对应的位置，注意 CPU 上的三角形标识和主板上的方位一致。CPU 安放到位后，盖好扣盖和压杆，然后在 CPU 表面均匀的涂上一层导热硅脂，将散热器的四角对准主板相应位置后压下，最后接上风扇的供电接口。

(4) 内存的安装。将内存插槽的两端扣具打开，平行放入内存后从两端轻轻按下至“啪”一声响后，内存安装到位。

(5) 声卡、显卡的安装。根据显卡总线选择合适的插槽垂直插入显卡，以同样的方法将声卡插入 PCI 插槽中。

(6) 主板的安装。垫好主板垫脚螺母后，平行放入已安装 CPU、内存、声显卡后的主板，使其与机箱背部的挡板孔位一一对应，固定。

(7) 安装硬盘和光驱。将硬盘放入硬盘托架中固定后，插上数据线和电源线。拆除机箱光驱托架，放入光驱后固定。

(8) 装配连线。检查机箱内硬盘、光驱、电源、风扇、喇叭电源线和数据线的连接。连接完成后和上机箱盖。

(9) 输入/输出设备的安装。连接键盘鼠标、显示器、打印机等设备在机箱外主板接口上。

(10) 加电测试，安装软件。首先安装操作系统，然后安装硬件驱动，最后进行所需软件的安装。一般新组装的机器建议“拷机”72 小时，如果硬件有问题可以及时更换。

1.3.3 要点回顾

要点 1：掌握计算机的硬件系统组成。学习中需熟记计算机硬件系统的五大部件及其功能，掌握 RAM 与 ROM 的区别，能够识别输入、输出设备。

例题 1.3-1 计算机系统由________组成。

A. 主机和显示器 B. 微处理器和软件

C. 硬件系统和应用软件 D. 硬件系统和软件系统

【例题解析】 计算机系统是由硬件系统和软件系统两部分组成的。正确答案为 D。

例题 1.3-2 微型计算机的主要组成部分包括________。

A. 运算器和内存储器 B. CPU 和内存储器

C. CPU 和 UPS D. UPS 和内存储器

【例题解析】 计算机主要由运算器、控制器、存储器、输入设备和输出设备五部分组成，中央处理器(CPU)是硬件系统中最核心的部件。UPS 为不间断电源，它可以保障计算机系统在停电之后继续工作一段时间，以使用户能够紧急存盘，避免数据丢失，属外部设备。运算器和控制器是 CPU 的组成部分。正确答案为 B。

例题 1.3-3 微型计算机的控制器的基本功能是________。

A. 进行计算运算和逻辑运算

B. 存储各种控制信息

C. 控制机器各个部件协调一致地工作

D. 保持各种控制状态

【例题解析】 选项A为运算器的功能，选项B为存储器的功能。控制器中含有状态寄存器，主要用于保持程序运行状态，选项D是控制器的功能，但不是控制器的基本功能，控制器的基本功能为控制。因此正确答案为C。

例题1.3-4 只读存储器(ROM)与随机存取存储器(RAM)的主要区别在于________。

A. ROM可以永久保存信息，RAM在断电后信息会丢失

B. ROM断电后，信息会丢失，RAM则不会

C. ROM是内存储器，RAM是外存储器

D. RAM是内存储器，ROM是外存储器

【例题解析】 只读存储器(ROM)和随机存储器(RAM)都属于内存储器(内存)。只读存储器(ROM)特点是只能读出存储器中原有的内容，而不能修改，即只能读，不能写。断电后内容不会丢失，加电后会自动恢复，即具有非易失性。随机存储器(RAM)特点是读写速度快，最大的不足是断电后，内容立即消失，即易失性。随机存储器(RAM)又分为静态随机存储器(SRAM)和动态随机存储器(DRAM)。静态随机存储器(SRAM)读写速度快，生产成本高，多用于容量较小的高速缓冲存储器。动态随机存储器(DRAM)读写速度较慢，集成度高，生产成本低，多用于容量较大的主存储器。正确答案为A。

例题1.3-5 下列设备组中，完全属于输入设备的一组是________。

A. 喷墨打印机，显示器，键盘　　B. 扫描仪，键盘，鼠标器

C. 键盘，鼠标器，绘图仪　　D. 打印机，键盘，显示器

【例题解析】 输入设备是用来输入计算机程序和原始数据的设备。常见的输入设备有键盘、扫描仪、鼠标、摄像头等。该题目中打印机、显示器、绘图仪都属于输出设备，因此正确答案为B。

要点2：掌握计算机的结构及主要性能指标。学习中要掌握计算机五大部件的连接方式及分类方法，了解衡量计算机好坏的主要性能指标。

例题1.3-6 计算机的系统总线是计算机各部件间传递信息的公共通道，它分________。

A. 数据总线和控制总线　　B. 地址总线和数据总线

C. 数据总线、控制总线和地址总线　　D. 地址总线和控制总线

【例题解析】 总线是系统部件之间传递信息的公共通道，各部件由总线连接并通过它传递数据和控制信号。根据功能的不同可将总线分为三种，即数据总线(data bus，DB)、地址总线(address bus，AB)和控制总线(control bus，CB)。正确答案为C。

例题1.3-7 计算机的技术性能指标主要是指________。

A. 计算机所配备的语言、操作系统、外部设备

B. 硬盘的容量和内存的容量

C. 字长、运算速度、内/外存容量和CPU的时钟频率

D. 显示器的分辨率、打印机的性能等配置

【例题解析】 计算机主要性能指标有主频、字长、运算速度、存储容量和存取周期。MIPS是运算速度，MB是存储容量，Mbps是传输速率。主频指的是计算机CPU的时钟频率，主频越高速度越快，衡量单位为GHz；字长是CPU直接处理的二进制位数，字长越长精度越高，通常是8的倍数，如32位；运算速度是指每秒钟所能执行的加法指令数目，衡量计

算机的运算快慢,常用 MIPS 表示;存储容量主要指内存大小,常用 GB、MB、KB 表示;存储周期是从内存中存取数据所需时间,通常用 ns 来表示。正确答案为 C。

要点 3:掌握计算机软件的概念、组成及种类。学习过程中要了解软件的概念及程序设计语言,掌握软件系统的组成及分类,并能为特定软件归类。

例题 1.3-8 下列关于软件的叙述中,正确的是________。

A. 计算机软件分为系统软件和应用软件两大类

B. Windows 就是广泛使用的应用软件之一

C. 所谓软件就是程序

D. 软件可以随便复制使用,不用购买

【例题解析】 所谓软件是指为方便使用计算机和提高使用效率而组织的程序以及用于开发、使用和维护的有关文档。软件系统可分为系统软件和应用软件两大类。软件是具有知识产权的,不能随意复制和买卖。故正确答案为 A。

例题 1.3-9 在所列出的:① 字处理软件,② DOS,③ UNIX,④ 学籍管理系统,⑤ Windows 7,⑥ Office 2010,这六个软件中,属于系统软件的有( )。

A. ①,②,③　　B. ②,③,⑤　　C. ①,②,③,⑤　　D. 全部都不是

【例题解析】 计算机软件包括系统软件和应用软件。系统软件主要包括操作系统、语言处理系统、系统性能检测和实用工具软件等,其中最主要的是操作系统,如 DOS、UNIX、LINUX、Windows 系列。应用软件是指人们为解决某一实际问题,达到某一应用目的而编制的程序。图形处理软件、字处理软件、表格处理软件等属于应用软件。正确答案为 B。

例题 1.3-10 把用高级语言编写的源程序转换为可执行程序(.exe),要经过________过程。

A. 汇编和解释　　B. 编辑和链接

C. 编译和链接　　D. 解释和编译

【例题解析】 计算机不能直接识别并执行高级语言编写的源程序,必须借助翻译程序将它翻译成机器语言的目标程序,在翻译过程中通常采用两种方式:解释和编译,经过编译后的目标程序通过链接变成可执行程序后执行。正确答案为 C。

四、练习与思考

1. 下列关于存储的叙述中,正确的是________。

A. CPU 能直接访问存储在内存中的数据,也能直接访问存储在外存中的数据

B. CPU 不能直接访问存储在内存中的数据,能直接访问存储在外存中的数据

C. CPU 只能直接访问存储在内存中的数据,不能直接访问存储在外存中的数据

D. 存储在内存和外存中的数据 CPU 均不能直接访问

2. CPU 中有一个程序计数器(又称指令计数器),它用于存储________。

A. 正在执行的指令的内容　　B. 下一条要执行的指令的内容

C. 正在执行的指令的内存地址　　D. 下一条要执行的指令的内存地址

3. DRAM 存储器的中文含义是________。

A. 静态随机存储器　　B. 动态随机存储器

C. 动态只读存储器　　D. 静态只读存储器

4. SRAM 存储器是________。
A. 静态只读存储器　B. 静态随机存储器
C. 动态只读存储器　D. 动态随机存储器

5. 对于微机用户来说，为了防止计算机意外故障而丢失重要数据，对重要数据应定期进行备份。下列移动存储器中，最不常用的一种是________。
A. 软盘　B. USB 移动硬盘　C. U 盘　D. 磁带

6. 计算机技术中，英文缩写 CPU 的中文译名是________。
A. 控制器　B. 运算器　C. 中央处理器　D. 寄存器

7. 计算机系统由________组成。
A. 主机和显示器　B. 微处理器和软件
C. 硬件系统和应用软件　D. 硬件系统和软件系统

8. 控制器的主要功能是________。
A. 指挥计算机各部件自动、协调地工作
B. 对数据进行算术运算
C. 进行逻辑判断
D. 控制数据的输入和输出

9. 目前，在市场上销售的微型计算机中，标准配置的输入设备是________。
A. 键盘、CD-ROM 驱动器　B. 鼠标、键盘
C. 显示器、键盘　D. 键盘、扫描仪

10. 通常所说的 I/O 设备是指________。
A. 输入输出设备　B. 通信设备　C. 网络设备　D. 控制设备

11. 微机中访问速度最快的存储器是________。
A. CD-ROM　B. 硬盘　C. U 盘　D. 内存

12. 微型计算机存储系统中，PROM 是________。
A. 可读写存储器　B. 动态随机存储器
C. 只读存储器　D. 可编程只读存储器

13. 微型计算机硬件系统中最核心的部位是________。
A. 主板　B. CPU　C. 内存储器　D. I/O 设备

14. 下列存储器中，存取周期最短的是________。
A. 硬盘存储器　B. CD-ROM　C. DRAM　D. SRAM

15. 下列的英文缩写和中文名字的对照中，错误的是________。
A. CPU—控制程序部件　B. ALU—算术逻辑部件
C. CU—控制部件　D. OS—操作系统

16. 下列关于 CD-R 光盘的描述中，错误的是________。
A. 只能写入一次，可以反复读出的一次性写入光盘
B. 可多次擦除型光盘
C. 以用来存储大量用户数据的，一次性写入的光盘
D. CD-R 是 compact disc recordable 的缩写

17. 下列关于硬盘的说法错误的是________。

A. 硬盘中的数据断电后不会丢失
B. 每个计算机主机有且只能有一块硬盘
C. 硬盘可以进行格式化处理
D. CPU 不能够直接访问硬盘中的数据

18. 下列说法中,错误的是________。
A. 硬盘驱动器和盘片是密封在一起的,不能随意更换盘片
B. 硬盘是由多张盘片组成的盘片组
C. 硬盘的技术指标除容量外,另一个是转速
D. 硬盘安装在机箱内,属于主机的组成部分

19. 下列说法中,正确的是________。
A. 软盘片的容量远远小于硬盘的容量
B. 硬盘的存取速度比软盘的存取速度快
C. 优盘的容量远大于硬盘的容量
D. 软盘驱动器是唯一的外部存储设备

20. 下列说法中,正确的是________。
A. 硬盘的容量远大于内存的容量
B. 硬盘的盘片是可以随时更换的
C. 优盘的容量远大于硬盘的容量
D. 硬盘安装在机箱内,它是主机的组成部分

21. 下列四条叙述中,正确的一条是________。
A. 假若 CPU 向外输出 20 位地址,则它能直接访问的存储空间可达 1 MB
B. PC 机在使用过程中突然断电,SRAM 中存储的信息不会丢失
C. PC 机在使用过程中突然断电,DRAM 中存储的信息不会丢失
D. 外存储器中的信息可以直接被 CPU 处理

22. 下列叙述中,错误的是________。
A. 内存储器 RAM 中主要存储当前正在运行的程序和数据
B. 高速缓冲存储器(cache)一般采用 DRAM 构成
C. 外部存储器(如硬盘)用来存储必须永久保存的程序和数据
D. 存储在 RAM 中的信息会因断电而全部丢失

23. 下列叙述中,正确的是________。
A. cache 一般由 DRAM 构成
B. 汉字的机内码就是它的国标码
C. 数据库管理系统 Oracle 是系统软件
D. 指令由控制码和操作码组成

24. 下列有关总线和主板的叙述中,错误的是________。
A. 外设可以直接挂在总线上
B. 总线体现在硬件上就是计算机主板
C. 主板上配有插 CPU、内存条、显示卡等的各类扩展槽或接口,而光盘驱动器和硬盘驱动器则通过扁缆与主板相连

D. 在计算机维修中把CPU、主板、内存、显卡加上电源所组成的系统称为最小化系统

25. 一般计算机硬件系统的主要组成部件有五大部分，下列选项中不属于这五部分的是________。

A. 输入设备和输出设备　　B. 软件

C. 运算器　　D. 控制器

26. 运算器的主要功能是________。

A. 进行算术运算　　B. 实现逻辑运算

C. 实现加法运算　　D. 进行算术运算或逻辑运算

27. 在计算机中，鼠标属于________。

A. 输出设备　　B. 菜单选取设备

C. 输入设备　　D. 应用程序的控制设备

28. 在计算机中，条码阅读器属于________。

A. 输入设备　B. 存储设备　C. 输出设备　D. 计算设备

29. 在微机系统中，麦克风属于________。

A. 输入设备　B. 输出设备　C. 放大设备　D. 播放设备

30. 在微型计算机内存储器中不能用指令修改其存储内容的部分是________。

A. RAM　B. DRAM　C. ROM　D. SRAM

31. 在现代的CPU芯片中又集成了高速缓冲存储器(cache)，其作用是________。

A. 扩大内存储器的容量

B. 解决CPU与RAM之间的速度不匹配问题

C. 解决CPU与打印机的速度不匹配问题

D. 保存当前的状态信息

32. cache的中文译名是________。

A. 缓冲器　　B. 只读存储器

C. 高速缓冲存储器　　D. 可编程只读存储器

33. DVD-ROM是________。

A. 大容量可读可写外存储器

B. 大容量只读外部存储器

C. 可直接与CPU交换数据的存储器

D. 只读内部存储器

34. CPU中除了内部总线和必要的寄存器外，主要的两大部件分别是运算器和________。

A. 控制器　B. 存储器　C. cache　D. 编辑器

35. RAM的特点是________。

A. 海量存储器

B. 存储在其中的信息可以永久保存

C. 一旦断电，存储在其上的信息将全部消失，且无法恢复

D. 只用来存储中间数据

36. ROM 中的信息是________。

A. 由生产厂家预先写入的

B. 在安装系统时写入的

C. 根据用户需求不同,由用户随时写入的

D. 由程序临时存入的

37. USB 1.1 和 USB 2.0 的区别之一在于传输率不同,USB 2.0 的传输率是________。

A. 150 KB/s　　B. 12 MB/s　　C. 480 MB/s　　D. 48 MB/s

38. 把存储在硬盘上的程序传送到指定的内存区域中,这种操作称为________。

A. 输出　　B. 写盘　　C. 输入　　D. 读盘

39. 把内存中数据传送到计算机的硬盘上去的操作称为________。

A. 显示　　B. 写盘　　C. 输入　　D. 读盘

40. 操作系统对磁盘进行读/写操作的单位是________。

A. 磁道　　B. 字节　　C. 扇区　　D. KB

41. 存储计算机当前正在执行的应用程序和相应的数据的存储器是________。

A. 硬盘　　B. ROM　　C. RAM　　D. CD-ROM

42. 当电源关闭后,下列关于存储器的说法中,正确的是________。

A. 存储在 RAM 中的数据不会丢失

B. 存储在 ROM 中的数据不会丢失

C. 存储在软盘中的数据会全部丢失

D. 存储在硬盘中的数据会丢失

43. 当前流行的移动硬盘或优盘进行读/写利用的计算机接口是________。

A. 串行接口　　B. 平行接口　　C. USB　　D. UBS

44. 对 CD-ROM 可以进行的操作是________。

A. 读或写　　B. 只能读不能写

C. 只能写不能读　　D. 能存不能取

45. 计算机硬件系统主要包括:中央处理器(CPU)、存储器和________。

A. 显示器和键盘　　B. 打印机和键盘

C. 显示器和鼠标器　　D. 输入/输出设备

46. 目前市场上销售的 USB flash disk(俗称 U 盘)是一种________。

A. 输出设备　　B. 输入设备　　C. 存储设备　　D. 显示设备

47. 随机存储器中,有一种存储器需要周期性的补充电荷以保证所存储信息的正确,它称为________。

A. 静态 RAM(SRAM)　　B. 动态 RAM(DRAM)

C. RAM　　D. Cache

48. 通常打印质量最好的打印机是________。

A. 针式打印机　　B. 点阵打印机

C. 喷墨打印机　　D. 激光打印机

49. 通常所说的微型机主机是指________。

A. CPU 和内存.　　B. CPU 和硬盘

C. CPU、内存和硬盘　　D. CPU、内存与CDROM

50. UPS的中文译名是________。

A. 稳压电源　　B. 不间断电源　　C. 高能电源　　D. 调压电源

51. 微机的销售广告中"P4 2.4 G/256 M/80 G"中的2.4G是表示________。

A. CPU的运算速度为2.4 GIPS

B. CPU为Pentium4的2.4代

C. CPU的时钟主频为2.4 GHz

D. CPU与内存间的数据交换速率是2.4 Gbps

52. 字长是CPU的主要技术性能指标之一,它表示的是________。

A. CPU的计算结果的有效数字长度

B. CPU一次能处理二进制数据的位数

C. CPU能表示的最大的有效数字位数

D. CPU能表示的十进制整数的位数

53. 下列关于磁道的说法中,正确的是________。

A. 盘面上的磁道是一组同心圆

B. 由于每一磁道的周长不同,所以每一磁道的存储容量也不同

C. 盘面上的磁道是一条阿基米德螺线

D. 磁道的编号是最内圈为0,并次序由内向外逐渐增大,最外圈的编号最大

54. 下列度量单位中,用来度量计算机外部设备传输率的是________。

A. MB/s　　B. MIPS　　C. GHz　　D. MB

55. 下列度量单位中,用来度量计算机网络数据传输速率(比特率)的是________。

A. MB/s　　B. MIPS　　C. GHz　　D. Mbps

56. 下列各存储器中,存取速度最快的是________。

A. CD-ROM　　B. 内存储器　　C. 软盘　　D. 硬盘

57. 下列关于CPU的叙述中,正确的是________。

A. CPU能直接读取硬盘上的数据

B. CPU能直接与内存储器交换数据

C. CPU主要组成部分是存储器和控制器

D. CPU主要用来执行算术运算

58. 下列各组设备中,全部属于输入设备的一组是________。

A. 键盘、磁盘和打印机　　B. 键盘、扫描仪和鼠标

C. 键盘、鼠标和显示器　　D. 硬盘、打印机和键盘

59. 下列设备组中,完全属于计算机输出设备的一组是________。

A. 喷墨打印机、显示器、键盘

B. 激光打印机、键盘、鼠标器

C. 键盘、鼠标器、扫描仪

D. 打印机、绘图仪、显示器

60. 下列设备组中,完全属于外部设备的一组是________。

A. CD-ROM驱动器、CPU、键盘、显示器

B. 激光打印机、键盘、CD-ROM 驱动器、鼠标器
C. 内存储器、CD-ROM 驱动器、扫描仪、显示器
D. 打印机、CPU、内存储器、硬盘

61. 下列叙述中,错误的是________。
A. 计算机硬件主要包括:主机、键盘、显示器、鼠标和打印机五大部件
B. 计算机软件分系统软件和应用软件两大类
C. CPU 主要由运算器和控制器组成
D. 内存储器中存储当前正在执行的程序和处理的数据

62. 下列叙述中,错误的是________。
A. 内存储器一般由 ROM 和 RAM 组成
B. RAM 中存储的数据一旦断电就全部丢失
C. CPU 可以直接存取硬盘中的数据
D. 存储在 ROM 中的数据断电后也不会丢失

63. 下列叙述中,错误的是________。
A. 硬盘在主机箱内,它是主机的组成部分
B. 硬盘是外部存储器之一
C. 硬盘的技术指标之一是每分钟的转速 rpm
D. 硬盘与 CPU 之间不能直接交换数据

64. 下列叙述中,正确的是________。
A. 内存中存放的是当前正在执行的程序和所需的数据
B. 内存中存放的是当前暂时不用的程序和数据
C. 外存中存放的是当前正在执行的程序和所需的数据
D. 内存中只能存放指令

65. 下列叙述中,正确的是________。
A. 字长为 16 位表示这台计算机最大能计算一个 16 位的十进制数
B. 字长为 16 位表示这台计算机的 CPU 一次能处理 16 位二进制数
C. 运算器只能进行算术运算
D. SRAM 的集成度高于 DRAM

66. 下列选项中,不属于显示器主要技术指标的是________
A. 分辨率　　B. 重量
C. 像素的点距　　D. 显示器的尺寸

67. 下列选项中,既可作为输入设备又可作为输出设备的是________。
A. 扫描仪　　B. 绘图仪
C. 鼠标　　D. 磁盘驱动器

68. 下面关于 USB 的叙述中,错误的是________。
A. USB 的中文名为通用串行总线
B. USB 2.0 的数据传输率大大高于 USB 1.1
C. USB 具有热插拔与即插即用的功能
D. USB 接口连接的外部设备(如移动硬盘、U 盘等)必须另外供应电源

69. 下面关于随机存取存储器(RAM)的叙述中,正确的是________。
   A. RAM分静态RAM(SRAM)和动态RAM(DRAM)两大类
   B. SRAM的集成度比DRAM高
   C. DRAM的存取速度比SRAM快
   D. DRAM中存储的数据无须“刷新”
70. 下面关于随机存取存储器(RAM)的叙述中,正确的是________。
   A. 存储在SRAM或DRAM中的数据在断电后将全部丢失且无法恢复
   B. 静态RAM(SRAM)集成度低,但存取速度快且无须“刷新”
   C. DRAM的集成度高且成本高,常做Cache用
   D. DRAM中存储的数据断电后不会丢失
71. 下面关于U盘的描述中,错误的是________。
   A. U盘有基本型、增强型和加密型三种
   B. U盘的特点是重量轻、体积小
   C. U盘多固定在机箱内,不便携带
   D. 断电后,U盘还能保持存储的数据不丢失
72. 在计算机中,每个存储单元都有一个连续的编号,此编号称为________。
   A. 地址　　B. 位置号　　C. 门牌号　　D. 房号
73. 在微型计算机技术中,通过系统________CPU、存储器、输入设备和输出设备连接起来,实现信息交换。
   A. 总线　　B. I/O接口　　C. 电缆　　D. 通道
74. 计算机系统采用总线结构对存储器和外设进行协调,总线主要由________三部分组成。
   A. 数据总线、地址总线和控制总线
   B. 输入总线、输出总线和控制总线
   C. 外部总线、内部总线和中枢总线
   D. 通信总线、接收总线和发送总线
75. 下列有关计算机结构的叙述中,错误的是________。
   A. 最早的计算机基本上采用直接连接的
   B. 直接连接方式连接速度快,而且易于扩展
   C. 数据总线的位数,通常与CPU的位数相对应
   D. 现代计算机普遍采用总线结构
76. 用GHz来衡量计算机的性能,它指的是计算机的________。
   A. CPU时钟主频　　B. 存储器容量
   C. 字长　　D. CPU运算速度
77. 按操作系统的分类,Unix操作系统是________。
   A. 批处理操作系统　　B. 实时操作系统
   C. 分时操作系统　　D. 单用户操作系统
78. 通常用MIPS为单位来衡量计算机的性能,它指的是计算机的________。
   A. 传输速率　　B. 存储容量　　C. 字长　　D. 运算速度

79. 下列不属于微型计算机的技术指标的一项是________。
A. 字节　B. 时钟主频　C. 运算速度　D. 存取周期

80. 一台微机性能的好坏,主要取决于________。
A. 内存储器的容量大小　B. CPU 的性能
C. 显示器的分辨率高低　D. 硬盘的容量

81. CPU 主要技术性能指标有________。
A. 字长、运算速度和时钟主频　B. 可靠性和精度
C. 耗电量和效率　D. 冷却效率

82. 下列度量单位中,用来度量计算机内存空间大小的是________。
A. MB/s　B. MIPS　C. GHz　D. MB

83. CPU 的指令系统又称为________。
A. 汇编语言　B. 机器语言
C. 程序设计语言　D. 符号语言

84. 把用高级程序设计语言编写的源程序翻译成目标程序(.obj)的程序称为________。
A. 汇编程序　B. 编辑程序　C. 编译程序　D. 解释程序

85. 把用高级语言写的程序转换为可执行程序,要经过的过程称为________。
A. 汇编和解释　B. 编辑和链接
C. 编译和链接装配　D. 解释和编译

86. 汇编语言是一种________。
A. 依赖于计算机的低级程序设计语言
B. 计算机能直接执行的程序设计语言
C. 独立于计算机的高级程序设计语言
D. 面向问题的程序设计语言

87. 计算机能直接识别、执行的语言是________。
A. 汇编语言　B. 机器语言
C. 高级程序语言　D. C++语言

88. 为了提高软件开发效率,开发软件时应尽量采用________。
A. 汇编语言　B. 机器语言　C. 指令系统　D. 高级语言

89. 下列说法中,正确的是________。
A. 只要将高级程序语言编写的源程序文件(如 try.c)的扩展名更改为.exe,则它就成为可执行文件了
B. 当代高级的计算机可以直接执行用高级程序语言编写的程序
C. 用高级程序语言编写的源程序经过编译和链接后成为可执行程序
D. 用高级程序语言编写的程序可移植性和可读性都很差

90. 下列叙述中,正确的是________。
A. C++是高级程序设计语言的一种
B. 用 C++程序设计语言编写的程序可以直接在机器上运行
C. 当代最先进的计算机可以直接识别、执行任何语言编写的程序
D. 机器语言和汇编语言是同一种语言的不同名称

91. 下列叙述中，正确的是________。
    A. 把数据从硬盘上传送到内存的操作称为输出
    B. WPS Office 2003 是一个国产的系统软件
    C. 扫描仪属于输出设备
    D. 将高级语言编写的源程序转换成为机器语言程序的程序叫编译程序
92. 下列叙述中，正确的是________。
    A. 高级程序设计语言的编译系统属于应用软件
    B. 高速缓冲存储器(Cache)一般用 SRAM 来实现
    C. CPU 可以直接存取硬盘中的数据
    D. 存储在 ROM 中的信息断电后会全部丢失
93. 下列叙述中，正确的是________。
    A. 计算机能直接识别并执行用高级程序语言编写的程序
    B. 用机器语言编写的程序可读性最差
    C. 机器语言就是汇编语言
    D. 高级语言的编译系统是应用程序
94. 下列叙述中，正确的是________。
    A. 用高级程序语言编写的程序称为源程序
    B. 计算机能直接识别并执行用汇编语言编写的程序
    C. 机器语言编写的程序必须经过编译和链接后才能执行
    D. 机器语言编写的程序具有良好的可移植性
95. 操作系统的功能是________。
    A. 将源程序编译成目标程序
    B. 负责诊断计算机的故障
    C. 控制和管理计算机系统的各种硬件和软件资源的使用
    D. 负责外设与主机之间的信息交换
96. 计算机操作系统是________。
    A. 一种使计算机便于操作的硬件设备
    B. 计算机的操作规范
    C. 计算机系统中必不可少的系统软件
    D. 对源程序进行编辑和编译的软件
97. 操作系统管理用户数据的单位是________。
    A. 扇区　　B. 文件　　C. 磁道　　D. 文件夹
98. 有关计算机软件，下列说法错误的是________。
    A. 操作系统按其功能和特性可分为批处理操作系统、分时操作系统和实时操作系统等；按同时管理用户数的多少分为单用户操作系统和多用户操作系统
    B. 操作系统提供了一个软件运行的环境，是最重要的系统软件
    C. Microsoft Office 软件是 Windows 环境下的办公软件，但它并不能用于其他操作系统环境
    D. 操作系统的功能主要是管理，即管理计算机的所有软件资源，硬件资源不归操作

系统管理

99. 计算机能直接识别、执行的语言是________。

A. 汇编语言　　B. 机器语言

C. 高级程序语言　　D. C 语言

100. 下列关于软件的叙述中,正确的是________。

A. 计算机软件分为系统软件和应用软件两大类

B. Windows 就是广泛使用的应用软件之一

C. 所谓软件就是程序

D. 软件可以随便复制使用,不用购买。

101. 下列关于系统软件的四条叙述中,正确的一条是________。

A. 系统软件与具体应用领域无关

B. 系统软件与具体硬件逻辑功能无关

C. 系统软件是在应用软件基础上开发的

D. 系统软件并不是具体提供人机界面

102. 下面关于操作系统的叙述中,正确的是________。

A. 操作系统是计算机软件系统中的核心软件

B. 操作系统属于应用软件

C. Windows 是 PC 机唯一的操作系统

D. 操作系统的五大功能是:启动、打印、显示、文件存取和关机

103. 操作系统将 CPU 的时间资源划分成极短的时间片,轮流分配给各终端用户,使终端用户单独分享 CPU 的时间片,有独占计算机的感觉,这种操作系统称为________。

A. 实时操作系统　　B. 批处理操作系统

C. 分时操作系统　　D. 分布式操作系统

104. 操作系统中的文件管理系统为用户提供的功能是________。

A. 按文件作者存取文件　　B. 按文件名管理文件

C. 按文件创建日期存取文件　　D. 按文件大小存取文件

105. 当前微机上运行的 Windows 属于________。

A. 批处理操作系统　　B. 单任务操作系统

C. 多任务操作系统　　D. 分时操作系统

106. 计算机操作系统通常具有的五大功能是________。

A. CPU 管理、显示器管理、键盘管理、打印机管理和鼠标器管理

B. 硬盘管理、软盘驱动器管理、CPU 的管理、显示器管理和键盘管理

C. CPU 管理、存储管理、文件管理、设备管理和作业管理

D. 启动、打印、显示、文件存取和关机

107. 下列各组软件中,全部属于系统软件的一组是________。

A. 程序语言处理程序、操作系统、数据库管理系统

B. 文字处理程序、编辑程序、操作系统

C. 财务处理软件、金融软件、网络系统

D. WPS Office 2003、Excel 2000、Windows 98

108. 下列各组软件中，全部属于应用软件的是________。

A. 程序语言处理程序、操作系统、数据库管理系统

B. 文字处理程序、编辑程序、Unix操作系统

C. 财务处理软件、金融软件、WPS Office 2003

D. Word 2000、Photoshop、Windows 7

109. 计算机指令由两部分组成，它们是________。

A. 运算符和运算数　　B. 操作数和结果

C. 操作码和操作数　　D. 数据和字符

110. 在计算机指令中，规定其所执行操作功能的部分称为________。

A. 地址码　　B. 源操作数　　C. 操作数　　D. 操作码

参考答案：1. C　2. D　3. B　4. B　5. D　6. C　7. D　8. A　9. B　10. A　11. D　12. D　13. B　14. D　15. A　16. B　17. B　18. C　19. B　20. A　21. A　22. B　23. C　24. A　25. B　26. D　27. C　28. A　29. A　30. C　31. B　32. C　33. B　34. A　35. C　36. A　37. C　38. D　39. B　40. C　41. C　42. B　43. C　44. B　45. D　46. A　47. B　48. D　49. A　50. B　51. C　52. B　53. A　54. A　55. D　56. B　57. B　58. B　59. D　60. B　61. A　62. C　63. A　64. A　65. B　66. B　67. D　68. D　69. A　70. A　71. C　72. A　73. A　74. A　75. B　76. A　77. C　78. D　79. A　80. B　81. A　82. D　83. B　84. C　85. C　86. A　87. B　88. D　89. C　90. A　91. D　92. B　93. B　94. A　95. C　96. C　97. B　98. D　99. B　100. A　101. A　102. A　103. C　104. B　105. C　106. C　107. A　108. C　109. C　110. D

1.4　多媒体技术的发展

一、学习目标

(1) 掌握多媒体的有关概念；

(2) 了解媒体的数字化；

(3) 了解多媒体数据压缩。

二、知识要点

1. 多媒体的有关概念

媒体指文字、图片、照片、声音(包含音乐、语音旁白、特殊音效)、动画和影片等内容。在计算机领域，按照国际电话电报资讯委员会(ITU)制定的媒体分类标准，媒体分为感觉媒体、表示媒体、表现媒体、存储媒体和传输媒体五类。

多媒体(multimedia)是计算机系统中组合两种或两种以上媒体的一种人机交互式信息交流和传播的媒体。多媒体效果的呈现需要依靠多媒体技术来实现。多媒体技术指能够同时对两种或两种以上媒体进行采集、操作、编辑、存储的综合处理技术。利用多媒体技术能将事物更加直观、更加自然、更加广阔地表示出来，具有区别于传统媒体的四大显著特性。

1) 交互性

交互性指向用户提供交互使用、加工和控制信息的手段，是多媒体与传统媒体最大的不

同。例如,电视虽也经过声音、图片、文字的多种媒体结合进行展示,但却不能在节目过程中进行双向交互。

2）集成性

集成性指能够同时表示和处理多种信息,集成了图像、声音处理等多项技术,可将各种不同的媒体结合后发挥综合作用。

3）多样性

多样性指表达内容的多样化,也指媒体输入、传播、再现和展示手段的多种形式。多媒体信息不但能让人们看到文字,观察到静止的图像,还能听到声音和看到视频,使人们能够感受身临其境的效果。

4）实时性

实时性是指多媒体系统中的声音及活动的视频图像是强实时性的,能够综合处理带有时间关系的媒体。

2.多媒体的组成元素

1）文本

文本是多媒体中最基本也最常用的一种媒体,它是以文字和各种专用符号表达的信息形式,包括字体、字形、字号、颜色和修饰效果等。用文本表达信息给人充分的想象空间,它主要用于对知识的描述性表示,如阐述概念、定义、原理和问题以及显示标题、菜单等内容,最大的优点是占用存储空间小。

常见的文本类型有两种形式,格式化文本和非格式化文本。TXT格式的文本为非格式化文本,不具备文字处理和排版功能。DOC/DOCX的文本为格式文本,可以进行格式的编排。

2）图形

图形也称矢量图形,是计算机根据数学模型计算生成的几何图形。图形的优点是可以不失真地缩放,占用存储空间较小,但在质感和生动性上面能力较弱。常见的图形如用Adobe Illustrator绘制的图形,后缀名为.ai、.cdr等。

3）图像

图像是多媒体软件中最重要的信息表现形式之一,它是决定一个多媒体软件视觉效果的关键因素。数字图像通常称为位图,是对图片逐行逐列进行采样后用许多像素点进行描述的文件,具有描述对象形象直观和信息量大的优点,但需要空间较大,需要进行压缩。常见的后缀名为.bmp、.dif、.gif、.jpg等。

BMP是PC机上最常用的位图格式,有压缩和不压缩两种形式,该格式可表现从2位到24位的色彩,分辨率也可从480×320至1024×768。该格式在Windows环境下相当稳定,在文件大小没有限制的场合中运用极为广泛。

DIF是AutoCAD中的图形文件,它以ASCII方式存储图形,表现图形在尺寸大小方面十分精确,可以被CorelDraw、3DS等大型软件调用编辑。

GIF是在各种平台的各种图形处理软件上均可处理的经过压缩的图形格式,它既支持静态的图像,也支持动态的动画。缺点是存储色彩最高只能达到256种。

JPG是可以大幅度地压缩图形文件的一种图形格式。对于同一幅画面,JPG格式存储的文件是其他类型图形文件的1/10到1/20,而且色彩数最高可达到24位,所以它被广泛应

用于 Internet 上的 Homepage 或 Internet 上的图片库。

4）动画

动画是利用人的视觉暂留特性，快速播放一系列连续运动变化的图形图像，也包括画面的缩放、旋转、变换、淡入/淡出等特殊效果。动画可以把抽象的内容形象化，使许多难以理解的内容变的生动有趣，合理使用动画可以达到事半功倍的效果。任何动态的图像都是由多幅连续的图像构成，每幅图像之间都有一定的时间间隔，只是时间间隔是以人眼看不见的速度在移动。常见的动画文件后缀名有.gif、.swf 等。

GIF 除作为常用图形文件格式之外，还可保存单帧或多帧图像，支持循环播放，具有容量小、传送速度快的特点，是网络唯一支持的动画图形格式。

SWF 是动画设计软件 Flash 的专用格式，是一种支持矢量和点阵图形的动画文件格式，被广泛应用于网页设计，动画制作等领域，swf 文件通常也被称为 Flash 文件。swf 普及程度很高，现在超过 99%的网络使用者都可以读取 swf 档案。

5）声音

声音是人们用来传递信息、交流感情最方便、最熟悉的方式之一。在多媒体课件中，按其表达形式，可将声音分为讲解、音乐、效果三类。常见的文件格式后缀名主要有.wav、.mp3、.mid 等。

WAV 文件是 Microsoft 公司的音频文件格式，它来源于对声音模拟波形的采样，需要较大的存储空间，多用于存储简单的声音片段。

MP3 是使用 MPEG-1 压缩标准的声音压缩格式，是现在最流行的声音文件格式，因其压缩率大，在网络可视电话通信方面应用广泛，但和 CD 唱片相比音质稍差。

MIDI 文件扩展名.mid，是目前最成熟的音乐格式，实际上已经成为一种产业标准，能够模仿原始乐器的各种演奏技巧甚至无法演奏的效果，而且文件的长度非常小。

6）视频

视频影像是由若干幅内容相互联系的图像连续播放形成的，具有时序性与丰富的信息内涵，常用于交待事物的发展过程。视频非常类似于我们熟知的电影和电视，有声有色，在多媒体中充当重要的角色。视频文件的后缀名主要有.avi、.mov、.asf 等。

AVI 文件是微软公司采用的音频视频交错格式，也是一种桌面系统上的低成本、低分辨率的视频格式。AVI 很重要的一个特点是可伸缩性，使用 AVI 算法时的性能依赖于与它一起使用的基础硬件。

MOV 文件是 Quicktime for Windows 视频处理软件所采用的视频文件格式，采用先进的音视频处理技术，其图像画面的质量比 AVI 文件好。

ASF 文件是一种包含音频、视频、图像以及控制命令脚本的数据格式，用于排列、组织多媒体数据，以利于网络传输。

3. 媒体数字化

在计算机和通信领域，最基本的三种媒体归结为声音、图像、文本，多媒体技术能够同时采集、处理、存储和展示多种媒体信息。

1）声音的数字化

输入设备（如麦克风）向计算机输入声音信号，计算机对其进行采样、量化后转化成数字信号，然后通过输出设备输出。

将连续的模拟信息变成离散的数字信号的过程称为数字化。基本技术为脉冲编码调制,包括采样、量化和编码三个过程。采样对模拟信号进行测量,量化对采样后的数据进行转换,编码将量化后的数据变成二进制码组。

2)图像的数字化

将静态图像看成由多个点(像素)组成,图像的的数字化通过采样和量化两步来完成;而动态图像的数字化是要将图像进行拆分后再取样量化。

4. 多媒体数据压缩

多媒体的数据量大,需要通过压缩才能满足实际需要。

1) 无损压缩

压缩后的数据能够完全还原成压缩前的数据,通过各种编码技术(如行程编码)来实现。

2) 有损压缩

压缩后的数据不能够完全还原成压缩前的数据,其损失的信息多是对视觉和听觉感知不重要的信息。

目前,广泛应用于互联网信息传播中的压缩标准有两个:适用于静态图像的 JPEG 标准和适用于多媒体格式的 MPEG 标准。

三、要点回顾

要点:掌握多媒体的有关概念、了解媒体的数字化过程。学习过程中要熟悉媒体的分类,掌握音频、视频的压缩方式,能够根据文件后缀名识别多媒体类型。

例题 1.4-1 在数字音频信息获取过程中,哪种顺序是正确的________。

(A) 采样,量化,压缩,存储　　(B) 采样,压缩,量化,存储

(C) 采样,量化,存储,压缩　　(D) 量化,采样,压缩,存储

【例题解析】 声音的数字化通过采样、量化、编码来完成,因多媒体信息数据量大,故在存储之前需要进行压缩。正确答案为 A。

例题 1.4-2 下面________不是常用的音频文件的后缀。

A. WAV　　B. MOD　　C. MP3　　D. DOC

【例题解析】 WAV 是 Windows 常采用的波形音频文件存储格式;MOD 一种类似波表的音乐格式,结构却类似 MIDI;MP3 是采取 MPEG 国际标准压缩的音频格式;DOC 是 WORD 文档的后缀格式。正确答案为 D。

例题 1.4-3 下列叙述中,错误的是________。

A. 媒体是指信息表示和传播的载体,它向人们传递各种信息

B. 多媒体计算机系统就是有声卡的计算机系统

C. 多媒体技术是指用计算机技术把多媒体综合一体化,并进行加工处理的技术

D. 多媒体技术要求各种媒体都必须数字化

【例题解析】 多媒体计算机系统是指能把视、听和计算机交互式控制结合起来,对音频信号、视频信号的获取、生成、存储、处理、回收和传输综合数字化所组成的一个完整的计算机系统。一个多媒体计算机系统一般由四个部分构成:多媒体硬件平台(包括计算机硬件、声像等多种媒体的输入输出设备)、多媒体操作系统、图形用户接口、支持多媒体数据开发的应用工具软件。正确答案为 B。

四、练习与思考

1. 所谓媒体是指________。

A. 表示和传播信息的载体

B. 各种信息的编码

C. 计算机输入和输出的信息

D. 计算机屏幕显示的信息

2. 在计算机领域，媒体分为________这几类。

A. 感觉媒体、表示媒体、表现媒体、存储媒体和传输媒体

B. 动画媒体、语言媒体和声音媒体

C. 硬件媒体和软件媒体

D. 信息媒体、文字媒体和图像媒体

3. 所谓感觉媒体，指的是________。

A. 传输中电信号和感觉媒体之间转换所用的媒体

B. 能直接作用与人的感觉让人产生感觉的媒体

C. 用于存储表示媒体的介质

D. 将表示媒体从一处传送到另一处的物理载体

4. 所谓表现媒体，指的是________。

A. 使人能直接产生感觉的媒体

B. 用于体现感觉媒体和表示媒体的I/O设备

C. 传输感觉媒体的物理载体

D. 用于存储表示媒体的介质

5. 按 Microsoft 等指定的标准，多媒体计算机 MPC 由个人计算机、CDROM 驱动器、________、音频和视频卡、音响设备等五部分组成。

A. 鼠标

B. Windows 操作系统

C. 显示卡

D. 触摸屏

6. 多媒体个人计算机是指________。

A. 能处理声音的计算机

B. 能处理图像的计算机

C. 能进行通信处理的计算机

D. 能进行文本、声音、图像等多媒体处理的计算机

7. 多媒体技术的主要特征包括集成性、多样性、交互性和________。

A. 活动性　B. 可视性　C. 非线性　D. 实时性

8. 以下________不是数字图形、图像的常用文件格式。

A. BMP　B. MIDI　C. GIF　D. JPG

9. 下列描述中不正确的是________。

A. 多媒体技术最主要的两个特点是集成性和交互性

B. 多媒体数据的传输速度是多媒体技术中的最关键技术

C. 声音的数字化通过采样、量化、编码来完成

D. 媒体分为感觉媒体、表示媒体、表现媒体、存储媒体和传输媒体五类

10. 以下关于流媒体技术的说法中，错误的是________。

A. 实现流媒体需要合适的缓存
B. 媒体文件全部下载完成才可以播放
C. 流媒体可用于在线直播等方面
D. 流媒体格式包括 asf、rm、ra 等

11. 目前多媒体计算机中对动态图象数据压缩常采用________。
A. JPEG　　B. GIF　　C. MPEG　　D. BMP

12. 多媒体技术发展的基础是________。
A. 数据库与操作系统的结合
B. 通信技术、数字化技术和计算机技术的结合
C. CPU 的发展
D. 通信技术的发展

13. 网络多媒体文件格式能够流行的重要条件是________。
A. 保证图像质量　　B. 传输较快
C. 文件较小　　D. 以上都对

14. 可以用媒体播放机(Windows media player)播放的是________。
A. 录像带　　B. 文本文件　　C. Excel 文件　　D. 视频文件

15. 多媒体个人计算机的英文缩写是________。
A. VCD　　B. APC　　C. MPC　　D. MPEG

16. 下列文件格式中,属于网络音乐主要格式的是________。
A. wav　　B. avi　　C. mp3　　D. mpeg

参考答案:1. A　2. A　3. B　4. B　5. B　6. D　7. D　8. B　9. B　10. B　11. C　12. B　13. D　14. D　15. C　16. C

1.5 计算机病毒与防治

一、学习目标

(1) 掌握计算机病毒的概念;
(2)了解计算机病毒的特点、分类;
(3)了解常见病毒的特点和预防方法。

二、知识要点

1. 计算机病毒的概念及特点

计算机病毒是指编制或者在计算机程序中插入的破坏计算机功能或者毁坏数据,影响计算机使用,并能自我修复的一组计算机指令或者程序代码。计算机病毒具有如下特点。

1) 寄生性

计算机病毒寄生在其他程序之中,当执行这个程序时,病毒就起破坏作用,而在未启动这个程序之前,它是不易被人发觉的。

2）传染性

计算机病毒不但本身具有破坏性，更有害的是具有传染性，一旦病毒被复制或产生变种，其速度之快令人难以预防。作为一段人为编制的计算机程序代码，计算机病毒一旦进入计算机并得以执行，就会马上搜寻其他符合其传染条件的程序或存储介质，确定目标后再将自身代码插入其中，达到自我繁殖的目的。是否具有传染性是判别一个程序是否为计算机病毒的最重要条件。

3）潜伏性

有些计算机病毒像定时炸弹一样，让它什么时间发作是预先设计好的。比如黑色星期五病毒，不到预定时间一点都觉察不出来，等到条件具备的时候一下子就爆炸开来，对系统进行破坏。一个编制精巧的计算机病毒程序，进入系统之后一般不会马上发作，因此病毒可以静静地躲在磁盘或磁带里呆上几天，甚至几年，一旦时机成熟，得到运行机会，就又要四处繁殖、扩散，继续为害。

4）破坏性

计算机中毒后，可能会导致正常的程序无法运行，把计算机内的文件删除或受到不同程度的损坏，通常表现为文件的增加、删除、修改、移动。

5）可触发性

病毒因某个事件或数值的出现，诱使病毒实施感染或进行攻击的特性称为可触发性。为了隐蔽自己，病毒必须潜伏，少做动作。如果完全不动，一直潜伏的话，病毒既不能感染也不能进行破坏，便失去了杀伤力。病毒既要隐蔽又要维持杀伤力，它必须具有可触发性。病毒的触发机制就是用来控制感染和破坏动作的频率的。病毒具有预定的触发条件，这些条件可能是时间、日期、文件类型或某些特定数据等。病毒运行时，触发机制检查预定条件是否满足，如果满足，启动感染或破坏动作，使病毒进行感染或攻击；如果不满足，使病毒继续潜伏。

2.计算机病毒的分类

从已发现的计算机病毒来看，病毒的规模一定程度上决定了其破坏性的大小，小的病毒程序指令条数较少，而大的病毒程序甚至由上万条指令组成，

(1) 按计算机病毒的感染对象，计算机病毒分为引导型、文件型、混合型、宏病毒。文件型病毒主要攻击的对象是.com 及.exe 等可执行文件，宏病毒通常寄存在 Microsoft Office 文档的宏代码中。

(2) 按计算机病毒的破坏性，计算机病毒分为良性病毒、恶性病毒。

(3) 按照计算机病毒程序入侵系统的途径，可将计算机病毒分为以下四种类型。

①操作系统型：这种病毒最常见，危害性也最大。

②外壳型：这种病毒主要隐藏在合法的主程序周围，且很容易编写，同时也容易检查和删除。

③入侵型：这种病毒是将病毒程序的一部分插入到合法的主程序中，破坏原程序。这种病毒的编写比较困难。

④源码型：这种病毒是在源程序被编译前，将病毒程序插入到高级语言编写的源程序中，经过编译后，成为可执行程序的合法部分。这种程序的编写难度较大，一旦插入，其破坏性极大。

3.计算机病毒的常见症状

计算机病毒虽然具有潜伏性,很难检测,但计算机受到病毒感染后会表现出不同的症状,只要注意观察计算机运行中的变化,也就不难发现计算机感染病毒后的一些异常现象。常见的异常现象如下。

1)机器不能正常启动

加电后机器不能正常启动,或者可以启动但所需要的时间比原来的变长了,有时还会突然出现黑屏的现象。

2)运行速度降低

如果发现在运行某个程序时,读取数据的时间比原来长,存文件或调文件的时间都增加了,那就可能是由于病毒造成的。

3)磁盘空间迅速变小

由于病毒程序要进驻内存,而且又能繁殖,因此使内存空间变小甚至变为“0”,用户什么信息也进不去。

4)文件内容和长度有所改变

一个文件存入磁盘后,本来它的长度和内容都不会改变,可是由于病毒的干扰,文件长度可能改变,文件内容也可能出现乱码,有时文件内容无法显示或显示后又消失了。

5)经常出现“死机”现象

正常的操作是不会造成死机现象的,即使是初学者,命令输入不对也不会死机。如果机器经常死机,那可能是由于系统被病毒感染了。

6)外部设备工作异常

因为外部设备受系统的控制,如果机器中有病毒,外部设备在工作时可能会出现一些异常情况,出现一些用理论或经验说不清道不明的现象。

4.常见的计算机病毒

1)“蠕虫”病毒

计算机“蠕虫”程序是一种通过某种网络媒介电子邮件、TCP/IP协议等自身从一台计算机复制到其他计算机的程序。“蠕虫”程序倾向于在网络上感染尽可能多的计算机,而不是在一台计算机上尽可能多地复制自身。典型的“蠕虫”病毒只需要感染目标系统(或者运行其代码)一次,就会通过网络自动向其他计算机传播。

2)“特洛伊木马”

“特洛伊木马”程序是一种看起来无害的程序,当它在运行时却执行有害的操作。该程序一般是通过从Internet下载的方式来获取的。“特洛伊木马”程序通常被用于进行破坏或者对某个系统进行恶意操作,但是表面上伪装成良性的程序,它们同样能对计算机造成严重损害。与一般病毒不同的是,“特洛伊木马”不对自身进行复制。

3)“红色代码”病毒

“红色代码”病毒是一种新型网络病毒,其传播所使用的技术可以充分体现网络技术与病毒的巧妙结合,就是非常致命的病毒,可以完全取得所攻破计算机的所有权限,可以为所欲为,盗走机密数据,严重威胁网络安全。

5.计算机病毒的预防

计算机病毒对信息网络造成的破坏和危害越来越大,因此,要有足够的警惕性来防范计

算机病毒的侵扰。防范计算机病毒常用的技术手段有以下方法。

(1) 按要求及时升级杀毒软件、操作系统和应用软件补丁。

(2) 关闭计算机上不用的端口，防止各种恶意程序的进入和信息的泄漏。

(3) 在接受电子邮件时，要仔细观察，不打开来历不明的邮件。

(4) 及时做好重要细心的备份工作，使用存储介质时，要确认不带病毒。

(5) 浏览网页、下载文件时要选择正规的网站。

三、要点回顾

要点1：掌握计算机病毒的概念及特点。

例题1.5-1 计算机病毒实际上是________。

A. 一个完整的小程序

B. 一段寄生在其他程序上的通过自我复制进行传染的，破坏计算机功能和数据的特殊程序

C. 一个有逻辑错误的小程序

D. 微生物病毒

【例题解析】 计算机病毒是指编制或者在计算机程序中插入的破坏计算机功能或者毁坏数据，影响计算机使用，并能自我修复的一组计算机指令或者程序代码。根据计算机的定义，正确答案为B。

例题1.5-2 下列关于计算机病毒的叙述中，错误的是________。

A. 感染过计算机病毒的计算机具有对该病毒的免疫性

B. 计算机病毒具有传染性

C. 计算机病毒具有潜伏性

D. 计算机病毒是一个特殊的寄生程序

【例题解析】 计算机病毒是一种人为编写的恶意程序，这种程序具有五大特点：寄生性、传染性、潜伏性、可触发性、破坏性。本题目要求选择错误的说法，因此正确答案为A。

要点2：了解计算机病毒的常见症状及预防方法。

例题1.5-3 当计算机病毒发作时，主要造成的破坏是________。

A. 对磁盘片的物理损坏

B. 对磁盘驱动器的损坏

C. 对CPU的损坏

D. 对存储在硬盘上的程序、数据甚至系统的破坏

【例题解析】 计算机中毒以后，常见的现象是导致正常的程序无法运行，或者对计算机内的文件进行增加、删除、修改、移动操作。正确答案为D。

例题1.5-4 对计算机病毒的防治也应以“预防为主”。下列各项措施中，错误的预防措施是。

A. 将重要数据文件及时备份到移动存储设备上

B. 用杀病毒软件定期检查计算机

C. 不要随便打开/阅读身份不明的发件人发来的电子邮件

D. 在硬盘中再备份一份

【例题解析】 防治计算机病毒入侵，要两手抓预防，一方面提前将病毒挡在门外，一方面做好备份防患于未然。本题中错误的预防措施为 D。

三、练习与思考

1. 传播计算机病毒的两大可能途径之一是________。
   A. 通过键盘输入数据时传入　　B. 通过电源线传播
   C. 通过使用表面不清洁的光盘　　D. 通过 Internet 网络传播
2. 感染计算机病毒的原因之一是________。
   A. 不正常关机　　B. 光盘表面不清洁
   C. 错误操作　　D. 从网上下载文件
3. 计算机病毒破坏的主要对象是________。
   A. U 盘　　B. 磁盘驱动器　　C. CPU　　D. 程序和数据
4. 计算机病毒是指能够侵入计算机系统并在计算机系统中潜伏、传播，破坏系统正常工作的一种具有繁殖能力的________。
   A. 流行性感冒病毒　　B. 特殊小程序
   C. 特殊微生物　　D. 源程序
5. 下列关于计算机病毒的说法中，正确的________。
   A. 计算机病毒是一种有损计算机操作人员身体健康的生物病毒
   B. 计算机病毒发作后，将造成计算机硬件永久性的物理损坏
   C. 计算机病毒是一种通过自我复制进行传染的，破坏计算机程序和数据的小程序
   D. 计算机病毒是一种有逻辑错误的程序
6. 下列关于计算机病毒的叙述中，正确的是________。
   A. 反病毒软件可以查、杀任何种类的病毒
   B. 计算机病毒是一种被破坏了的程序
   C. 反病毒软件必须随着新病毒的出现而升级，提高查、杀病毒的功能
   D. 感染过计算机病毒的计算机具有对该病毒的免疫性
7. 下列关于计算机病毒的叙述中，正确的是________。
   A. 计算机病毒只感染. exe 或. com 文件
   B. 计算机病毒可通过读写移动存储设备或通过 Internet 网络进行传播
   C. 计算机病毒是通过电网进行传播的
   D. 计算机病毒是由于程序中的逻辑错误造成的
8. 下列选项中，不属于计算机病毒特征的是________。
   A. 破坏性　　B. 潜伏性　　C. 传染性　　D. 免疫性
9. 相对而言，下列类型的文件中，不易感染病毒的是________。
   A. *. txt　　B. *. doc　　C. *. com　　D. *. exe
10. 当用各种清病毒软件都不能清除软盘上的系统病毒时，则应对此软盘________。
   A. 丢弃不用　　B. 删除所有文件
   C. 重新格式化　　D. 删除 command. com

参考答案：1. D　2. D　3. D　4. B　5. C　6. C　7. B　8. D　9. A　10. C

1.6 中英文的输入

一、学习目标

(1) 了解键盘的构成及键的功能；

(2) 掌握正确的键盘指法；

(3) 达到每分钟30字的录入速度。

二、知识要点

1. 键盘的组成

如图1-8所示，键盘大致分成四个部分：功能键区、主键盘区、编辑键区、小键盘区(数字键区)；左边最大一块区域，上方是功能键区，如F1、F2……它们在特殊环境中会有特殊的作用；下方一块为主键盘区(也称为打字键区)，是最常用的一部分；中间的一块是编辑键区，如光标移动键↑、↓、←、→；最右边的是小键盘区，也成数字键区，在输入数字进行数值计算的时候经常用到。

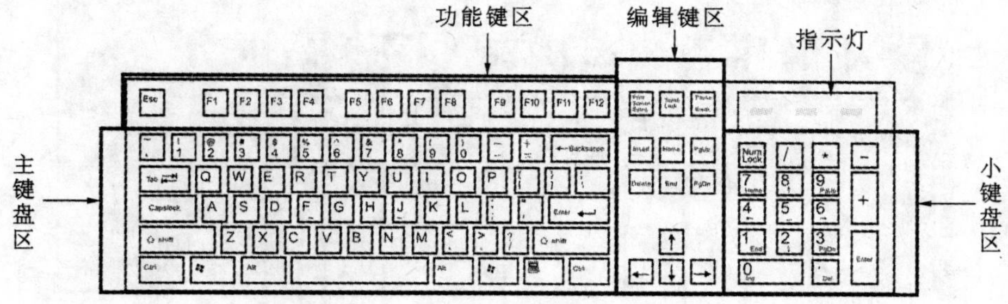

图1-8 键盘的组成

2. 键的功能

1) 功能键区

F1～F12，通常与Alt键和Ctrl键结合使用。

2) 主键盘区

(1) 空格键：是键盘上最长的键，敲一下它，光标往右移动一个位置。

(2)Enter键(回车键)：敲一下它，光标移到下面一行，即可以换到新的一行输入。人们在向计算机输入完命令之后，也用“回车键”来确认执行命令的。

(3) Caps Lock键(大小写字母转换键)：在主键盘区的第三行最左端有一个标有“Caps Lock”字样的键。敲一下它，在键盘的右上角一个标有Caps Lock的指示灯就会亮，这时输入英文字母，显示出来的就是大写英文字母。Caps Lock键是切换大写字母和小写字母输入的开关。Caps Lock指示灯亮时，敲入的是大写字母，否则是小写字母。

(4) Shift键(换档键)：键盘上有些键上下两部分标了两个不同的字符，例如，数字1上面是!，数字2上面是@……这些键称为双符号键。敲键的时候，输入的是下面那个字符。但如果要输入上面那个字符，按住Shift键再按双符号键，输入该键的上档字符。Shift键也

能进行大小写字母转换。

(5) Backspace 键或←键(退格键):用来删除当前光标所在位置前的字符,且光标左移。

3) 编辑键区

(1) Delete 或 Del 键(删除键):用来删除当前光标所在位置的字符,且光标右移。注意与退格键的区别。

(2) Page Up 或 Pgup 键(向上翻页键):向前翻一页。在用拼音输入法输入汉字出现重码较多时就要用到这个键。

(3) Page Down 或 Pgdn 键(向下翻页键):向后翻一页。

(4) ↑、↓、←、→(光标移动键):用来移动光标所在位置。

4) 小键盘区

Num Lock 键(锁定键):按下这个键,键盘右上角一个标有“Num Lock”的指示灯就会亮,这个时候小键盘输入的是数字。再按一下这个键,则小键盘为功能键。

3. 键盘指法

计算机的键盘是按照英文打字机的键位分布设计的,正确的姿势可提高输入的速度。正确的手指范围如图 1-9 所示。

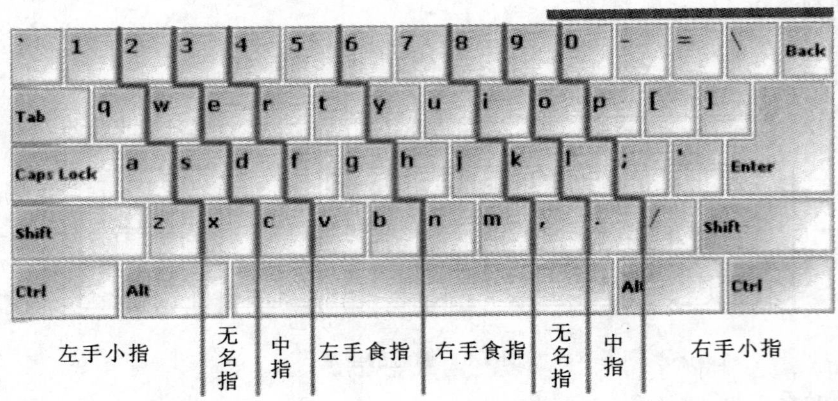

图 1-9 正确的手指范围

键盘上的“ASDF”和“JKL;”八个键称为基本键。双手从左到右依次放在这八个基本键上,两只大拇指自然地轻触空格键。坐姿要直,手腕平放,手指自然下垂。每个手指都负责了相应的几个键,做到“十指分工,各司其职,包键到指”。

4. 标点符号的输入

使用键盘输入的标点符号包括三种类型:下档标点、上档标点、隐藏标点。

键盘主键区中有部分按键上有上、下两排符号或者是符号和数字组合,这部分按键的下排标点符号称之为下档标点,如符号,.;‘ [ ]等;对应的上排标点符号称之为上档标点,如!、?、:、“”、()等。下档符号直接单击相应按键即可完成输入,上档符号的输入要通过同时按下上档键 Shift 和相应标点键来完成。如要输入%,需要同时按下 Shift+主键区的数字 5。

隐藏的标点符号,如顿号、双书名号、省略号、破折号等,这些需要记住常用的输入方法。另外还有一些标点符号在中英文状态下输入后得到的结果也是不相同的,可以通过尝试进

行比较。常见的标点符号的输入方法见表1-5中的描述。

表 1-5 常用隐藏标点的输入方法

名称	形式	输入方法	对应按键
顿号	、	中文输入法下按按键右斜线	\
双书名号	《》	中文输入法下按 Shift+逗号组合键	< , > .
省略号	……	中文输入法下按 Shift+数字6组合键	^ 6
破折号	——	中文输入法下按 Shift+短横线组合键	_ -
人民币符号	¥	中文输入法下按 Shift+数字4组合键	$ 4

5. Word 中快捷键的使用

操作系统提供了很多键盘快捷键，快捷键除键盘上提供的一些功能键外，还可以自己进行设置，应用于计算机操作的各个方面。快捷键的使用可以节约时间，提高工作效率。结合Word字处理软件，将通常汉字输入过程中用到的快捷键进行总结。

(1) 键盘右上角的Backspace键和Delete键与Page Up 和Page Down联合使用，快速对文本需要修改的文字定位修改，而不用使用鼠标来定位。

(2) Ctrl组合键的使用，表1-6是在Word文档中经常使用的快捷键。

表 1-6 WORD 输入中常用到的快捷键

组合键	功能	组合键	功能	组合键	功能
Ctrl + A	全选	Ctrl + B	加粗	Ctrl + C	复制
Ctrl + D	修改选定字符格式	Ctrl + E	段落居中	Ctrl + F	查找
Ctrl + G	定位	Ctrl + H	替换	Ctrl + I	倾斜
Ctrl + Z	撤消上一步操作	Ctrl+U	加下划线	Ctrl + V	粘贴
Ctrl + Y	恢复上一步操作	Ctrl + X	剪切	Ctrl + S	保存

三、要点回顾

要点：汉字的正确输入。学习中要掌握汉字输入的基本技能，熟悉常用标点符号及快捷键的使用，提高输入速度。

输入下段文字。

子路负米孝双亲

子路，春秋末鲁国人。在孔子的弟子中以政事著称，尤其以勇敢闻名。但子路小的时候家里很穷，长年靠吃粗粮野菜等度日。有一次，年老的父母想吃米饭，可是家里一点米也没有，怎么办？子路想到：要是翻过几道山到亲戚家借点米，不就可以满足父母的这点要求了吗？于是，小小的子路翻山越岭走了十几里路，从亲戚家背回了一小袋米，看到父母吃上了香喷喷的米饭，子路忘记了疲劳。邻居们都夸子路是一个勇敢孝顺的好孩子。古人说："老吾老，以及人之老；幼吾幼，以及人之幼。"我们不仅要孝敬自己的父母，还应该尊敬别的老人，爱护年幼的孩子，在全社会造成尊老爱幼的淳厚民风，这是我们新时代学生的责任。

【例题解析】 汉字录入曾作为一道专门的题目在计算机等级考试中出现，要求能够在

15 分钟内录入一篇 250 到 300 字的文章,其中包括汉字、英文大小写字符以及常用符号等。随着全民信息素质的提升,新考纲中已取消汉字录入考点,但汉字录入实际上贯穿在计算机使用的每一个环节中,作为一种基本操作技能,必须要掌握它。因此,书中选择了几篇美文,要求每段在 15 分钟之内完成,不限输入法。

录入时要注意的几点分别是:

(1) 录入时尽量按照词组方式录入,现有多种输入法允许简拼;

(2) 掌握常用组合键切换方法,如用 Ctrl+Shift 进行输入法的切换;Ctr+空格进行中英文切换;Shift+空格进行全半角切换;

(3) 英文字符输入有全角半角之分,用 Caps Lock 键可进行大小写的切换;

(4) 标点符号的输入,注意使用 Shift 换挡键+对应的双符号键;

(5) 特殊标点符号,如顿号、省略号、人民币符号"¥"等。

(6) 汉字录入的速度取决于指法的熟练度和对键盘的掌握程度,熟能生巧。

四、练习与思考

1. 自选输入法 15 分钟内完成小故事《季布"一诺千金"》的文字输入。

秦末有个叫季布的人,一向说话算数,信誉非常高,许多人都同他建立起了浓厚的友情。当时甚至流传着这样的谚语:"得黄金百斤,不如得季布一诺。"(这就是成语"一诺千金"的由来)后来,他得罪了汉高祖刘邦,被悬赏捉拿。结果他的旧日的朋友不仅不被重金所惑,而且还冒着灭九族的危险来保护他,使他免遭祸殃。一个人诚实有信,自然得道多助,能获得大家的尊重和友谊。反过来,如果贪图一时的安逸或小便宜,而失信于朋友,表面上是得到了"实惠",但为了这点"实惠"他毁了自己的声誉,可声誉相比于物质却是重要得多的。所以,失信于朋友,无异于失去了西瓜捡芝麻,得不偿失。

2. 自选输入法 15 分钟内完成小故事《放弃也是一种智慧》的文字输入。

小时候,父辈教育我说:要成为生活的强者,必须学会坚强、执着、永不放弃。带着这个信念我走过了学生时代,坚强地生活,执着地追求,决不轻言放弃,成为了老师心目中的好学生。然而在渐渐尝试独立生活的时候,我才发觉无法发展更多的兴趣爱好,无法实现一些美好的愿望,无法在一些方面得到好成绩。我曾为此怀疑自己,怀疑永不放弃的力量,直到一位老师告诉我,有一种坚强叫放弃。他说:"人的时间和精力有限,不可能在所有的方面都有潜力可挖掘,很多时候我们需要学会放弃。"放弃不代表对生活的失职,它是人生的契机。因为彻底拒绝一个方向,就永远不需要再浪费精力思考和判断,反而可以拥有更多的自我,那也是一种"解脱"。

第 2 章　Windows 7 操作系统

2.1　实训目的

（1）了解 Windows 7 的特点和掌握 Windows 7 的基本操作；

（2）掌握文件或文件夹的新建、复制、移动、粘贴、搜索、创建快捷方式和修改属性等基本操作；

（3）熟练 Windows 7 的个性化设置。

2.2　实训内容

一、文件或文件夹的操作

1. 新建文件夹

在 E 盘的根目录下新建一个学生文件夹，并以班级加姓名命名，如“机电 01 班李明”，在该学生文件夹分别建立名为“ALL”、“Word”、“Excel”、“TXT”的文件夹。

2. 新建文件

在“ALL”文件夹下，建立一个名为“wgxy. txt”的文本文件、“wgxy. docx”的文档文件和“wgxy. xlsx”的 Excel 工作表。

3. 复制粘贴

将“ALL”文件夹下的“wgxy. docx”文档文件复制到“Word”文件夹中，然后将其重命名为“Word1. docx”。

4. 移动粘贴

将“ALL”文件夹下的“wgxy. xlsx” Excel 工作表移动到“Excel”文件夹中，然后将其重命名为“Excel1. xlsx”。

5. 设置属性

将“Word1. docx”设置为只读属性，将“Excel1. xlsx”设置为隐藏属性。

6. 搜索和创建快捷方式

搜索学生文件夹下的 TXT 文本文件将其复制到“TXT”文件夹中，并为其建立名为 KMS 的快捷方式，存放在学生文件夹下。

二、Windows 7 的使用

1. 创建用户

在 Windows 7 操作系统中创建一个新用户，用户类型为计算机管理员并且计算机用户名为“admin1”，密码为“123”。

2. 设置桌面背景图片

将图片“桌面. jpg”设置为桌面背景，并分别以居中、拉伸和平铺方式显示。

3. 设置日期和时间

将所用的计算机的时间设置为“2014 年 4 月 24 日 8:54”，而且显示是星期几。

4. 创建桌面快捷方式

为“画图”程序创建桌面快捷方式。

2.3 操作步骤

一、文件或文件夹的操作步骤

1. 新建文件夹

(1) 在 Windows 7 桌面上双击【计算机】图标，如图 2-1 所示。

图 2-1

(2) 双击打开 E 盘，弹出如图 2-2 所示的窗口，单击按钮“新建文件夹”，如图 2-2 所示。或者单击右键，在弹出的右键菜单中选择“新建文件夹”。

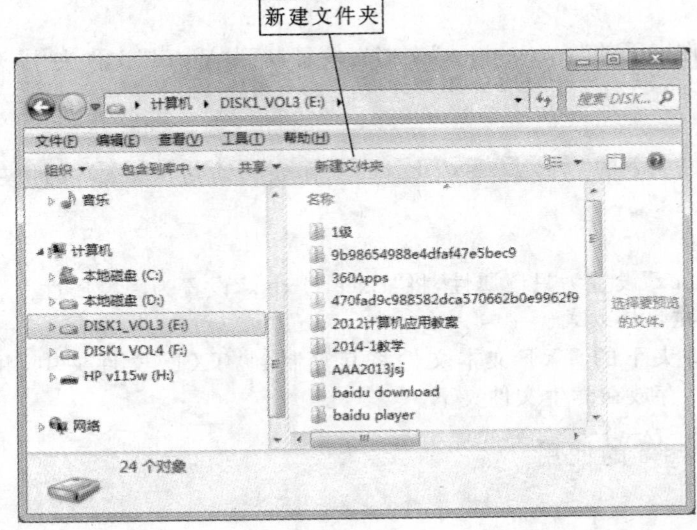

图 2-2

③ 输入学生文件夹的名称“机电 01 班李明”，打开此文件夹分别建立名为“ALL”、“Word”、“Excel”、“TXT”的文件夹，效果如图 2-3 所示。

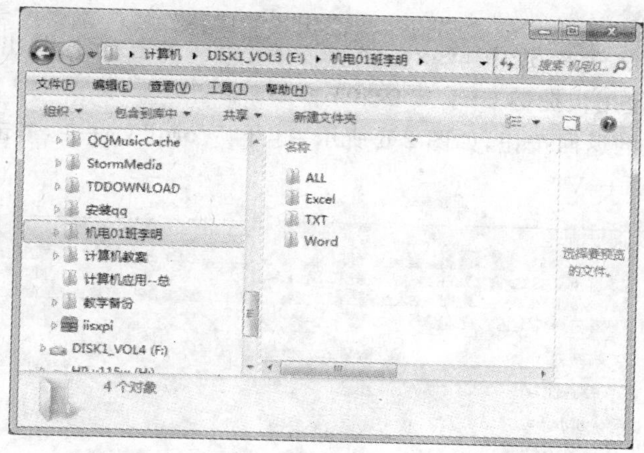

图 2-3

2. 新建文件

双击打开“ALL”文件夹，单击右键，弹出如图 2-4 所示的右键菜单，依次建立名为“wgxy. txt”的文本文件、“wgxy. docx”的文档文件和“wgxy. xlsx”的 Excel 工作表，创建后的效果如图 2-5 所示。

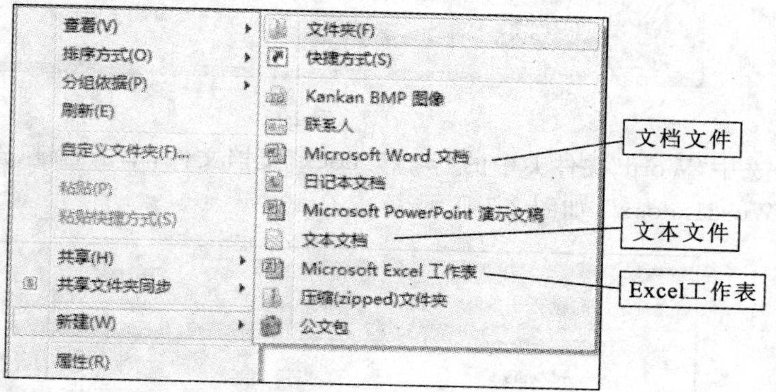

图 2-4

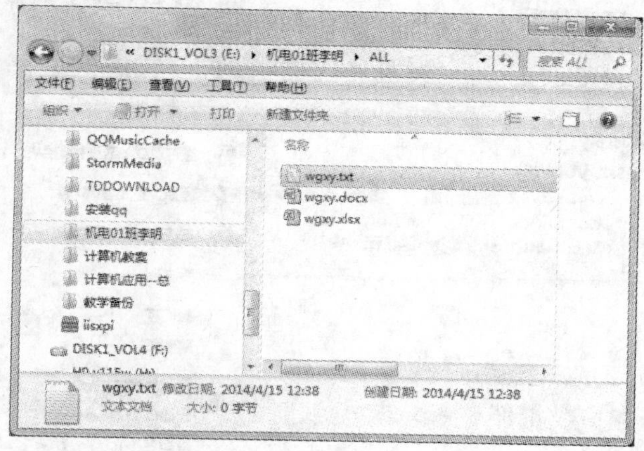

图 2-5

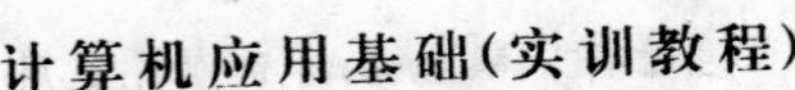

3. 复制粘贴

(1) 双击"ALL"文件夹，选中"wgxy. docx"文档文件，单击右键，弹出如图所示的右键菜单，选择【复制】或者使用快捷键 Ctrl ＋ C。

(2) 单击窗口上的返回按钮，如图 2-6 所示，打开"Word"文件夹，单击右键，选择【粘贴】或者使用快捷键 Ctrl ＋ V。

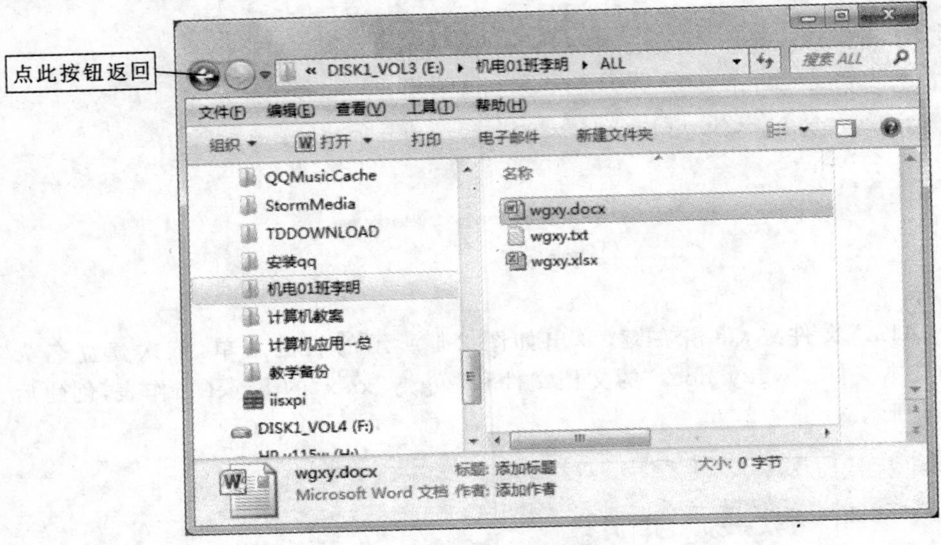

图 2-6

(3) 选中"Word"文件夹中的"wgxy. docx"文档文件，单击右键，选择【重命名】，将其重命名为"Word1. docx"，如图 2-7 所示。

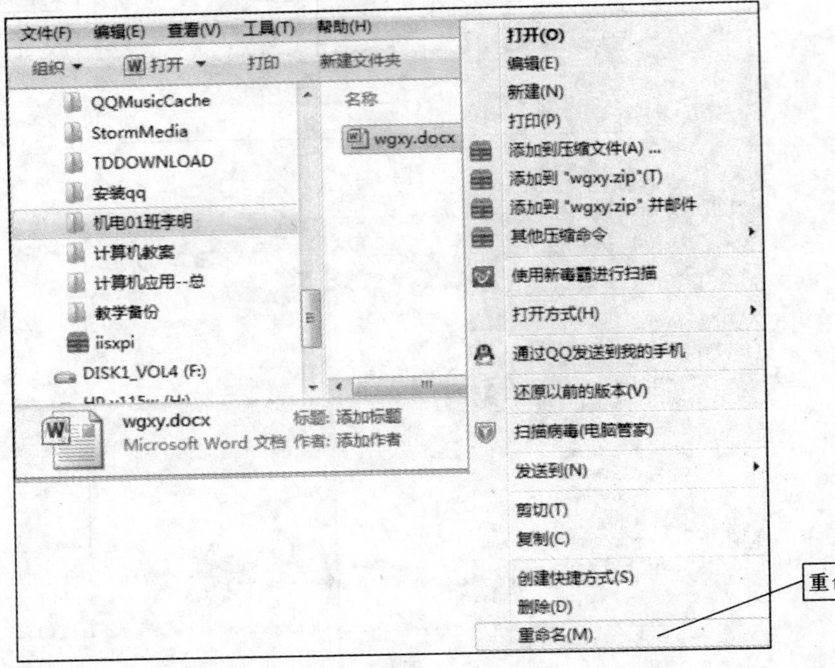

图 2-7

4. 移动粘贴

(1) 双击打开“ALL”文件夹，选中“wgxy. xlsx”工作表，单击右键，在弹出的右键菜单中选择【剪切】或者使用快捷键 Ctrl + X。

(2) 打开“Excel”文件夹，单击右键，选择【粘贴】或者使用快捷键 Ctrl + V。

(3) 选中“Excel”文件夹中的“wgxy. xlsx”工资表，单击右键，选择【重命名】，将其重命名为“Excel1. xlsx”。

5. 设置属性

(1) 选中“Word1. docx”，单击右键，在弹出的右键菜单中选择【属性】，弹出设置属性的窗口，如图 2-8 所示，勾选只读属性。

(2) 选中“Excel1. xlsx” 单击右键，在弹出的右键菜单中选择【属性】，弹出设置属性的窗口，勾选隐藏属性。

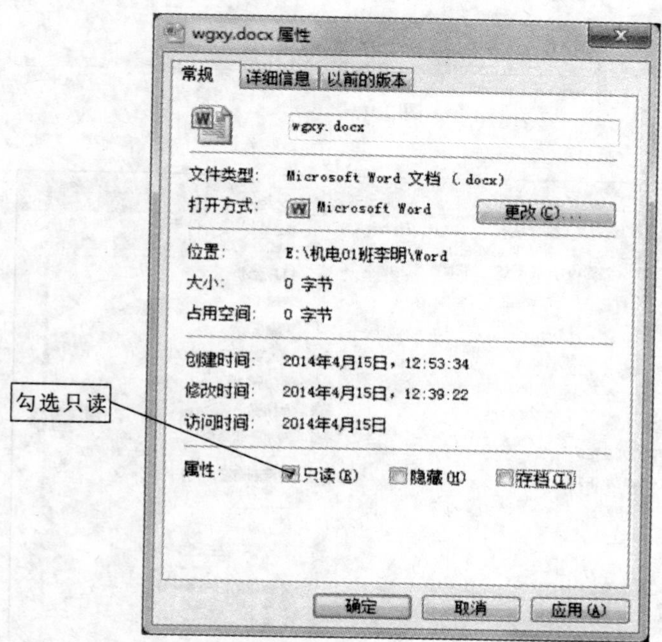

图 2-8

6. 搜索和创建快捷方式

(1) 选中学生文件夹“机电 01 班李明”，在搜索框中输入“ * . txt”，如图 2-9 所示，搜索到文本文件“wgxy. txt”，将其复制到“TXT”文件夹中。

(2) 选中文本文件“wgxy. txt”，单击右键，在弹出的右键菜单中选择【创建快捷方式】，如图 2-10 所示。

(3) 选中快捷方式，单击右键，在弹出的右键菜单中选择【重命名】，将其重命名为“KMS”。

(4) 选中“KMS”，单击右键，在弹出的右键菜单中选择【剪切】，将其粘贴到学生文件夹“机电 01 班李明”。

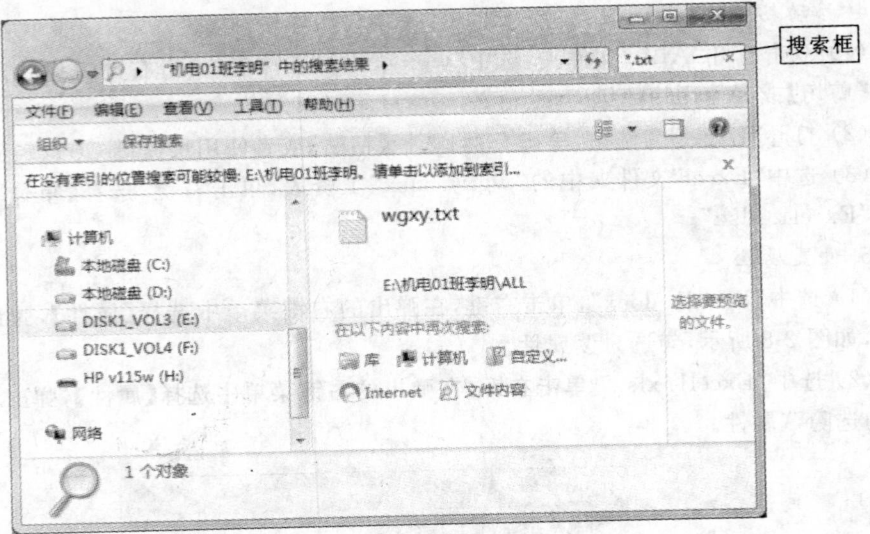

图 2-9

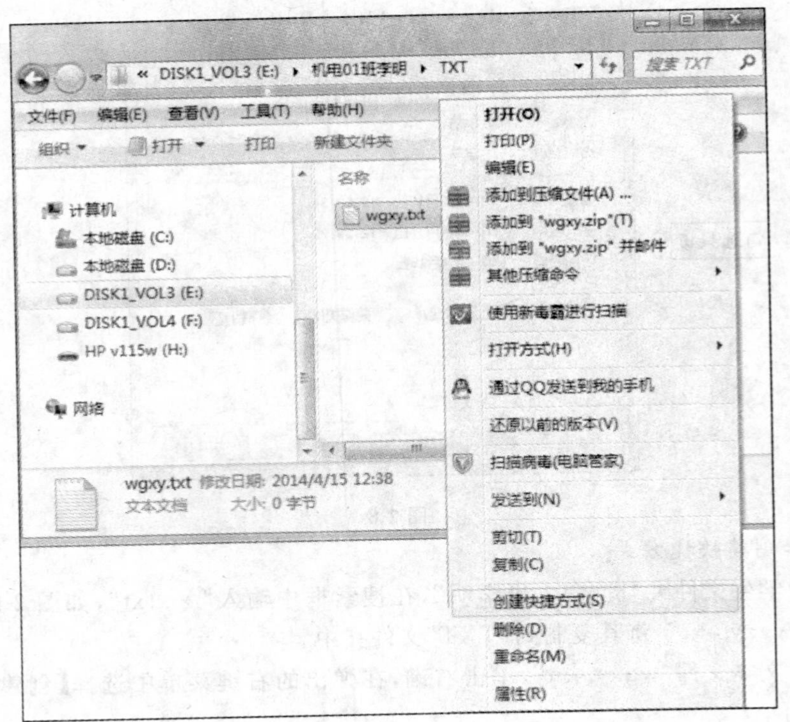

图 2-10

二、Windows 7 的使用操作步骤

1. 创建账户

(1)【开始】→【控制面板】,然后打开【控制面板】窗口,然后选择【添加或删除用户帐户】;在弹出的对话框中选择希望更改的账户为"管理员",如图 2-11 所示。

图 2-11

(2) 在弹出的窗口中选择“更改账户名称”,在弹出的窗口中输入“admin”,然后单击“更改名称”按钮，如图 2-12 所示。

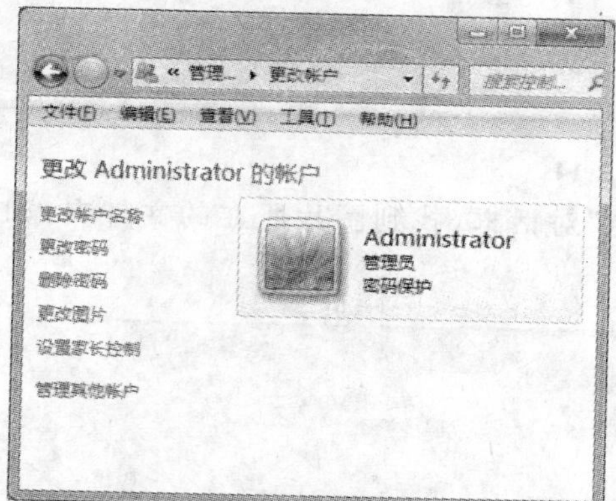

图 2-12

(3)选择“更改密码”,在弹出的窗口中输入当前密码和新密码“123”,然后单击“更改名称”按钮，如图 2-13 所示。

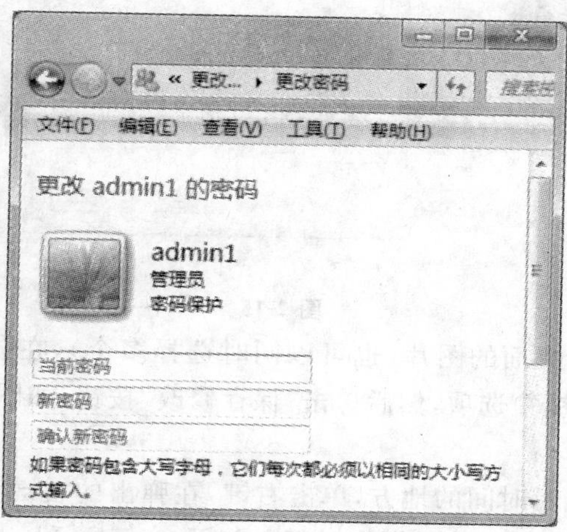

图 2-13

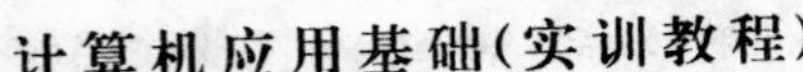

2. 设置桌面背景图片

(1) 在桌面空白处单击鼠标右键，在弹出的快捷菜单中选择【个性化】，在弹出的窗口中选择“桌面背景”，如图 2-14 所示。

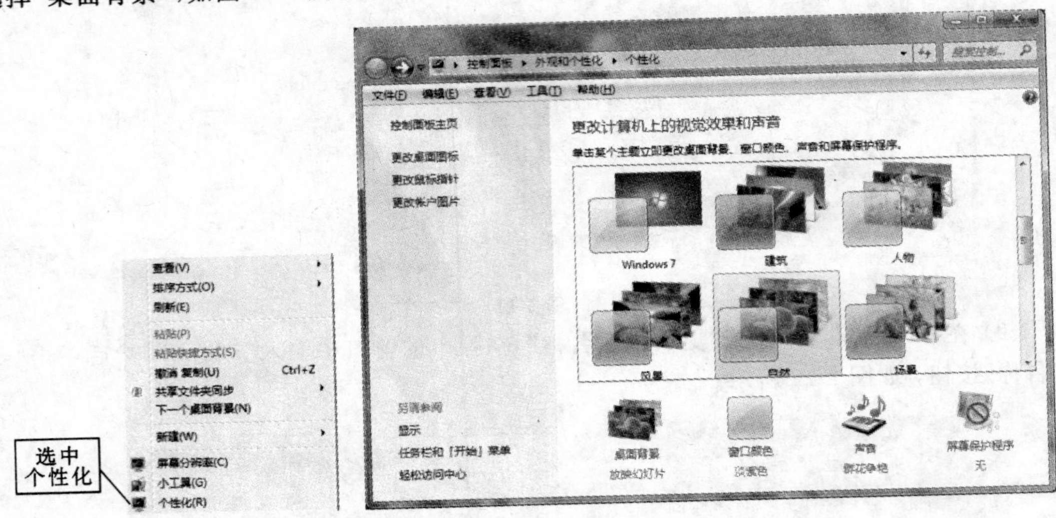

图 2-14

(2) 单击“浏览”按钮，弹出“浏览文件夹”对话框，找到图片所在的文件夹，如图 2-15 所示。

图 2-15

(3) 勾选需要设置为桌面的图片(也可以同时选择多个)，在【图片位置】下拉列表框选择“居中”(或“拉伸”、“平铺”)选项，然后单击“保存修改”按钮，如图 2-16 所示。

3. 设置日期和时间

(1) 在桌面右下角显示时间的地方，单击右键，在弹出的右键菜单中选择“调整日期/时间”，在弹出的对话框中选择“更改日期和时间”，如图 2-17 所示。

图 2-16

图 2-17

(2) 在弹出的“日期和时间设置”的窗口中，设置为“2014 年 4 月 24 日 8:54”，如图 2-18(左)所示。

(3) 单击“更改日历设置”，弹出如图 2-18 所示“自定义格式”对话框：在此对话框的“日期格式”下的“短日期”和“长日期”的后面都加上“空格”和四个“d”(即“dddd”)，设置好后单击“确定”按钮。

(4) 设置好的时间如图 2-19 所示。

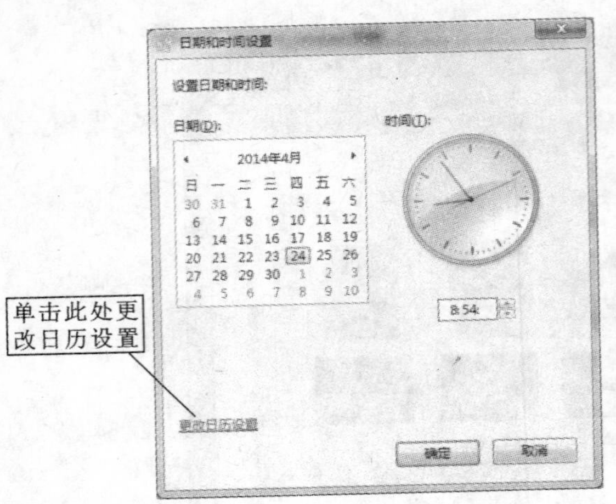

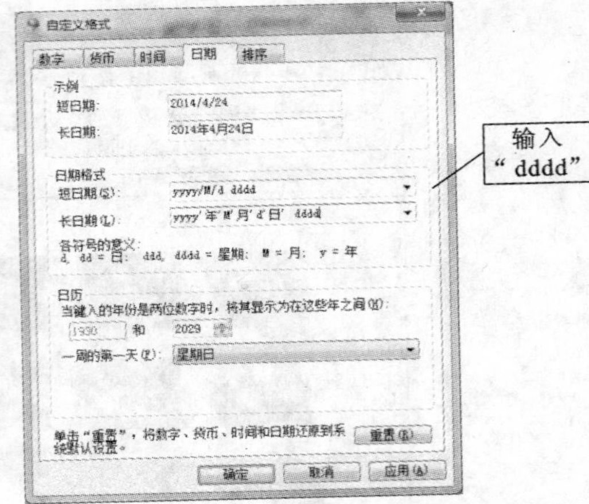

图 2-18

图 2-19

4. 创建桌面快捷方式

单击“开始”菜单，打开“附件”找到“画图”，单击右键，在弹出的右键菜单中选择“发送到”→“桌面快捷方式”，桌面上就有了“画图”快捷方式图标，双击可以打开“画图”程序，如图 2-20 所示。

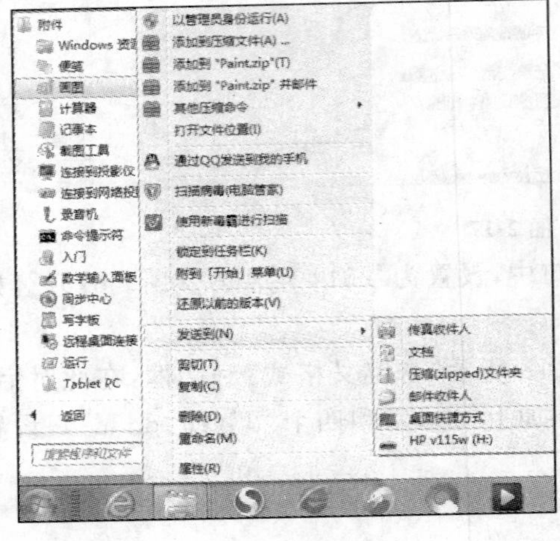

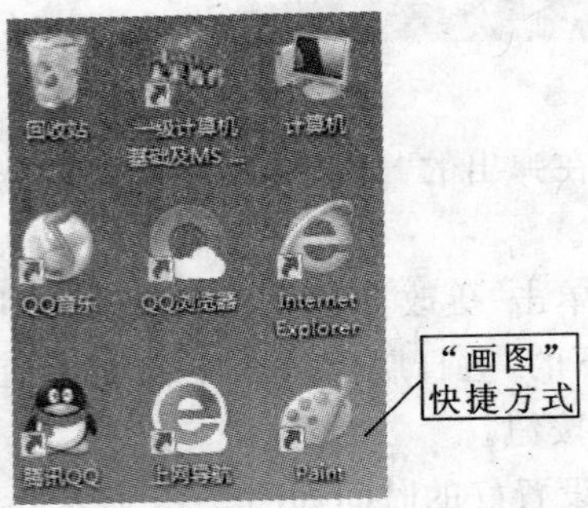

图 2-20

2.4　知识要点

一、中文 Windows 7 简介

操作系统是管理和控制计算机的软硬件资源、方便用户操作计算机的一种系统软件。目前，世界上主流的操作系统有 Windows、Linux、Unix，其中，Windows 在桌面应用方面具有绝对优势，而 Unix 、Linux 在大型计算机和服务器领域具有一定的优势。

Windows 7 是由微软（Microsoft）公司开发的操作系统，核心版本号为 Windows NT 6.1。Windows 7 可供家庭及商业工作环境、笔记本计算机、平板计算机、多媒体中心等使用。2009 年 7 月 14 日 Windows 7 RTM（Build 7600.16385）正式上线，2009 年 10 月 22 日微软于美国正式发布 Windows 7，2009 年 10 月 23 日微软于中国正式发布 Windows 7。Windows 7 主流支持服务过期时间为 2015 年 1 月 13 日，扩展支持服务过期时间为 2020 年 1 月 14 日。Windows 7 延续了 Windows Vista 的 Aero 1.0 风格，并且更胜一筹。

Windows 7 同时也发布了服务器版本——Windows Server 2008 R2。

2011 年 2 月 23 日凌晨，微软面向大众用户正式发布了 Windows 7 升级补丁——Windows 7 SP1（Build7601.17514.101119-1850），另外还包括 Windows Server 2008 R2 SP1 升级补丁。

如果想要在计算机上运行 Windows 7，请参考如下所需的配置：1 GHz 32 位或 64 位处理器、1 GB 内存（基于 32 位）或 2 GB 内存（基于 64 位）、16 GB 可用硬盘空间（基于 32 位）或 20 GB 可用硬盘空间（基于 64 位）、带有 WDDM 1.0 或更高版本的驱动程序的 DirectX 9 图形设备 。还需要带有多核处理器的计算机：Windows 7 是专门为与今天的多核处理器配合使用而设计的。所有 32 位版本的 Windows 7 最多可支持 32 个处理器核，而 64 位版本最多可支持 256 个处理器核。另外还需要有多个处理器的计算机：商用服务器、工作站和其他高端计算机可以拥有多个物理处理器。Windows 7 专业版、企业版和旗舰版允许使用两个物理处理器，以在这些计算机上提供最佳性能。Windows 7 简易版、家庭普通版和家庭高级版只能识别一个物理处理器。

二、Windows 7 的特点

Windows 7 的设计主要围绕以下五个特点。

1. 更易用

Windows 7 做了许多方便用户的设计，如快速最大化、窗口半屏显示、跳跃列表、系统故障快速修复等，这些新功能令 Windows 7 成为最易用的 Windows。

2. 更快速

Windows 7 大幅缩减了 Windows 的启动时间，据实测，在 2008 年的中低端配置下运行，系统加载时间一般不超过 20 秒，这比 Windows Vista 的 40 余秒相比，是一个很大的进步。

3. 更简单

Windows 7 将会让搜索和使用信息更加简单，包括本地、网络和互联网搜索功能，直观

的用户体验将更加高级，还会整合自动化应用程序提交和交叉程序数据透明性。

4. 更安全

Windows 7 包括了改进了的安全和功能合法性，还会把数据保护和管理扩展到外围设备。Windows 7 改进了基于角色的计算方案和用户账户管理，在数据保护和坚固协作的固有冲突之间搭建沟通桥梁，同时也会开启企业级的数据保护和权限许可。

5. 更好的连接

Windows 7 进一步增强了移动工作能力，无论何时、何地、任何设备都能访问数据和应用程序，开启坚固的特别协作体验，无线连接、管理和安全功能会进一步扩展。令性能和当前功能以及新兴移动硬件得到优化，拓展了多设备同步、管理和数据保护功能。最后，Windows 7 会带来灵活计算基础设施，包括网络中心模型。

三、Windows 7 系统的桌面

启动计算机，进入 Windows 7 后，展现在用户面前的整个屏幕区域就是桌面，如图 2-21 所示。桌面左部摆放着一些图标，图标的数目与安装的软件和组件有关，以后还可以添加常用的软件快捷方式图标。桌面一般都包括【计算机】、【回收站】、【我的文档】三个图标，安装网络的还有【网上邻居】、【Internet Explorer】等图标，双击这些图标可直接启动程序。桌面右下角有一个状态栏，包括【声音】按钮、【输入法】按钮及时间，单击这些按钮可进行声音特性的修改、输入法的转换、时间属性的设置。下面介绍桌面的组成。

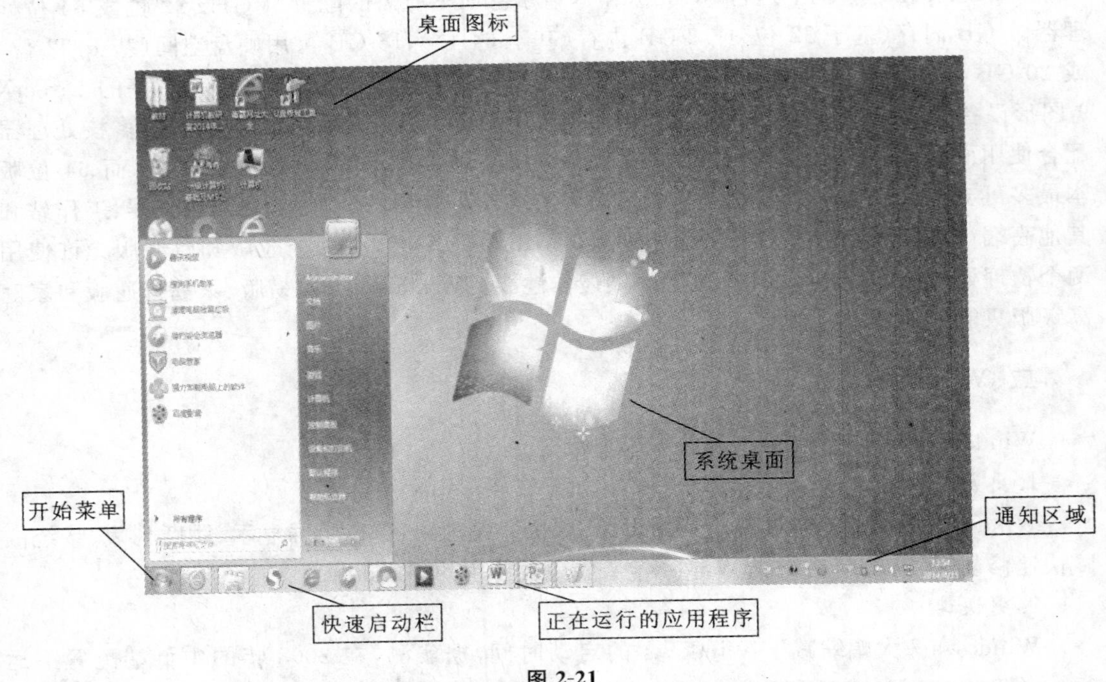

图 2-21

1. 任务栏

桌面底部的灰白色长条是任务栏，如图所示。当多个程序运行时可进行切换。桌面左下角是一个【开始】按钮，通过它可快速启动程序、查找文件、设置系统和获取帮助。

2.【开始】菜单

在用户操作过程中，要用【开始】菜单打开大多数的应用程序。在“任务栏”上右击，选择“属性”，弹出“任务栏和『开始』菜单属性”对话框，通过此对话框可以设置『开始』菜单和“任务栏”的外观，如图 2-22 所示。

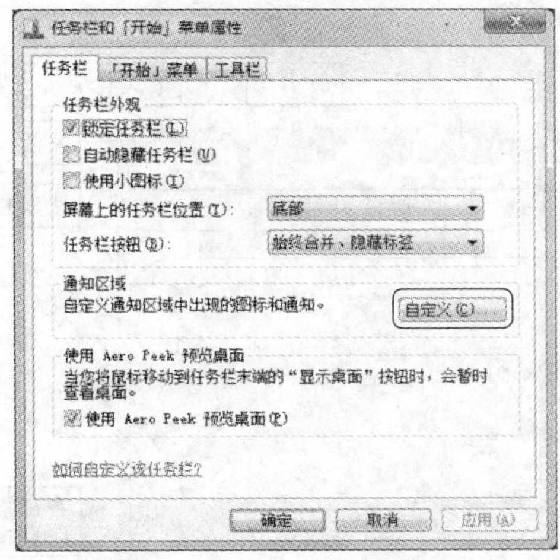

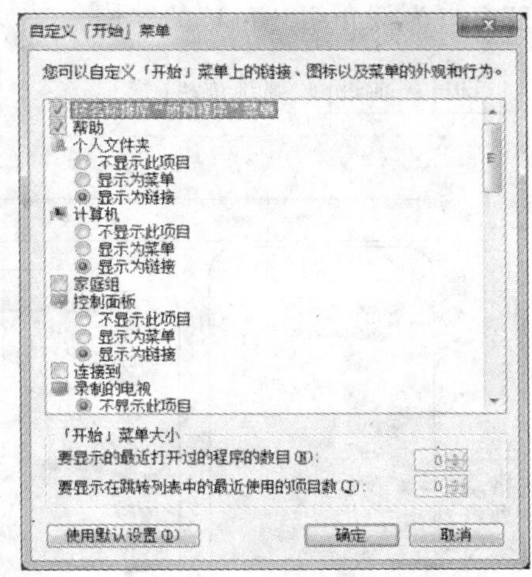

图 2-22

3. 快速启动工具栏

它由一些小型的按钮组成，单击可以快速启动程序，一般情况下，它包括网上浏览工具 Internet Explorer 图标、收发电子邮件的程序 Outlook Express 图标和显示桌面图标等。

4. 窗口按钮栏

当用户启动某项应用程序而打开一个窗口后，在任务栏上会出现相应的有立体感的按钮，表明当前程序正在被使用，在正常情况下，按钮是向下凹陷的，而把程序窗口最小化后，按钮则是向上凸起的，这样可以使用户观察更方便。

5. 关闭计算机系统

单击“开始”菜单中的“关闭计算机”命令，打开“关闭计算机”对话框，单击“关闭”按钮关闭计算机系统。要安全退出 Windows 7，就必须在操作系统中按系统提示操作，而非直接按主机和显示器的开关，如图 2-23 所示。

图 2-23

四、Windows 7 窗口组成

运行程序时,会打开程序窗口,在程序窗口执行某一命令时会弹出对应的窗口或对话框。例如,双击桌面上的"计算机"图标,可打开如图 2-24 所示的"计算机"窗口。下面就以"计算机"窗口为例介绍"窗口"的结构。

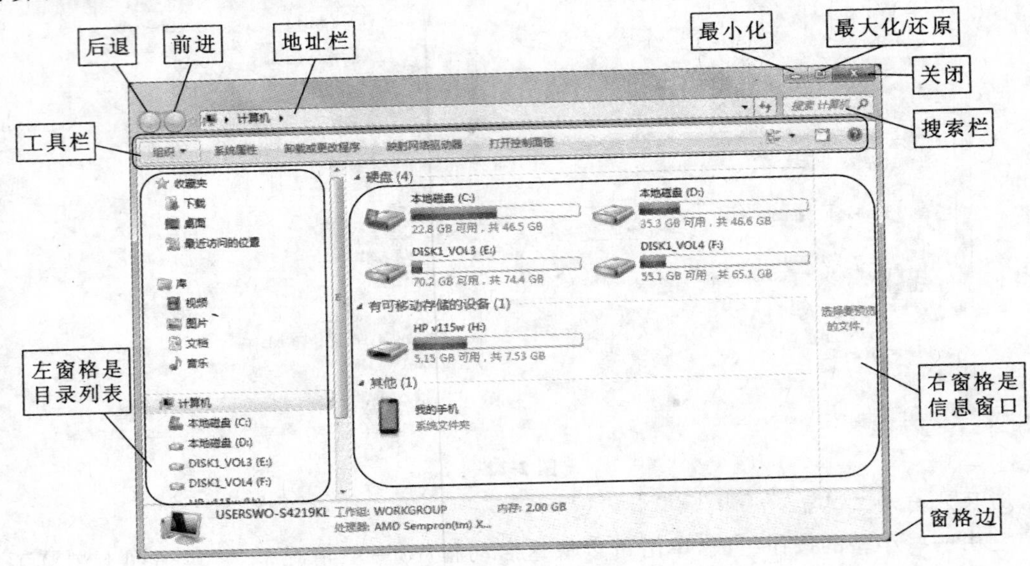

图 2-24

1. 标题栏

标题栏用于显示窗口的标题,即程序名或文档名。

2. 控制按钮

控制按钮位于窗口的左上角,它是一个图标,不同的应用程序有不同的图标,用鼠标单击控制按钮,在窗口上会出现控制菜单,利用其中的菜单项,可以改变窗口的大小,移动、放大、缩小和关闭窗口。

3."最小化"按钮

单击"最小化"按钮可以将窗口变为最小状态,即转入后台工作,为非活动窗口。

4."最大化/还原"按钮

单击"最大化"按钮可以将窗口变为最大状态,当窗口最大化后,该按钮就被替换成窗口的"还原"按钮,单击"还原"按钮,可以将窗口恢复到最大化前的状态。

5."关闭"按钮

单击"关闭"按钮,可以关闭窗口,即退出当前应用程序的运行。

6. 菜单栏

菜单栏列出应用程序的各种功能项,每一项称为菜单项,单击菜单项,将显示该菜单项的下拉菜单,在菜单中列出一组命令项,通过命令项可以对窗口及窗口的内容进行具体的操作。与 Windows XP 相比,Windows 7 的默认窗口隐藏了菜单栏,可以更改默认设置,总是显示菜单栏,可依次展开工具栏中的"组织""布局""菜单栏"选项,选中"菜单栏"选项即可,如图 2-25 所示。

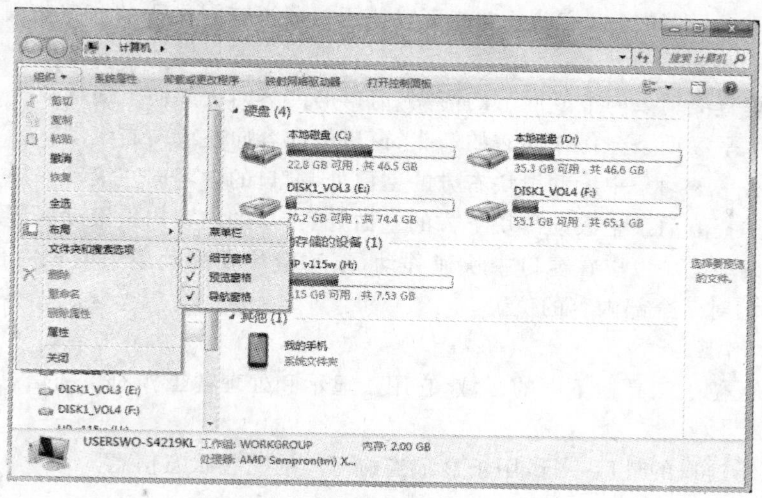

图 2-25

7. 菜单操作

菜单是各种应用程序命令的集合。每个窗口的菜单栏上都有若干个菜单项,每个菜单项都是一组相关命令的集合。下面介绍一些菜单命令标志。

(1) 分组标志:用一条横线将多条命令按功能进行分组。

(2) 选中标志:命令项前带有正确号"√ "或实心圆点"●",表示该命令当前正在起作用。其中"√ "为复选,在同一组菜单中可选择几条命令。第一次选中则打开,第二次选中则关闭。"● "为单选,在同一组菜单中只能选一条命令。

(3) 灰色标志:命令项字符变灰,表示该命令当前不能使用。

(4) 快捷键标志:命令项后方括号[ ]中带下横线的字母称为"热键",显示下拉菜单后,可用热键快捷地选择命令。

有些命令项后还带有一个组合键,这就是对应于该命令的快捷键。也可在不打开菜单时,用快捷键来选择命令,前提是该窗口必须是激活的。

(5) 三角形标志:命令项后有实心三角标志,则表示该命令项下还有子菜单。

(6) 省略号标志:命令项后带有省略号"…"时,表示该命令项将打开一个对话框,需回答有关询问后命令才能执行。

8. 快捷菜单

"快捷菜单"是 Windows 7 中无处不在的一种菜单,"快捷菜单"中的命令是窗口命令的一部分。"快捷菜单"用于执行与鼠标指针所指对象最为相关的操作,从而使用户能够快速对所选择的对象进行相关的操作。

关闭弹出的快捷菜单:单击快捷菜单之外任意位置或按 Esc 键。

9. 工具栏

工具栏通常位于菜单栏下,其中的每个小图标对应下拉菜单中的一个常用命令,以提高工作效率。

10. 滚动条

滚动条包括水平滚动条和垂直滚动条。当窗口工作区容纳不小窗口要显示的信息时,

会出现窗口滚动条,利用窗口滚动条功能可以使用户通过有限大小的窗口查看更多的信息。其操作有如下几种:

(1) 单击垂直滚动条向上或向下的箭头,窗口的内容向上或向下滚动;

(2) 单击水平滚动条向作或向右的箭头,窗口的内容向左或向右滚动;

(3) 单击水平滚动条中滚动滑块右方的空白处,窗口的内容向左滚动一屏;

(4) 单击垂直滚动条中滚动滑块下方的空白处,窗口的内容向上滚动一屏;

(5) 拖动滚动滑块可以在窗口中快速移动,滚动滑块在滚动条中的相对位置是显示窗口可见的内容相对于全部内容的位置。

11. 窗口工作区

窗口工作区位于工具栏下面的区域,它用于显示和处理各工作对象的信息。

12. 状态栏

状态栏位于窗口的最后一行,用于显示当前窗口的一些状态信息。

13. 窗口边角

拖动窗口的边角可以控制窗口的大小。

注意:有的应用程序的窗口,当鼠标指针放在边框或角上时,如不改变为双箭头,则该窗口的尺寸是不可改变。

14. 窗口切换

打开多个窗口(应用程序)后,可用以下方法之一切换到需要工作的窗口(应用程序):

(1) 单击任务栏上相应按钮,这是实现在多个窗口之间切换的最简方法;

(2) 如果窗口没有被其他窗口完全遮住,可直接单击要激活的窗口;

(3) 使用键盘,按住 Alt 键,然后反复按 Tab 键,此时屏幕会弹出一个窗口,按 Tab 键依次进行切换,当找到需要的窗口时,该窗口图标带有边框,释放 Tab 键,即切换到该窗口。如图 2-26 所示。

图 2-26

注:用 Alt+Esc 键也可以在所有打开的窗口之间进行切换,但此方法不适用于最小化以后的窗口。

15. 窗口的重排

打开多个窗口后,如感到排列零乱,可重新排列窗口。

方法:右击任务栏的空白处,将弹出如图 2-27 所示快捷菜单,从中选择排列方式。

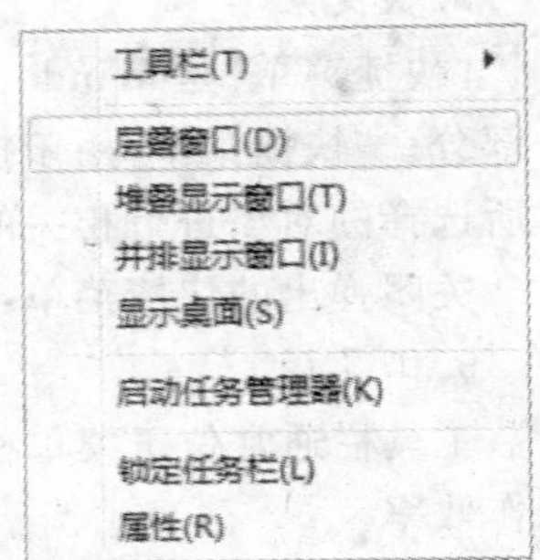

图 2-27

五、Windows 7 的对话框

Windows 7 的对话框与窗口最大的区别是没有“最大化”和

"最小化"按钮，大多数对话框都不能改变大小，对话框中包括标题栏、选项卡、列表框、选项区域(组)、复选框、单选按钮等组成，如图 2-28 所示。

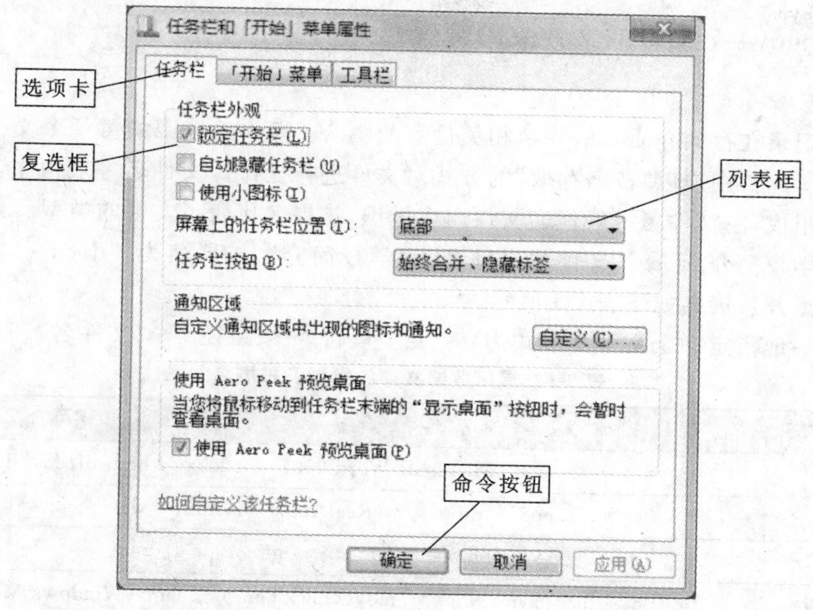

图 2-28

1. 标题栏

对话框顶部为标题栏，左端显示对话框名称，右端为帮助和"关闭"按钮。

2. 选项卡

位于标题栏之下，每个选项卡表示一个对话框，选择不同选项卡，就可改变该对话框输出项的选项。

3. 文本框

文本框是一个要求用户输入信息的方框，移光标到文本框，即可输入信息。

4. 列表框

列表框列出一组可供用户选择的选项，常带有滚动条，使之滚动列表。还有一种"下拉式列表框"单击后面的实心箭头，便可以打开一个选项的列表。

5. 单选框(单选按钮)

单选框一般是一组出现，每次只能选中一项，被选中的项左边显示一个黑圆点"●"。

6. 复选框(复选按钮)

复选框每次可以选择多项，被选中时，左边小方框中出现一个正确号"√"，再次单击该项，则取消选中。

7. 命令按钮

单击"命令"按钮，可直接执行命令按钮上显示的命令。

8. 数字增减按钮

由两个实心箭头组成，单击朝上的箭头，使数字增大，反之，使数字减少。

9. 滑动式按钮(游标)

移动游标，可在显示的两个数值之间进行选择。一般用于表示时间、速度的快慢，音量的大小等。

说明:如对话框中某个选项呈灰色显示,则表示当前不能使用该选项功能。

六、Windows 7 文件或文件夹的管理

1.文件基础知识

文件是记录在存储介质上的一组相关信息的集合,操作系统中的每一个文件都有一个名字,称为文件名,用户以“按名存取”的方式对文件进行操作。文件名一般由主文件名和扩展名两部分组成,主文件名一般代表文件内容标识,扩展名代表了文件的类型。

例如,“学校简介.docx”文件的文件名为“学校简介”,扩展名为“.docx”。常用数据文件的文件类型及扩展名如下表 2-1 所示。

用来唯一地指定一个文件其形式为:＜磁盘盘符＞＜路径＞＜文件名＞。

表 2-1 常用数据文件的类型及扩展名

文件类型	扩展名
文本	.txt .rtf .doc(Microsoft Word 2003) .docx(Microsoft Word 2007)
声音	.mp3 .mp4 .ra(RealAudio) .mid .wav .au
图形	.bmp .pcx .tif .gif .jpg .png
动画/视频	.flc .fli .avi .mpg .mov(QuickTime) .wmv(Windows Media)
网页	.htm .html .asp .php .vrml .rm(RealMedia)
电子表格	.xls(Microsoft Excel 2003) .xlsx(Microsoft Excel 2007)
演示文稿	.ppt(Microsoft Power Point 2003) .pptx(Microsoft Power Point 2007)

2.文件或文件夹命名规则

现有版本的 Windows 能支持最大达 255 个字符的文件名,也可以使用不超过 127 个汉字来命名,其中可以包含字母、汉字、数字、空格或一些特殊字符,使文件(夹)名的可读性更高。

文件的命名规则如下。

(1)文件名、文件夹名不能超过 255 个字符,文件名和文件夹名中可以使用汉字。

(2)不能包括以下字符: / \ : 、* ? “ ＜＞ | 。

(3)在同一文件夹中的文件、文件夹不能同名。

(4)文件或文件夹不区分大小写字母。

3.文件目录和文件夹

一个计算机系统中有成千上万个文件,为了便于对文件进行存取和管理,计算机系统建立文件的索引,即文件名和文件物理位置之间的映射关系,这种文件的索引称为文件目录。文件目录(file directory)为每个文件设立一个表目。文件目录表至少要包含文件名、文件内部标识、文件的类型、文件存储地址、文件的长度、访问权限、建立时间和修改时间等内容。

文件目录(或称为文件夹)是由文件目录项组成的。文件目录分为一级目录、二级目录和多级目录。多级目录结构也称为树形结构,在多级目录结构中,每一个磁盘有一个根目录,在根目录中可以包含若干子目录和文件,在子目录中不但可以包含文件,而且还可以包含下一级子目录,这样类推下去就构成了多级目录结构。

采用多级目录结构的优点是用户可以将不同类型和不同功能的文件分类储存，既方便文件管理和查找，还允许不同文件目录中的文件具有相同的文件名，解决了一级目录结构中的重名问题。Windows、Unix、Linux 和 DOS 等操作系统采用的是多级目录结构。

4. 打开与保存文件

在“计算机”中找到要打开的文件或文件夹，双击即可打开。注意：Windows 本身无法打开或保存文件，必须要使用与所要打开的文件相关联的程序来执行此操作。例如，在 Word 文件中进行了编辑等操作后要保存文档，需要进行以下操作：【文件】→【保存】，弹出保存文件对话框，如图 2-29 所示，给文件命名后即可保存。

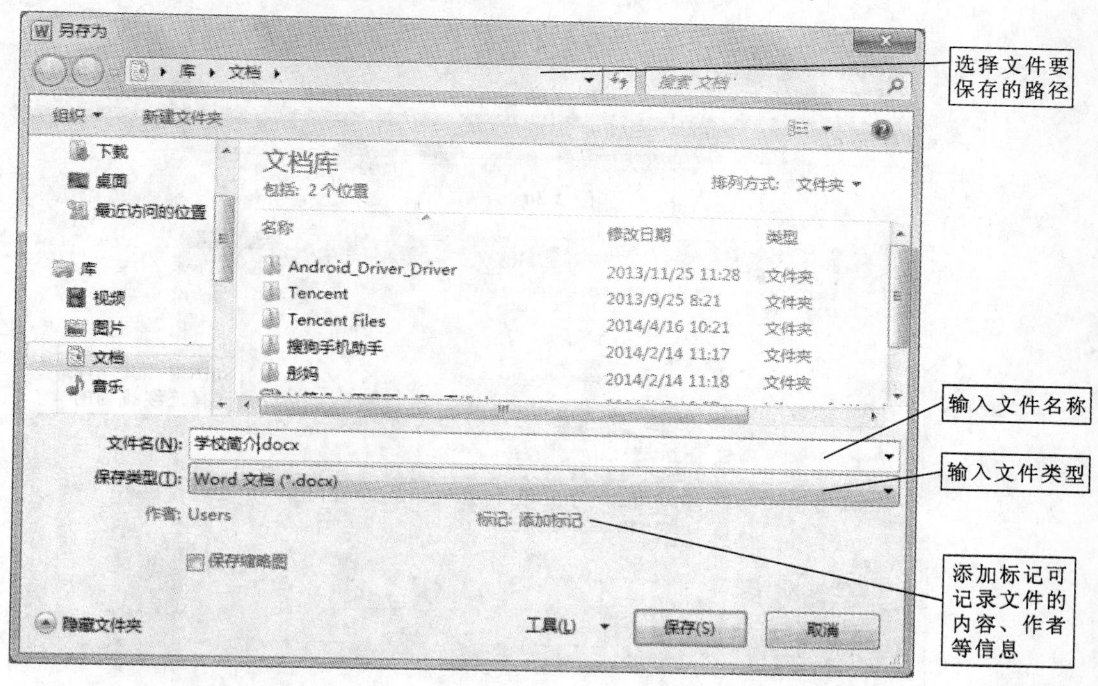

图 2-29

5. 选择多个文件或文件夹

以下方法只是合适在同级目录下多文件时使用。所谓同级目录就是打开一个文件夹所看到的所有文件(包含文件夹)称为同级目录。例如，双击打开 E 盘，那么 E 盘下所有的文件(包含文件夹)都是同级。

1）选择多个不相邻的文件或文件夹

单击选择一个文件夹或文件，然后左手按着 Ctrl 键不松开，右手鼠标单击同级目录下任意文件或者文件夹。这时不要松开 Ctrl 键重复选择选择直到选择完自己需要选择文件为止，如图 2-30 所示。

2）选择选定一系列连续排列的文件或文件夹

单击选中一个文件或文件夹，左手按住键键盘中的 Shift 键不松开。然后单击同级目录下其中一个或者最后一个文件或文件夹。可以选定一系列连续排列的文件夹或文件，如图 2-31 所示。

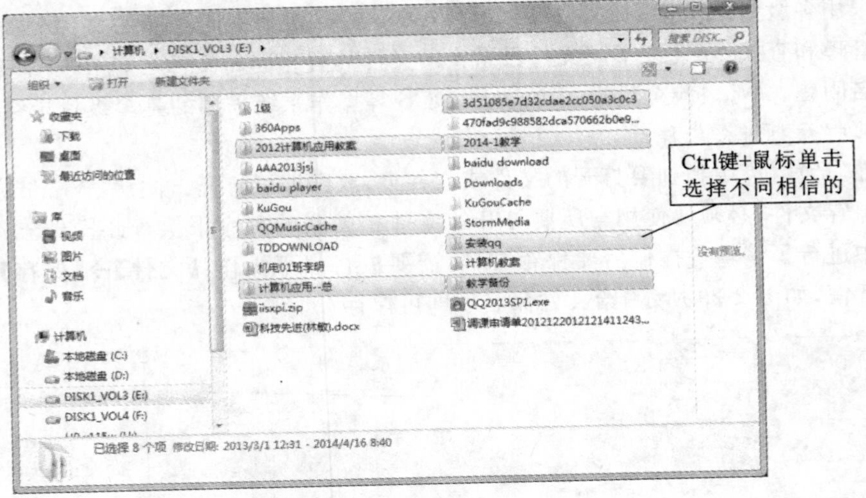

图 2-30

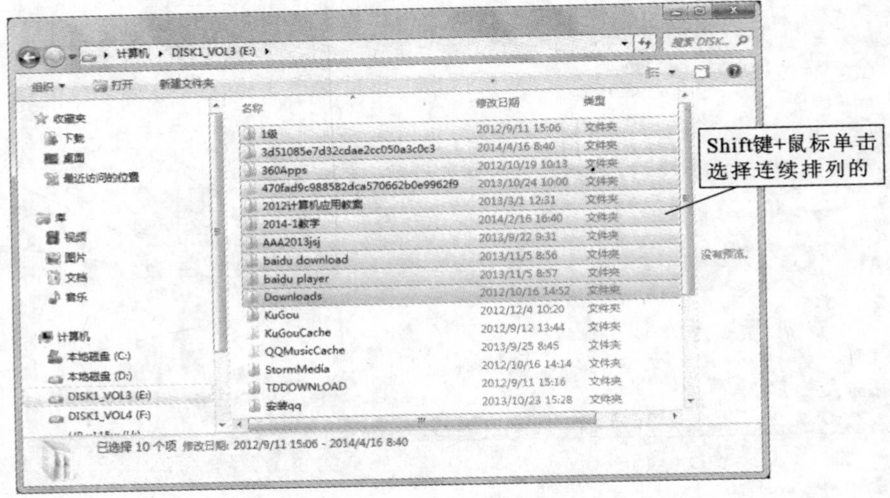

图 2-31

3) 选择多个相邻的文件或文件夹

在空白处单击并拖动鼠标,会出现一个虚框,凡是被矩形框框住的文件或文件夹都处于被选中状态。

4) 选择全部文件或文件夹

选择“组织”→“全选”,或按 Ctrl ＋ A 组合键。

6. 查看、复制或移动文件或文件夹

(1) 在窗口中,可以通过“视图”按钮来更改文件和文件夹图标的大小和外观,如图 2-32 所示。

(2) 复制、移动文件或文件夹

文件和文件夹的复制和移动操作最常用的方法有两种:一种是利用右键菜单、工具按钮和快捷键操作;另一种是直接用鼠标拖动文件和文件夹来完成。利用快捷键 Ctrl ＋ C 复制、Ctrl ＋ X 剪切、Ctrl ＋ V 粘贴。

7. 修改文件或文件夹属性

要修改文件和文件夹的属性通过“文件”菜单中“属性”命令，或者右键单击已选定的文件或文件夹，执行快捷菜单中的“属性”命令，打开“属性”对话框，在“常规”选项卡中进行选择，如图 2-33 所示。

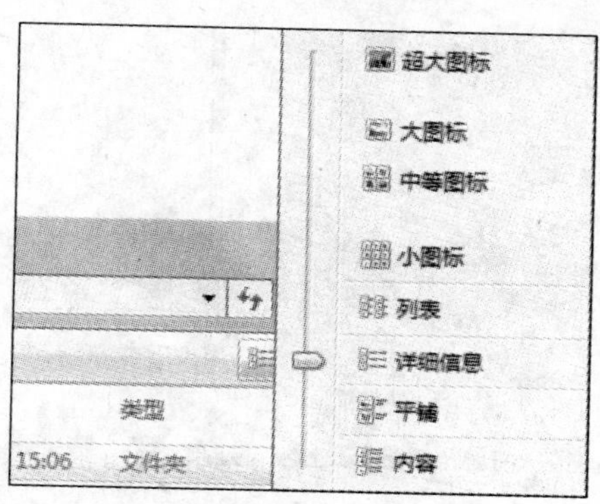

图 2-32

图 2-33

其中“只读属性”为只能读不能修改，“隐藏属性”为默认状态下不显示在文件夹内容框中。如果希望将其显示出来，则可以通过如下方法：选择“组织”→“文件和搜索选项”，在弹出的“文件夹选项”对话框中选择“查看”选项卡，在“高级设置”列表框中选中“显示隐藏的文件、文件夹和驱动器”单选按钮，单击“确定”，计算机中全部隐藏的文件或文件夹都显示出来了，如图 2-34 所示。

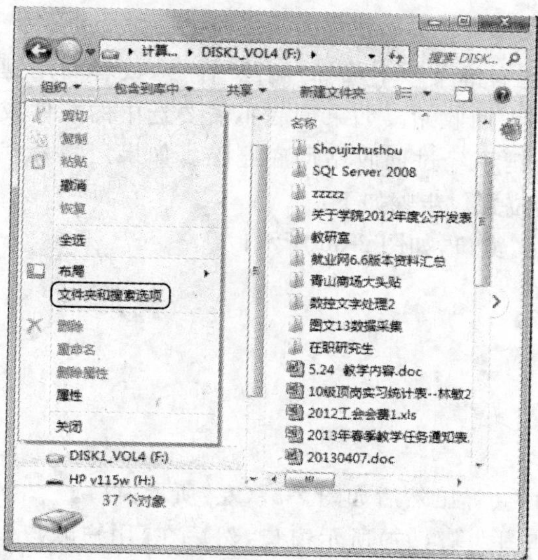

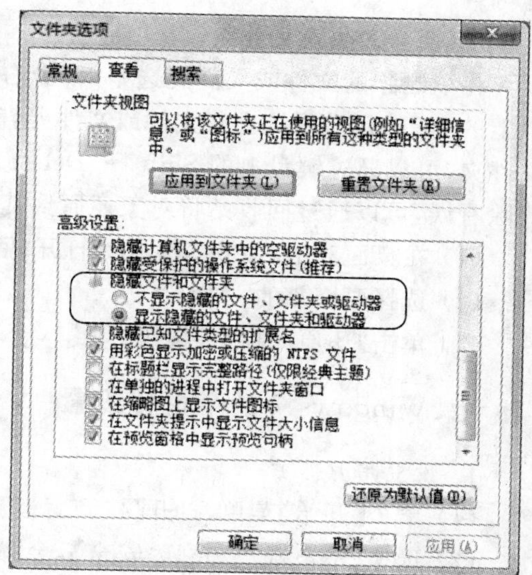

图 2-34

8. 搜索文件或文件夹

打开要进行搜索的路径，在搜索框中输入要搜索的文件名或文件夹名，还可以输入通配符查找一类文件。通配符是一类键盘字符，有星号（*）和(?)，“*”代表任意一串字符，“?”代表任何一个字符。如在搜索框中输入“*. txt”，则搜索到是 TXT 文本文件，如在搜索框中输入“? A*. txt”，则搜索到是第二字母是“A”的 TXT 文本文件，如图 2-35 所示。

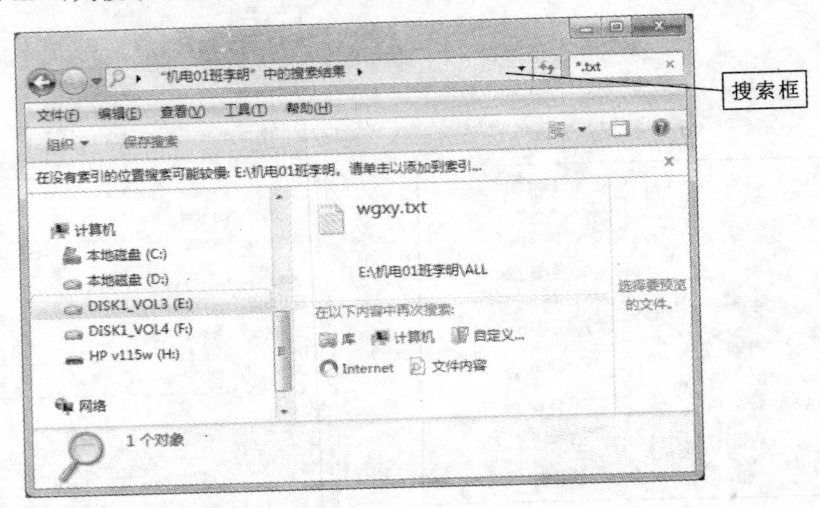

图 2-35

9. 创建快捷方式

创建快捷方式有两种方法：一种是用鼠标右键单击目标(文件夹)菜单“发送到”→“桌面快捷方式”，这样就在操作系统桌面上创建了文件(文件夹)快捷方式。另一种是鼠标左键(按住不放)应用程序或文件的同时按住 Alt 键拖动后释放按键和鼠标，这样就可在该应用程序或文件同路径下生成该程序或文件的快捷方式。将创建好的快捷方式剪切到桌面上即可。

10. 删除文件或文件夹

将欲删除的文件或文件夹选中，单击右键，在右键菜单中选择“删除”命令，或者利用键盘上的 Delete 键，系统会将文件或文件夹直接移入回收站。如果彻底不需要选中的文件或文件夹，可以通过键盘上的 Shift ＋ Delete 组合键不经过回收站彻底删除。如果用户发现删除有误，可以通过回收站将对象还原到其原始位置。步骤如下：

(1) 在桌面双击“回收站”图标，打开“回收站”窗口，如图 2-36 所示；

(2) 选择要恢复的文件；

(3) 单击“还原此项目”按钮。

七、Windows 7 的个性化设置

1. 设置用户账户

(1) 单击【开始】菜单，打开【控制面板】窗口，会弹出然后如图 2-37(左)所示窗口。

(2) 选择【用户帐户和家庭安全】，会弹出如图 2-37(右)所示窗口，然后在【用户帐户】，可以“更改账户图片”、“添加或删除用户账户”和“更改 Windows 密码”。

图 2-36

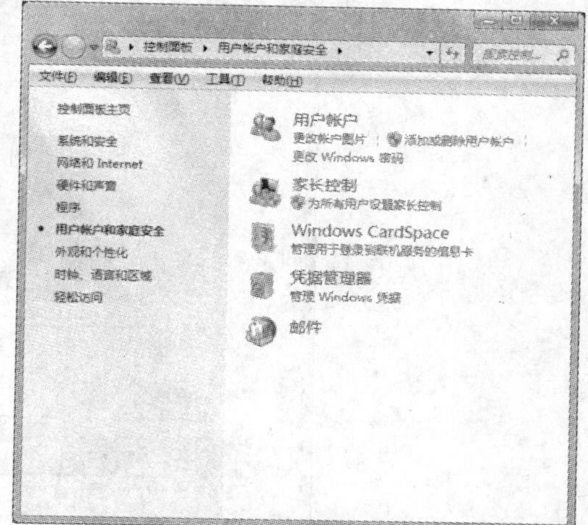

图 2-37

2. 更改桌面背景图片

(1) 在桌面空白处右击，在弹出的右键菜单中选择【个性化】，会弹出如图 2-38 所示的窗口，然后选【桌面背景】选项。

(2) 选择“主题”和自己喜爱的图片即可。如系统自带的图片 Home，选项卡上的【显示器】中将显示此图片作为背景。

3. 添加屏幕保护程序

在桌面空白处右击，在弹出的右键菜单中选择【个性化】，然后选【桌面保护程序】选项，会弹出如图 2-39 所示的窗口，在【屏幕保护程序】下拉框中找到【图片收藏幻灯片】，然后单击旁边的【设置】，在出现的对话框中按【浏览】，找到你喜欢的图片，然后单击【确定】。

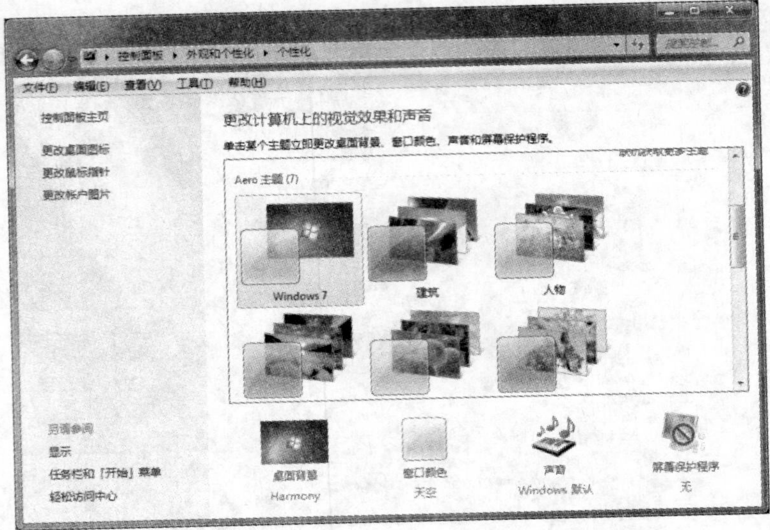

图 2-38

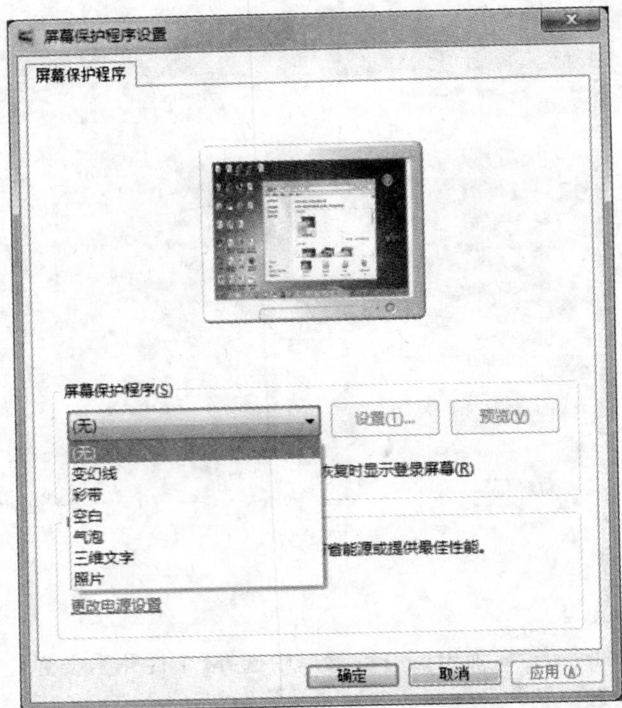

图 2-39

4. 调整屏幕分辨率

在桌面空白处右击，在弹出的右键菜单中选择【屏幕分辨率】，在【分辨率】下拉框中进行设置，单击【确定】按钮，就可以看到设置后的屏幕分辨率了，如图 2-40 所示。

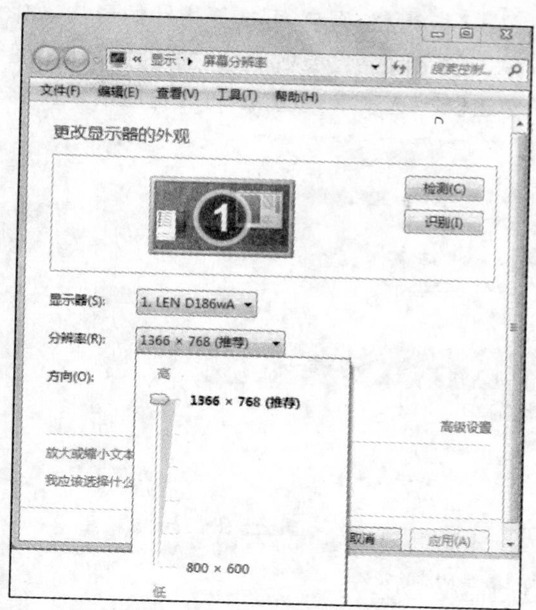

图 2-40

5. 键盘设置

(1) 单击【开始】→【控制面板】,双击窗口中的【时钟、语言和区域】图标,弹出【键盘属性】对话框。

(2) 在【键盘和语言】对话框中,可设置键盘,如图 2-41 所示。

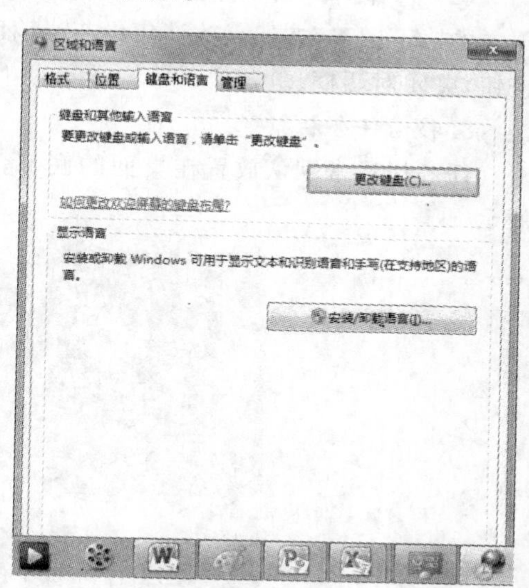

图 2-41

6. 鼠标设置

(1) 单击【开始】→【控制面板】,窗口中的【鼠标】图标,弹出【鼠标属性】对话框,在该对话框中选择【鼠标键】选项卡,可对鼠标键进行相应设置。

(2) 单击【指针】选项卡,可选择指针的形状,如图 2-42(左图)所示。

(3) 单击【指针选项】选项卡,设置指针移动速度等。

(4) 单击【轮】选项卡,设置滚动滑轮的滚动齿数。

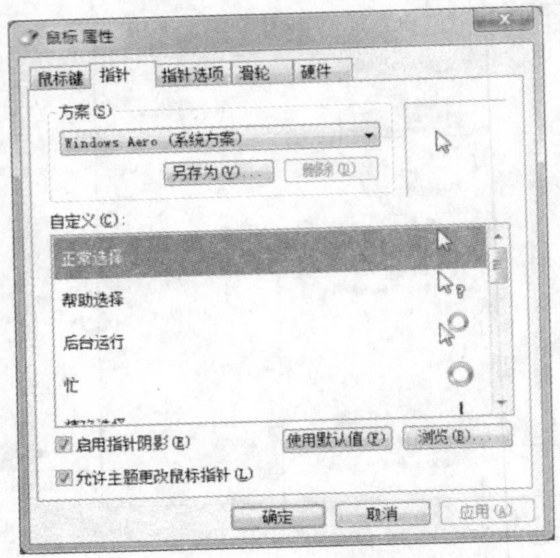

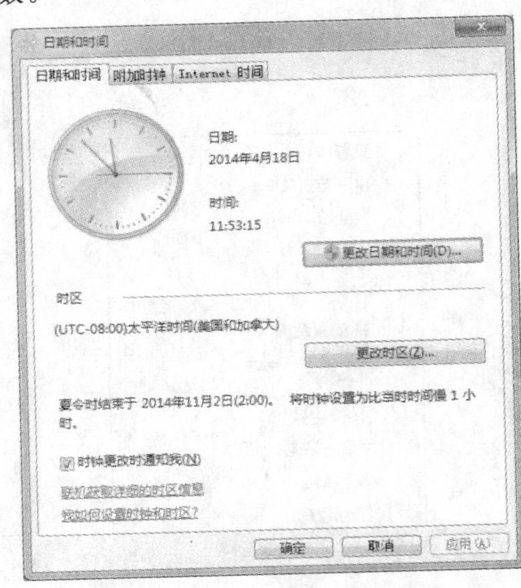

图 2-42

7. 设置日期和时间

(1) 右击屏幕底部任务栏最右端显示的当前时间,单击此快捷菜单中的【调整日期/时间】,进入【日期和时间】对话框。

(2) 选择【日期和时间】选项卡,在下拉的列表中选择正确的月份,使用年框右侧与时钟下方的"▲"、"▼"按钮来改变年份与当前时间,如图 2-42(右图)所示,设置好后单击【确定】按钮,关闭对话框。

8. 移动任务栏

任务栏通常默认放置在桌面的底部,它也可以被移动到桌面的任一个边角,如图 2-43 所示。

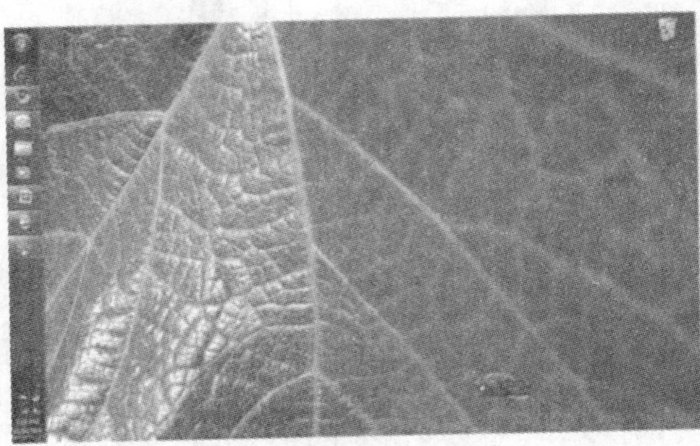

图 2-43

操作步骤:右键任务栏,选择属性,单击任务栏选项,在下拉列表中选择所需的位置,单击确定。

2.5　实训操作

(1) 在“E”盘新建名为“Work”的文件夹，然后进行下列操作。

① 在“Work”文件夹下分别建立名为“KANG1”和“KANG2”两个文件夹。

②在“KANG1”文件夹下建立名为“wgxy. txt”的文本文件，并设置属性为隐藏。

③在“KANG2”文件夹下建立名为“wgxy. docx”的 Word 文档，并设置属性为只读。

④为名为“wgxy. docx”的 Word 文档建立名为 KLOU 的快捷方式，并存放“Work”文件夹下。

(2) 将自己喜爱的图片设置为桌面，设置有个性的屏幕保护程序，来保护显示器。调整好屏幕的分辨率、颜色质量和刷新频率，满足自己的视觉享受。将键盘、鼠标调整到自己满意的程度，方便日常操作。为自己的计算机设置用户图片，更改用户密码和恢复使用的密码。

(3) 在桌面上建立启动【写字板】的快捷方式。

(4) 查看任一文件夹的属性，了解该文件夹的位置、大小、包含的文件及子文件夹数、创建时间等信息。

(5) 在控制面板中打开“鼠标”属性窗口，适当调整指针的速度，并按照自己的喜好选择是否显示指针轨迹及调整指针形状，然后恢复初始设置。

(6) 在 Windows 7 操作系统中创建一个新用户，用户类型为计算机管理员并且计算机用户名为“admin2”，密码为“1234”。

第 3 章　Word 2010 基础操作

3.1　实训目的

(1) 掌握 Word 2010 的基本概念，Word 2010 的基本功能和运行环境，Word 2010 的启动和退出；

(2) 掌握文档的创建、打开、输入和保存等基本操作；

(3) 掌握文本的选定、插入与删除、复制与移动、查找与替换等基本操作；

(4) 熟练字体格式设置、段落格式设置和分栏设置。

3.2　实训内容

文档内容如下，按照操作要求完成下列操作并以该文件名(时间游戏.docx)保存文档。

时间管理的一个经典游戏

桌上放有两个大小相同的类似水盆的容器和六、七块大小不一的石头。其中一个容器中盛有一大半的细砂，另一个容器是空的。现在让你把所有石头和所有细砂都放到那个空的容器中，但条件是细砂和石头都不能冒过容器的上端平面，你会怎么做？

有的人会先把细砂全倒入空容器中，然后费了九牛二虎之力也无法将所有石头都塞进细砂，从而达到规定的条件。

可如果你先把所有的石头都放进空容器中，然后再倒入细砂，你会发现在摇一摇、抹一抹之后，轻而易举地就完成了任务。

在这个游戏中，容器象征着什么？细砂象征着什么？石头象征着什么？这个游戏又说明了什么？

容器象征着我们每个人有限的时间，不管是一天也好，或是一生也罢。细砂象征着那些每天纠缠着我们的似乎永远也忙不完的紧急的琐事。石头象征着关乎人生效能的大事。这个游戏说明，倘若我们总先忙琐事，那么很难成就大事。而如果我们能做到要事第一，那么处理起琐事来也会游刃有余。

操作要求如下。

(1) 将标题段(“时间管理的一个经典游戏”)设置为小二号黑体、红色、居中，字符间距加宽 1 磅、并添加黄色底纹和蓝色方框，设置段后间距为 1 行。

(2) 将正文各段(“桌上放有两个大小相同的……也会游刃有余。”)设置为五号宋体，第一段首字下沉，下沉行数为 2，距正文 0.2 厘米；除第一段外的其余各段落左、右各缩进 0.5 字符，首行缩进 2 字符，行距 18 磅。

(3) 将文中所有的错词“细砂”替换为“细沙”；并为文中所有“石头”一词添加下划线。

(4) 将正文第五段("容器象征着……也会游刃有余。")分为等宽的两栏,且加上分隔线。

3.3 操作步骤

步骤 1:选中标题段("时间管理的一个经典游戏"),在【开始】功能区的【字体】分组中,单击"字体"按钮,弹出如图 3-1 所示"字体"对话框。在"字体"选项卡中设置字体为"小二号、黑体、红色";在"高级"选项卡中设置字符间距。

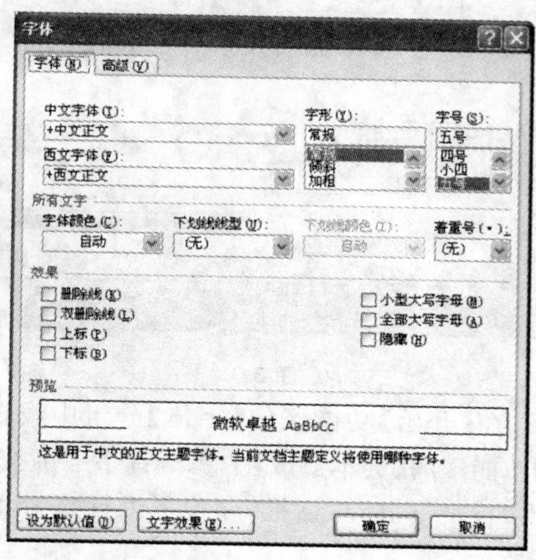

图 3-1

步骤 2:在【开始】功能区的【段落】分组中,单击"段落"按钮,弹出如图 3-2 所示的"段落"对话框,在"缩进和间距"选项卡中设置标题段对齐属性和段后间距。

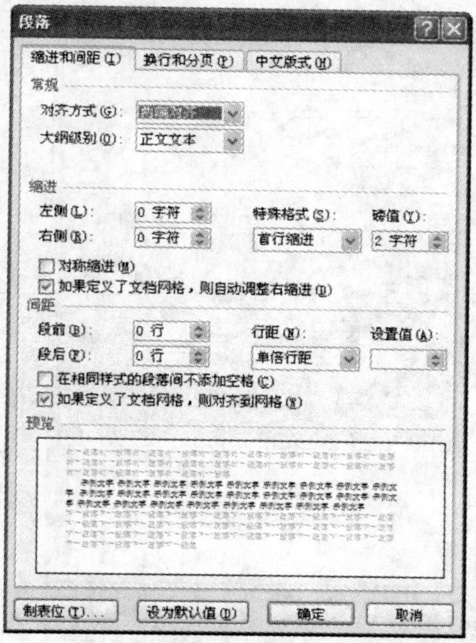

图 3-2

步骤 3:在【开始】功能区的【段落】分组中,单击"底纹"下拉三角按钮,在打开的底纹颜色面板中选择"黄色",设置标题段底纹。单击"底纹"右边的"边框线"下拉三角按钮,选择"边框和底纹",弹出如图 3-3 所示的"边框和底纹"对话框,将标题文字设置为"蓝色方框"。

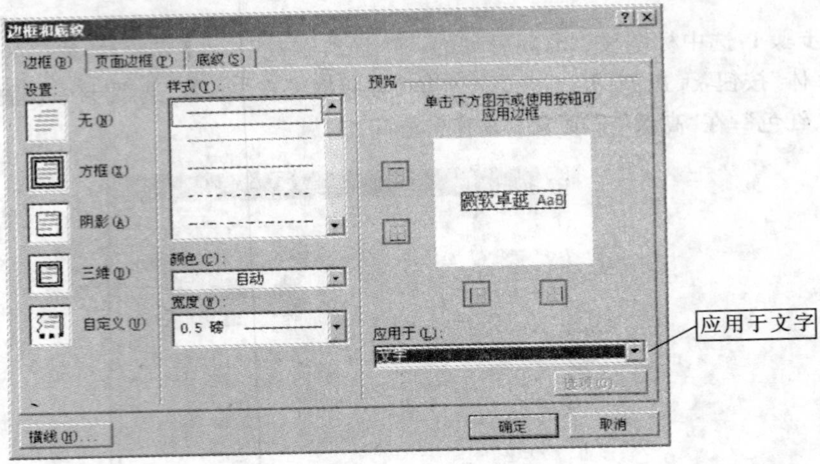

应用于文字

图 3-3

步骤 4:选中正文各段,在【开始】功能区的【字体】分组中设置字体,选中第一段,在【插入】功能区的【文本】分组中单击首字下沉按钮,选择"首字下沉选项",弹出"首字下沉"对话框,设置下沉行数为 2,距正文"0.2 厘米",如图 3-4 所示。

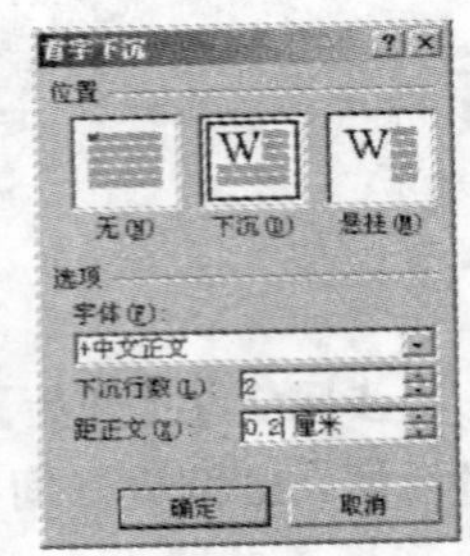

图 3-4

步骤 5:选中除第一段外的其余各段落,在【开始】功能区的【段落】分组中,单击"段落"按钮,弹出如图 3-5 所示的"段落"对话框,在"缩进和间距"选项卡中设置段落属性。

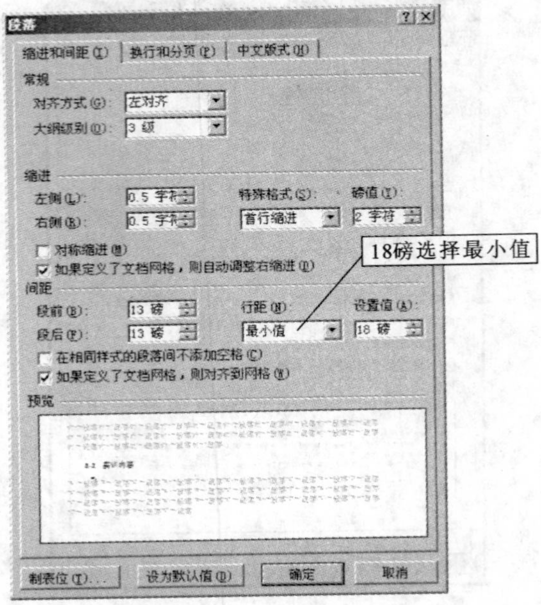

18磅选择最小值

图 3-5

步骤 6:选中正文各段,在【开始】功能区的最右边,单击“替换”按钮,弹出如图 3-6 所示的“查找和替换”对话框,在“替换”选项卡中,替换文字。单击“查找和替换”对话框中的“更多”按钮,单击“格式\字体”,弹出字体对话框,选择下划线线性,为文中所有“石头”一词添加下划线,如图 3-7 所示。

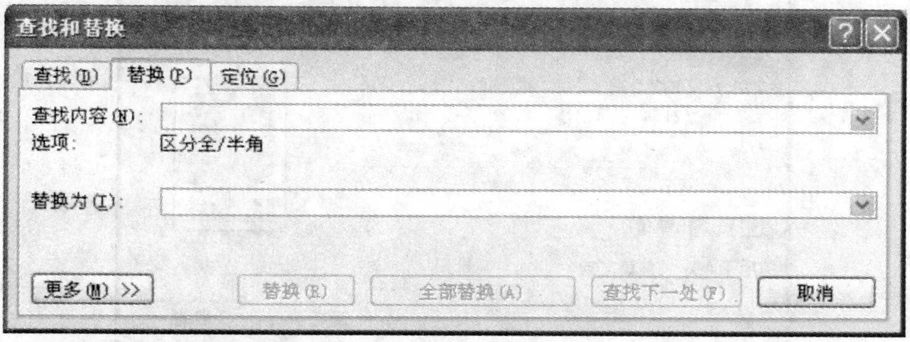

图 3-6

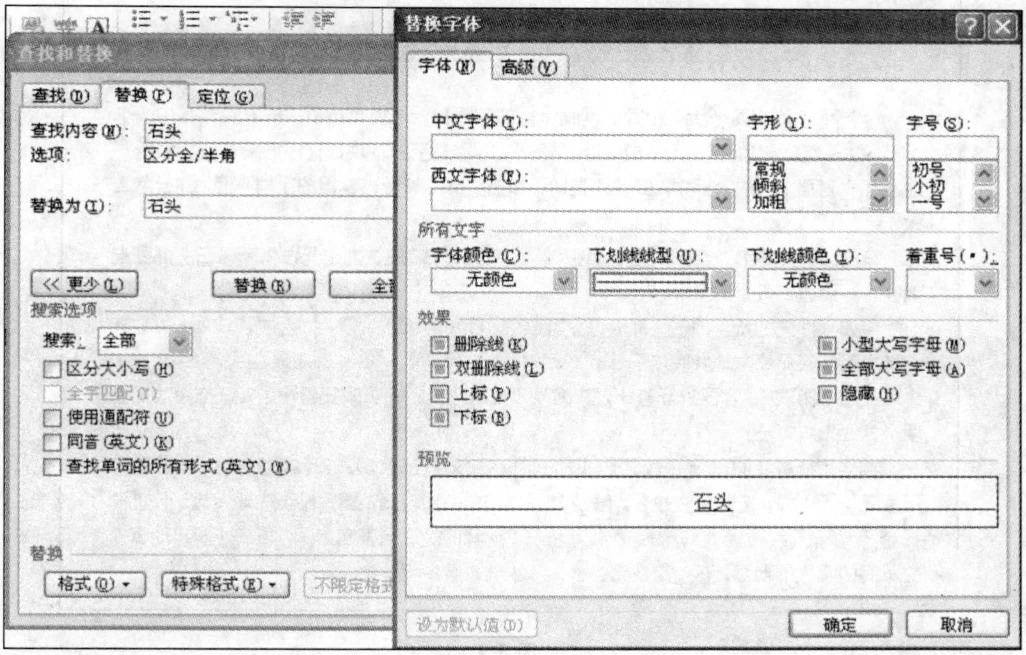

图 3-7

步骤 7:按照题目要求为段落设置分栏。选中正文第五段,在【页面布局】功能区的【页面设置】分组中,单击“分栏”按钮,选择“更多分栏”选项,弹出如图 3-8 所示的“分栏”对话框。选择“预设”选项组中的“两栏”选项,勾选“栏宽相等”和“分割线”,单击“确定”按钮。

步骤 8:单击『文件』→『保存』,保存文档为“时间游戏. docx”,最后结果如图 3-9 所示。

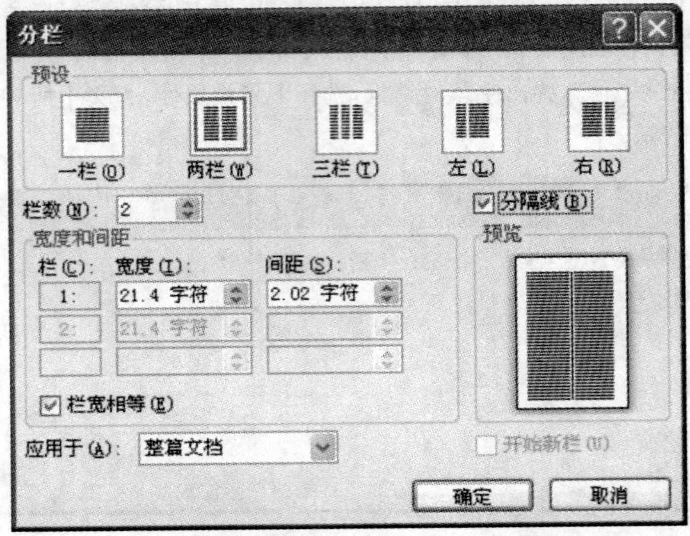

图 3-8

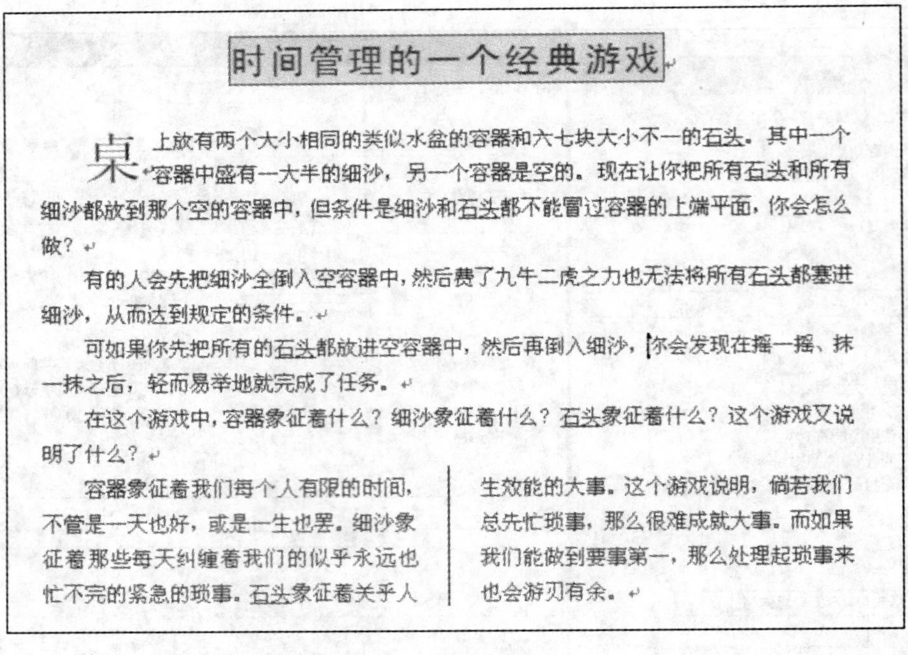

时间管理的一个经典游戏

桌上放有两个大小相同的类似水盆的容器和六七块大小不一的石头。其中一个容器中盛有一大半的细沙，另一个容器是空的。现在让你把所有石头和所有细沙都放到那个空的容器中，但条件是细沙和石头都不能冒过容器的上端平面，你会怎么做？

有的人会先把细沙全倒入空容器中，然后费了九牛二虎之力也无法将所有石头都塞进细沙，从而达到规定的条件。

可如果你先把所有的石头都放进空容器中，然后再倒入细沙，你会发现在摇一摇、抹一抹之后，轻而易举地就完成了任务。

在这个游戏中，容器象征着什么？细沙象征着什么？石头象征着什么？这个游戏又说明了什么？

容器象征着我们每个人有限的时间，不管是一天也好，或是一生也罢。细沙象征着那些每天纠缠着我们的似乎永远也忙不完的紧急的琐事。石头象征着关乎人生效能的大事。这个游戏说明，倘若我们总先忙琐事，那么很难成就大事。而如果我们能做到要事第一，那么处理起琐事来也会游刃有余。

图 3-9

3.4 知识要点

一、Word 2010 的启动与退出

1. 常用的 Word 2010 的启动方法

(1) 单击桌面“开始”→“所有程序”→“Microsoft office Word”，如图 3-10 所示。

(2) 双击桌面上的Word快捷图标。

(3) 通过双击已经建立的Word文档进入Word。

图3-10

2. 常用的退出Word的方法

(1) 单击“文件”→“退出”。

(2) 单击Word窗口右上角的“关闭”按钮。

(3) 利用快捷键Alt+F4。

二、Word 2010的界面

(1) 标题栏：显示正在编辑的文档的文件名以及所使用的软件名。

(2) “文件”选项卡：基本命令(如“新建”、“打开”、“关闭”、“另存为...”和“打印”位于此处。

(3) 快速访问工具栏：常用命令位于此处，例如，“保存”和“撤消”，也可以添加个人常用命令。

(4) 功能区：工作时需要用到的命令位于此处。它与其他软件中的“菜单”或“工具栏”相同。

(5) “编辑”窗口：显示正在编辑的文档。

(6) “显示”按钮：可用于更改正在编辑的文档的显示模式以符合您的要求。

(7) 滚动条：可用于更改正在编辑的文档的显示位置。

(8) 缩放滑块：可用于更改正在编辑的文档的显示比例设置。

(9) 状态栏：显示正在编辑的文档的相关信息。

相对应的位置如图3-11所示。

提示：什么是“功能区”？

“功能区”是水平区域，就像一条带子，启动Word后分布在Office软件的顶部。您工作所需的命名将分组在一起，且位于选项卡中，如“开始”和“插入”。您可以通过单击选项卡来切换显示的命令集。

三、打开、新建与保存

1. 打开文档的方法

(1) 如果已经启动了Word，单击“文件”→“打开”，如果还没有启动Word，可以直接双

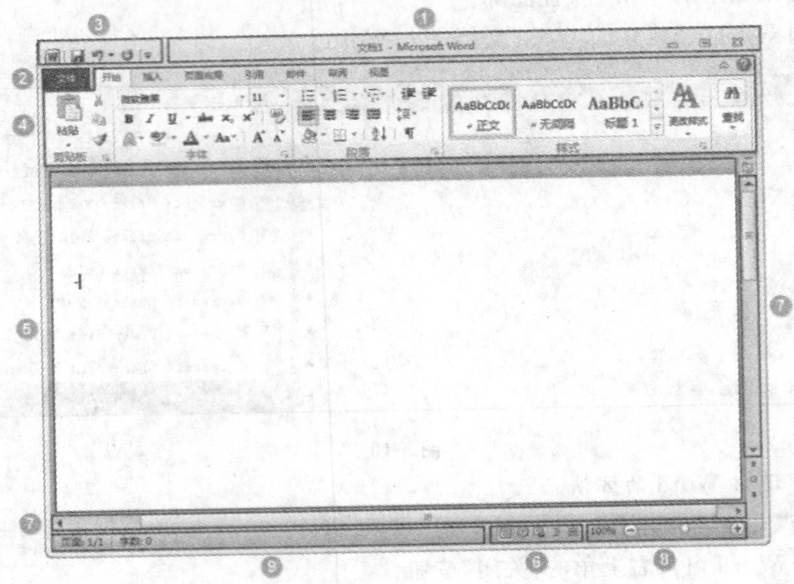

图 3-11

击文档的图标打开文档。

(2) 在 Word 2010 中默认会保存最近打开或编辑过的 Word 文档,用户通过单击“文件”→“最近使用的文档”面板可以打开最近使用的文档。

(3) 单击“快速访问工具栏”上的“打开”按钮。

2. 新建文档的方法

(1) 如果没有启动 Word,单击桌面“开始”→“所有程序”→“Microsoft office”→“Microsoft office Word 2010”命令,打开一个空白的文档。

(2) 单击“文件”选项卡,在左侧的列表中选择“新建”选项。

3. 保存文档的方法

(1) 单击“文件”选项卡,在左侧的列表中选择“保存”选项。

(2) 如果对文档进行了修改,再保存时可以单击“自定义快速访问工具栏”中的“保存”按钮或使用 Ctrl+S 快捷键保存。

四、选取内容

在 Word 中对文档的某一部分进行操作,如一个段落、一个句子等,这时就必须先选取要进行操作的部分,被选取的文字以淡蓝色底纹高亮形式显示在屏幕上。选取内容的方法有以下几种。

1. 用鼠标选取

在要选取的文字的开始位置按下鼠标左键,然后拖动鼠标,在鼠标指针移到要选取的结束位置时释放鼠标即可。

2. 选取某一行

将鼠标指针移动到选取行的左侧,当鼠标指针变成一个斜向上方的箭头时单击鼠标左键即可。

3. 选取某一句

按住 Ctrl 键，单击文档中的某个地方，鼠标单击处的整个句子就被选取。

4. 选取某一段

在某一段中的任意位置单击鼠标左键三次，即可选定整段。

5. 矩形选取

按住 Alt 键，在要选取的开始位置按下鼠标左键，移动鼠标即可拉出一个矩形的选择区域。

6. 全文选取

使用快捷键 Ctrl＋A。

五、设置字体格式

在“开始”选项卡的“字体”组进行字体格式设置，或者单击“字体”分组右下角的箭头按钮，即可打开设置“字体”对话框，如图 3-12 所示。或者选中需要设置的字体，在字体旁会自动弹出一个设置字体格式的工具栏。

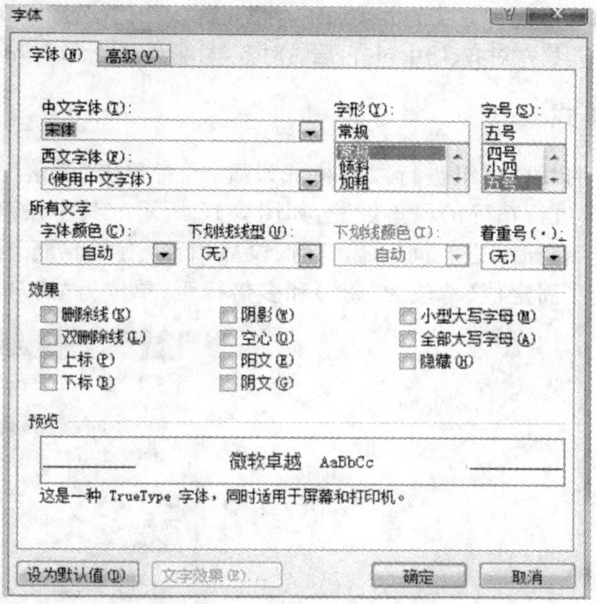

图 3-12

在打开的“字体”对话框中，“效果”区域显示出 Word 2010 支持的字体效果。选中相应效果的复选框，并单击“确定”按钮即可。

1. 字符间距与缩放

在打开的“字体”对话框中，切换到“字符间距”选项卡，可以设置字体的缩放、间距和位置等选项。

缩放：在字符原来大小的基础上缩放字符尺寸，取值范围在 1%～600%之间。

间距：增加或减少字符之间的间距，而不改变字符本身的尺寸。

位置：相对于标准位置，提高或降低字符的位置。

为字体调整字间距：Word 2010 可以根据字符的形状自动调整字间距，设置该选项以指定进行自动调整的最小字体。

2. 清除文本格式

在实际工作中用户有时需要将 Word 2010 文档中已经设置的文本格式清除：打开 Word 2010 文档，选中需要清除文本格式的文本块，然后在"开始"功能区的"字体"分组中单击"清除格式"按钮。如图 3-13 所示。

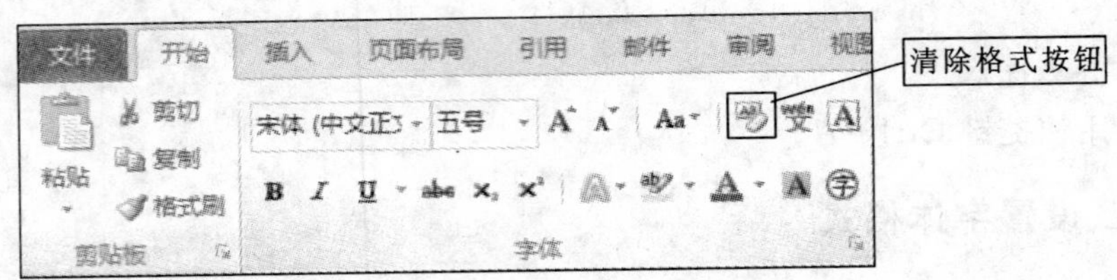

图 3-13

六、文本的对齐

使用"开始"选项卡设置对齐方式的方法如下：在"开始"→"段落"组中，对选中的文字进行对齐设置，文本的对齐方式有：居左对齐、居中对齐，居右对齐，两端对齐，分散对齐。如图 3-14 所示。

七、设置段落格式

用"开始"选项卡的"段落"组进行段落格式设置，或者单击"段落"分组右下角的箭头按钮，在弹出的对话框中进行精确的段落设置，如图 3-15 所示。其中段落缩进的类型有：左缩进、右缩进、首行缩进、悬挂缩进。间距有段前、段后，行距有单倍行距、1.5 倍行距、2 倍行距、最小值，也可以设置固定值(单位为"磅")和多倍行距(单位为"倍")。

图 3-14

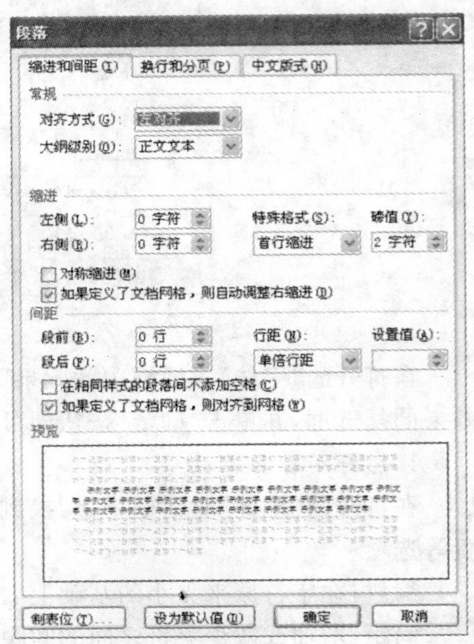

图 3-15

八、查找与替换

打开“开始”选项卡，单击最右边按钮查找，弹出“查找和替换”对话框，如图 3-16 所示，输入“查找内容”和“替换为”的内容，单击替换按钮。如果需要全部替换，则单击全部替换按钮。如果需要替换为带格式的字符，则单击更多按钮。

图 3-16

九、分栏排版

单击“页面布局→分栏”命令，弹出“预设”的分栏，如果“预设”分栏格式都不符合要求，则选择最下面的菜单项“更多分栏”，弹出分栏窗口进行设置，如图 3-17 所示。

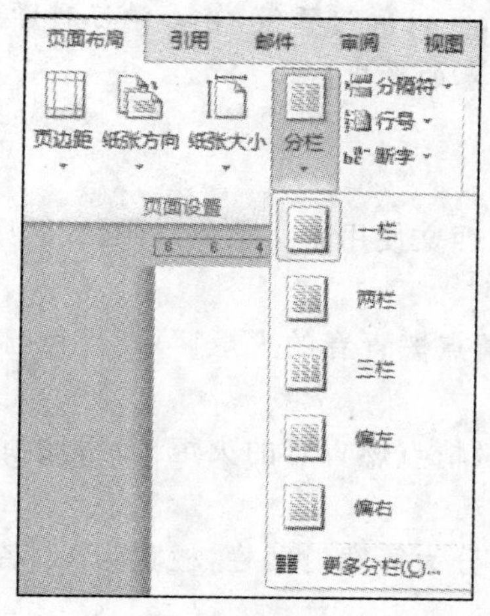

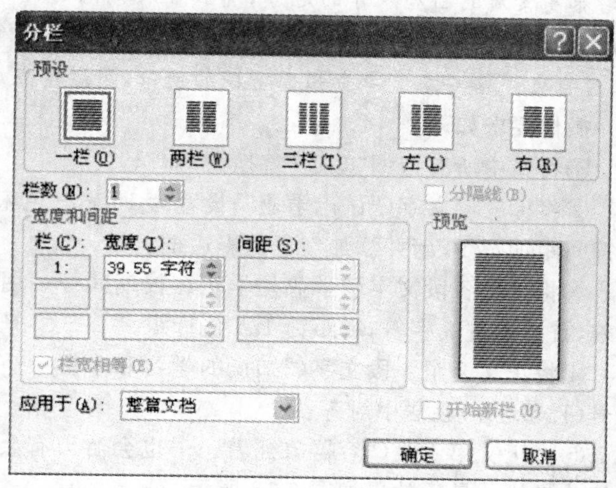

图 3-17

3.5 实训操作

(1) 文档内容如下,按照要求完成下列操作并以该文件名(试论学业.docx)保存文档。

试论学业

学业是学生在校期间作为学生的任务,也是学生学期结束时学校对学生评价和承认的依据,更是学生进入工作岗位的基础。从社会的发展的角度来看,是培养能够促进人类社会向前发展的人才的方案。学生的任务就是认真的完成学校和社会叫给的学业。完整的学业应该包含对知适的学习和掌握,能够处理人际交往事务,培养健全的人格。

知适的学习和掌握:大学的课程相对的单一,都是某一类的专业知适,社会的发展需求要求学校培养出知适全面的人才,除了学习掌握本专业的学科知适外,还应利用大学充足的自由时间和丰富的图书资源丰富自己的知适库,提高自身的知适认真质量和数量。美好的大学生活,拥有充足的自由和知适资源,最重要的是我们在无形之中培养出了独立的人格和行为方式。有效的学习方法的掌握和应用,很多的时间都是要自己去自学,超前的学习和掌握,是大学生的高效的自主学习方法。

处理人际交往事务的能力:人只有在群体当中才能够生存和发展,也就是要和不同知适层面的人交往,获得发展和经验,有效的交往方式能够促进自身的发展,同时也能够促进事务的顺利进展,这就要求真诚,公正公平,和谐相处,友善相待,共同追求和发展。培养团体意识,把自己放到集体当中去成长和发展。每个人的一生都离不开和别人的交往,而交往的有效是有方法的,在大学期间正是培养的时候。

健全人格的培养:大学生是社会发展的前沿军,是社会发展的力量,是国家的希望。人的一生是做人的过程,人的成功就是做人的成功。大学生的价值观决定了自身的发展方向,大学期间形成的价值观,人生观影响了进入社会的心态和行为。大学是神圣的知适的海洋,是培养高素质的新型人才的地方,那么在次期间的大学生就应该看到人民的,祖国的期望。应该树立为人民为祖国服务,为共产主义奉献青春的准备,并以次为骄傲,努力学习科学知适,对自己严格要求。身负强国富国的使命,用激情点燃青春的火炬!

操作要求如下。

①将文中所有错词"知适"替换为"知识"。

②将标题段文字("试论学业")设置为16磅蓝色宋体(西文使用中文字体)、倾斜、居中,字符间距加宽10磅并添加红色阴影边框。

③将正文各段文字("学业是学生在校期间……用激情点燃青春的火炬!")设置为五号仿宋,首行缩进2字符,行距为1.5倍行距。

④将正文2至4段文字("知识的学习和掌握……用激情点燃青春的火炬!")添加项目编号(1. 2. 3.)且居中对齐。

⑤将正文第1段("容器象征着……也会游刃有余。")分为等宽的两栏,栏宽为17字符且加分隔线。最后效果如图3-18所示。

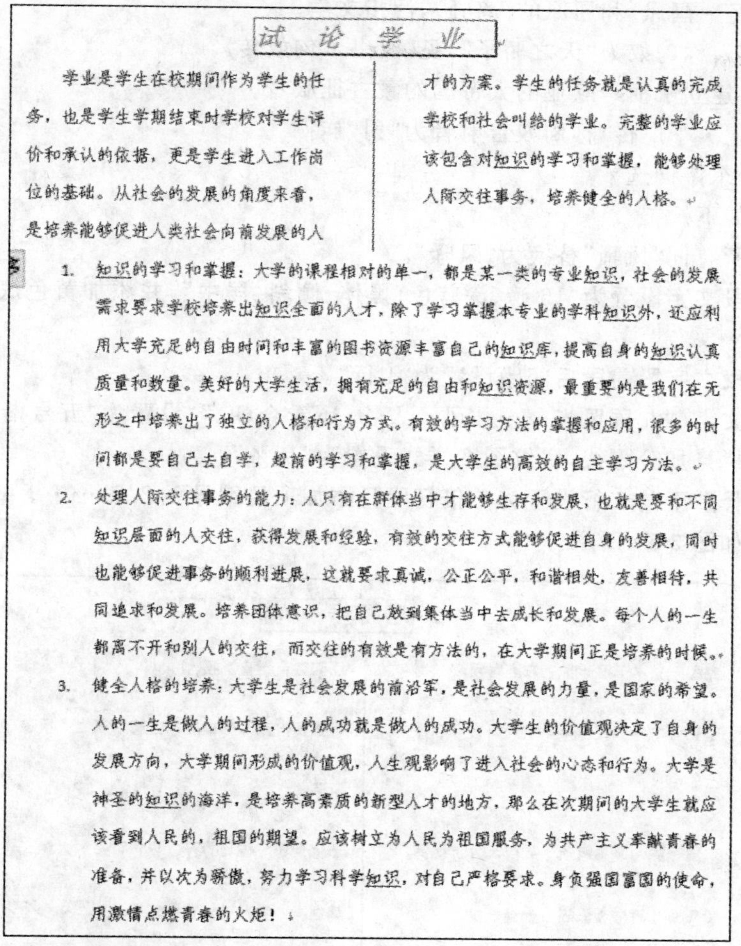

试 论 学 业

学业是学生在校期间作为学生的任务，也是学生学期结束时学校对学生评价和承认的依据，更是学生进入工作岗位的基础。从社会的发展的角度来看，是培养能够促进人类社会向前发展的人才的方案。学生的任务就是认真的完成学校和社会叫给的学业。完整的学业应该包含对知识的学习和掌握，能够处理人际交往事务，培养健全的人格。

1. 知识的学习和掌握：大学的课程相对的单一，都是某一类的专业知识，社会的发展需求要求学校培养出知识全面的人才，除了学习掌握本专业的学科知识外，还应利用大学充足的自由时间和丰富的图书资源丰富自己的知识库，提高自身的知识认真质量和数量。美好的大学生活，拥有充足的自由和知识资源，最重要的是我们在无形之中培养出了独立的人格和行为方式。有效的学习方法的掌握和应用，很多的时间都是要自己去自学，超前的学习和掌握，是大学生的高效的自主学习方法。
2. 处理人际交往事务的能力：人只有在群体当中才能够生存和发展，也就是要和不同知识层面的人交往，获得发展和经验，有效的交往方式能够促进自身的发展，同时也能够促进事务的顺利进展，这就要求真诚，公正公平，和谐相处，友善相待，共同追求和发展。培养团体意识，把自己放到集体当中去成长和发展。每个人的一生都离不开和别人的交往，而交往的有效是有方法的，在大学期间正是培养的时候。
3. 健全人格的培养：大学生是社会发展的前沿军，是社会发展的力量，是国家的希望。人的一生是做人的过程，人的成功就是做人的成功。大学生的价值观决定了自身的发展方向，大学期间形成的价值观，人生观影响了进入社会的心态和行为。大学是神圣的知识的海洋，是培养高素质的新型人才的地方，那么在次期间的大学生就应该看到人民的，祖国的期望。应该树立为人民为祖国服务，为共产主义奉献青春的准备，并以次为骄傲，努力学习科学知识，对自己严格要求。身负强国富国的使命，用激情点燃青春的火炬！

图 3-18

(2) 文档内容如下，按照要求完成下列操作并以该文件名("毛泽东诗词. docx")保存文档。

沁园春•雪

北国风光，千里冰封，万里雪飘。

望长城内外，惟馀莽莽；大河上下，顿失滔滔。

山舞银蛇，原驰蜡象，欲与天公试比高。

须晴日，看红妆素裹，分外妖娆。

江山如此多娇，

引无数英雄竞折腰。

惜秦皇汉武，略输文采；唐宗宋祖，稍逊风骚。

一代天骄，成吉思汗，只识弯弓射大雕。

俱往矣，数风流人物，还看今朝。

【注释】

秦皇汉武、唐宗宋祖：秦始皇，汉武帝，唐太宗和宋太祖。

风骚:《诗经·国风》和屈原的《离骚》,泛指文学。

天骄:汉朝人称匈奴为“天之骄子”,见《汉书·匈奴传》。

成吉思汗:建立了横跨欧亚的大帝国的蒙古征服者。

射雕:《史记·李广传》称匈奴善射者为“射雕者”。

摘自《毛泽东诗词选》

操作要求如下。

①将文中所有词“风骚”替换为“风骚”。

②将标题段文字设置为“16 磅、深蓝色、黑体、倾斜、居中”,并添加黄色底纹和红色阴影边框。

③将标题段文字段前段后间距设置为“1 行”。

④将正文文字(“北国风光……数风流人物,还看今朝。”)设置为“五号楷体、2 倍行距”,分为等宽的两栏且加分隔线,底纹图案样式设置为“15%”。

⑤将“【注释】”下的 5 行设置为单倍行距且添加项目编号 1.2.3.……。

最后效果如图 3-19 所示。

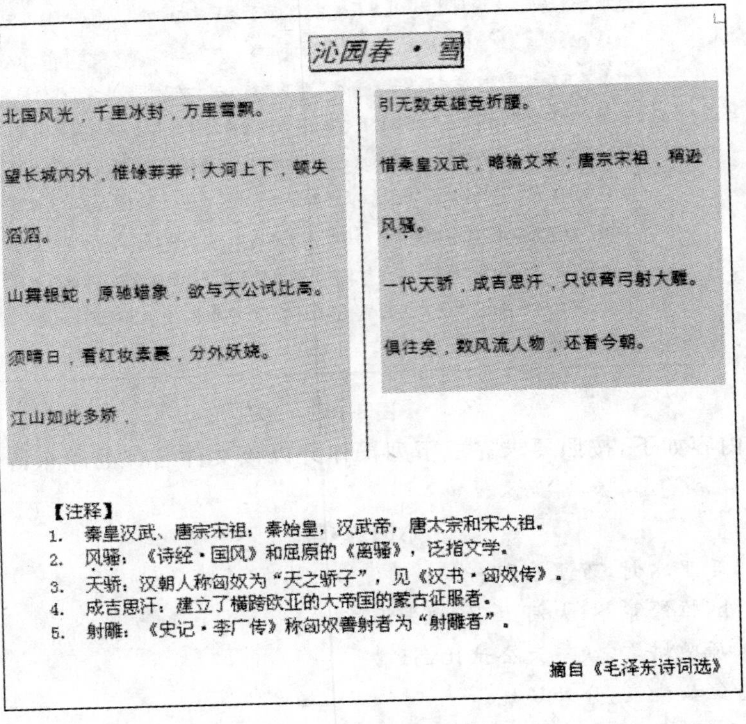

沁园春·雪

北国风光，千里冰封，万里雪飘。

望长城内外，惟馀莽莽；大河上下，顿失滔滔。

山舞银蛇，原驰蜡象，欲与天公试比高。

须晴日，看红妆素裹，分外妖娆。

江山如此多娇，

引无数英雄竞折腰。

惜秦皇汉武，略输文采；唐宗宋祖，稍逊风骚。

一代天骄，成吉思汗，只识弯弓射大雕。

俱往矣，数风流人物，还看今朝。

【注释】

1. 秦皇汉武、唐宗宋祖：秦始皇，汉武帝，唐太宗和宋太祖。
2. 风骚：《诗经·国风》和屈原的《离骚》，泛指文学。
3. 天骄：汉朝人称匈奴为“天之骄子”，见《汉书·匈奴传》。
4. 成吉思汗：建立了横跨欧亚的大帝国的蒙古征服者。
5. 射雕：《史记·李广传》称匈奴善射者为“射雕者”。

摘自《毛泽东诗词选》

图 3-19

第 4 章　Word 2010 表格制作

4.1　实训目的

(1) 掌握 Word 2010 中表格的创建、修改、修饰；
(2) 掌握 Word 2010 中表格数据的输入与编辑；
(3) 掌握 Word 2010 中表格数据的排序和计算。

4.2　实训内容

一、制作成绩表

按照要求完成下列操作并以文件名(成绩表.docx)保存文档。

表 4-1　成绩表

考生号	语文	数学	外语	计算机
201310001A	84	78	82	90
201310002B	80	90	85	88
201310003C	86	94	93	89
201310004D	91	80	89	78

操作要求如下。

(1) 在表格最右边插入一空列，输入列标题“总分”，在这一列下面的各单元格中计算其左边相应 4 个单元格中数据的总和。

(2) 将表格设置为列宽 2.4 厘米；表格外围框线为 3 磅蓝色单实线，表内线为 1 磅蓝色单实线；表内所有内容对齐方式为水平居中。

(3) 将表格按照总分降序次序排序。

二、个人求职信息表

制作一份个人求职信息表，要求在表格设计中层次清晰，反映信息明确。表中除了要有个人基本信息之外还应有主要科目课程成绩、获奖情况、工作经历和自我评价，让招聘单位在短时间内对求职者的情况有一个全面的了解。“个人求职信息表”样文如图 4-1 所示。

个人求职信息表

<table>
<tr><td>姓名</td><td></td><td>性别</td><td></td><td>出生年月</td><td></td><td rowspan="5"></td></tr>
<tr><td>民族</td><td></td><td>籍贯</td><td></td><td>政治面貌</td><td></td></tr>
<tr><td>专业</td><td></td><td>学历</td><td></td><td>学制</td><td></td></tr>
<tr><td>外语能力</td><td></td><td>计算机能力</td><td></td><td>身体情况</td><td></td></tr>
<tr><td>应聘岗位</td><td></td><td>应聘专业</td><td></td><td>期望薪水</td><td></td></tr>
<tr><td>课程成绩</td><td colspan="6"></td></tr>
<tr><td>获奖情况</td><td colspan="6"></td></tr>
<tr><td>工作经历</td><td colspan="6"></td></tr>
<tr><td>自我评价</td><td colspan="6"></td></tr>
<tr><td rowspan="3">联系方式</td><td>移动电话</td><td colspan="2"></td><td>固定电话</td><td colspan="2"></td></tr>
<tr><td>E-mail</td><td colspan="5"></td></tr>
<tr><td>通讯地址</td><td colspan="5"></td></tr>
</table>

图 4-1

4.3　操作步骤

一、制作成绩表的步骤

步骤 1:打开“成绩表.docx”文件,选中表格最后一列,在【布局】功能区的【行和列】分组中,单击“在右侧插入”按钮,并输入列标题“总分”,如图 4-2 所示。

步骤 2:将光标定位在“总分”下面的单元格,在【布局】功能区的【数据】分组中,单击“f_x 公式”按钮,弹出如图 4-3,在弹出的公式对话框中输入公式“= SUM(LEFT)”计算表格总分内容。

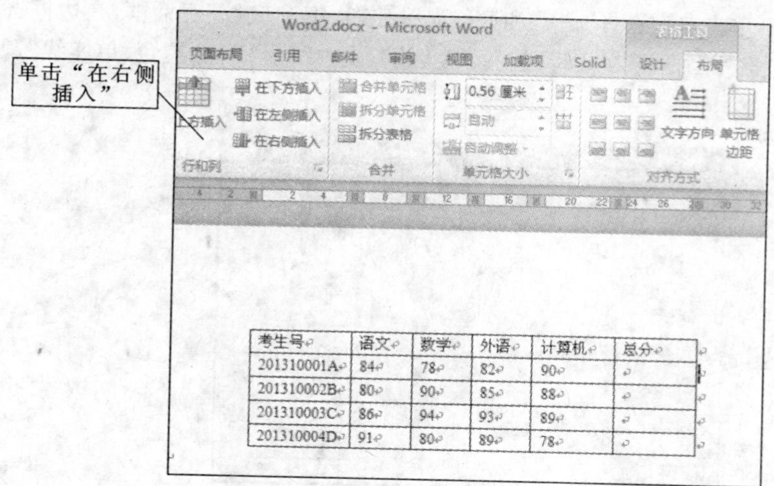

考生号	语文	数学	外语	计算机	总分
201310001A	84	78	82	90	
201310002B	80	90	85	88	
201310003C	86	94	93	89	
201310004D	91	80	89	78	

图 4-2

注：SUM(LEFT)中的 LEFT 表示对左方的数据进行求和计算，按此步骤反复进行，直到完成所有行的计算。SUM(RIGHT)中的 RIGHT 表示对右方的数据进行求和计算，SUM(ABOVE)中的 ABOVE 表示对上方的数据进行求和计算。

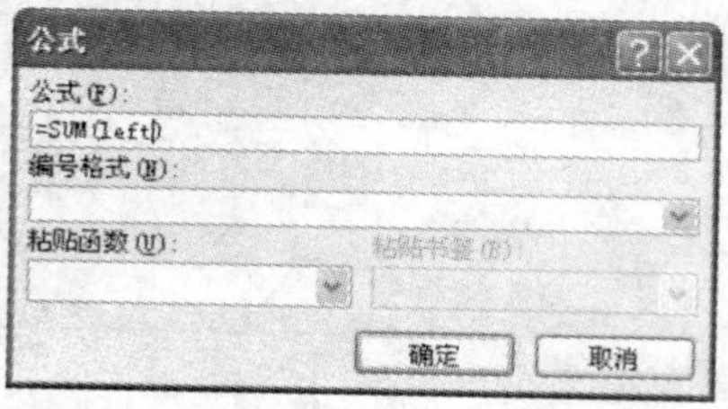

图 4-3

步骤 3：选中表格，单击右键选择“表格属性”，弹出如图 4-4 所示“表格属性”对话框，在“列”选项卡中设置列宽为“2.4 厘米”。

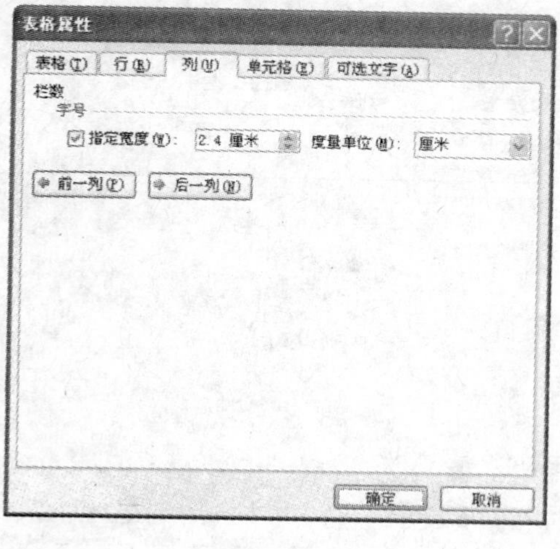

图 4-4

步骤 4:选中表格,单击右键选择"边框和底纹",弹出"边框和底纹"对话框,在边框选项卡中选择"自定义",设置表格外围框线为"3 磅、蓝色、单实线",表内线为"1 磅、蓝色、单实线",如图 4-5 所示。

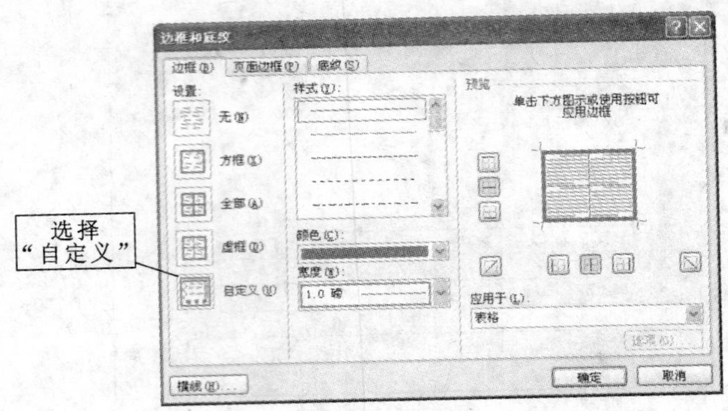

图 4-5

步骤 5:选中表格,在【布局】功能区的【对齐方式】分组中,单击"水平居中"按钮,设置表格内容对齐方式,如图 4-6 所示。

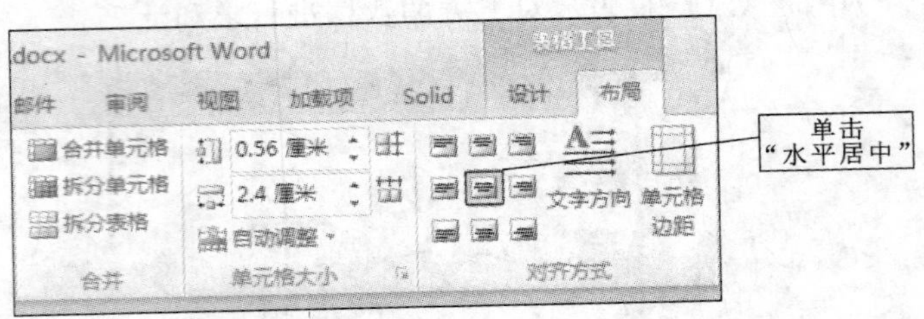

图 4-6

步骤 6:选中表格,在【布局】功能区的【数据】分组中,单击"排序"按钮,弹出"排序"对话框,选择主要关键字为"总分","降序"排序,如图 4-7 所示。

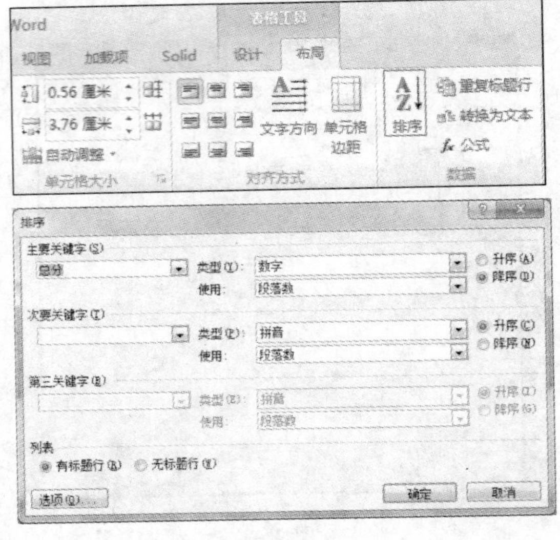

图 4-7

步骤 7:保存文件。最后结果如图 4-8 所示。

考生号	语文	数学	外语	计算机	总分
201310003C	86	94	93	89	362
201310002B	80	90	85	88	343
201310004D	91	80	89	78	338
201310001A	84	78	82	90	334

图 4-8

二、个人职信息表的制作步骤

1. 创建表格框架

(1) 启动 Word,新建一个空白文档,输入标题文字"个人求职信息表",设置为"小三、楷体、加粗居中";

(2) 在【插入】功能区的【表格】分组中单击"表格",选择"插入表格",插入 7 ×12 的表格;

(3) 在相应的单元格中输入文字,适当调整表格的行高和列宽,如图 4-9 所示。

个人求职信息表

姓名		性别		出生年月		
民族		籍贯		政治面貌		
专业		学历		学制		
外语能力		计算机能力		身体情况		
应聘岗位		应聘专业		期望薪水		
课程成绩						
获奖情况						
工作经历						
自我评价						
联系方式	移动电话			固定电话		
	E-mail					
	通讯地址					

图 4-9

2. 调整表格

(1)选择第 7 列的第 1 至 5 个单元格,在【布局】功能区的【合并】分组中,单击"合并单元格"按钮,将 5 格单元格合并为 1 格;

(2)选择第 10 至 12 行的第一个单元格,在【布局】功能区的【合并】分组中,单击"合并单元格"按钮,将 3 格单元格合并为 1 格;

(3)同理将"课程成绩","获奖情况","工作经历","自我评价"、"移动电话"、"固定电话"、"E-mail"、"通讯地址"等处后面所有的单元格合并为 1 格,如图 4-10 所示。

个人求职信息表

<table>
<tr><td>姓名</td><td></td><td>性别</td><td></td><td>出生年月</td><td></td><td rowspan="5"></td></tr>
<tr><td>民族</td><td></td><td>籍贯</td><td></td><td>政治面貌</td><td></td></tr>
<tr><td>专业</td><td></td><td>学历</td><td></td><td>学制</td><td></td></tr>
<tr><td>外语能力</td><td></td><td>计算机能力</td><td></td><td>身体情况</td><td></td></tr>
<tr><td>应聘岗位</td><td></td><td>应聘专业</td><td></td><td>期望薪水</td><td></td></tr>
<tr><td>课程成绩</td><td colspan="6"></td></tr>
<tr><td>获奖情况</td><td colspan="6"></td></tr>
<tr><td>工作经历</td><td colspan="6"></td></tr>
<tr><td>自我评价</td><td colspan="6"></td></tr>
<tr><td rowspan="3">联系方式</td><td>移动电话</td><td colspan="2"></td><td>固定电话</td><td colspan="2"></td></tr>
<tr><td>E-mail</td><td colspan="5"></td></tr>
<tr><td>通讯地址</td><td colspan="5"></td></tr>
</table>

图 4-10

3. 设置表格格式

(1) 选择第 1 列的第 6 至 9 个单元格，在【布局】功能区的【对齐方式】分组中，单击“文字方向”按钮，将选中的单元格变为竖排文字。

(2) 光标插入“联系方式”之间，按回车键将“联系方式”调成两行排列。

(3) 选择整张表格，在【布局】功能区的【对齐方式】分组中，单击“水平居中”按钮，将所有单元格内容设为水平居中对齐，如图 4-11 所示。

个人求职信息表

<table>
<tr><td>姓名</td><td></td><td>性别</td><td></td><td>出生年月</td><td></td><td rowspan="5"></td></tr>
<tr><td>民族</td><td></td><td>籍贯</td><td></td><td>政治面貌</td><td></td></tr>
<tr><td>专业</td><td></td><td>学历</td><td></td><td>学制</td><td></td></tr>
<tr><td>外语能力</td><td></td><td>计算机能力</td><td></td><td>身体情况</td><td></td></tr>
<tr><td>应聘岗位</td><td></td><td>应聘专业</td><td></td><td>期望薪水</td><td></td></tr>
<tr><td>课程
成绩</td><td colspan="6"></td></tr>
<tr><td>获奖
情况</td><td colspan="6"></td></tr>
<tr><td>工作
经历</td><td colspan="6"></td></tr>
<tr><td>自我
评价</td><td colspan="6"></td></tr>
<tr><td rowspan="3">联系
方式</td><td>移动电话</td><td colspan="2"></td><td>固定电话</td><td colspan="2"></td></tr>
<tr><td>E-mail</td><td colspan="5"></td></tr>
<tr><td>通讯地址</td><td colspan="5"></td></tr>
</table>

图 4-11

4. 设置表格边框和底纹

(1) 选择整张表格，单击右键，选择“边框和底纹”，在弹出的“边框和底纹”对话框中将外围边框和“课程成绩”所在行的上边线设为双线；

(2) 选择第 7 列的第 1 个单元格（此单元格用来贴相片），单击右键，选择“边框和底纹”，在弹出的“边框和底纹”对话框中选择底纹，添加“底纹样式 15%”。

(3) 最后用鼠标拖动表格的横线和竖线，改变表格的行高和列宽，调整表格为合适大小。如图 4-12 所示。

个人求职信息表

<table>
<tr><td>姓名</td><td></td><td>性别</td><td></td><td>出生年月</td><td></td><td rowspan="5"></td></tr>
<tr><td>民族</td><td></td><td>籍贯</td><td></td><td>政治面貌</td><td></td></tr>
<tr><td>专业</td><td></td><td>学历</td><td></td><td>学制</td><td></td></tr>
<tr><td>外语能力</td><td></td><td>计算机能力</td><td></td><td>身体情况</td><td></td></tr>
<tr><td>应聘岗位</td><td></td><td>应聘专业</td><td></td><td>期望薪水</td><td></td></tr>
<tr><td>课程成绩</td><td colspan="6"></td></tr>
<tr><td>获奖情况</td><td colspan="6"></td></tr>
<tr><td>工作经历</td><td colspan="6"></td></tr>
<tr><td>自我评价</td><td colspan="6"></td></tr>
<tr><td rowspan="3">联系方式</td><td>移动电话</td><td colspan="2"></td><td>固定电话</td><td colspan="2"></td></tr>
<tr><td>E-mail</td><td colspan="5"></td></tr>
<tr><td>通讯地址</td><td colspan="5"></td></tr>
</table>

图 4-12

5. 保存

单击“文件”→“保存”，保存文档为“个人求职信息表”。

4.4 知识要点

一、插入表格

方法 1:打开 Word 2010 文档窗口,切换到“插入”功能区,单击要创建表格的位置然后在“表格”分组中单击“表格”按钮,拖动鼠标,选定所需的行、列数,如图 4-13(左图)所示。

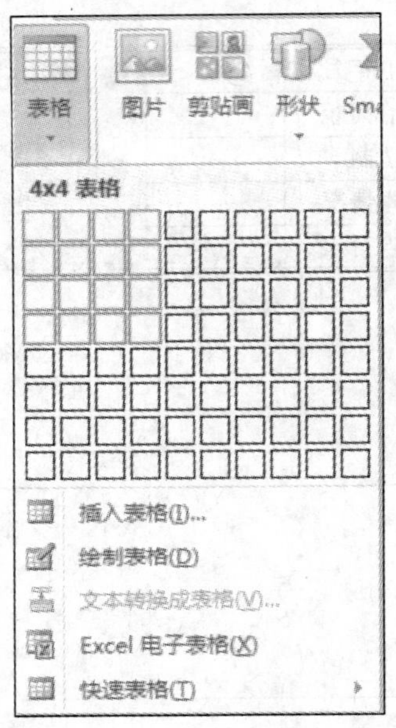

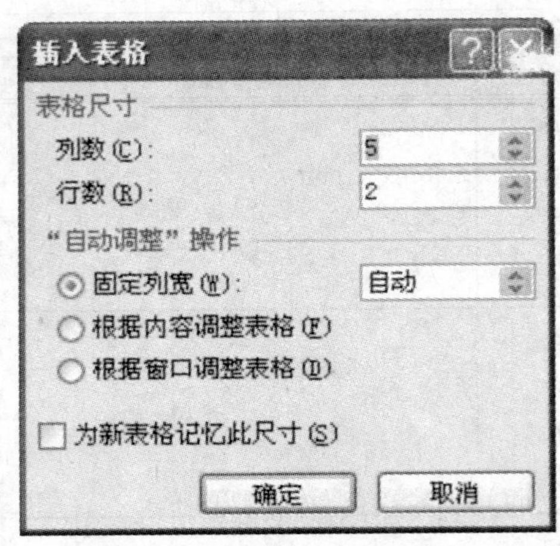

图 4-13

方法 2:打开表格选项中选择“插入表格”命令,打开“插入表格”对话框,在“表格尺寸”区域分别设置表格的行数和列数,即可插入表格,如图 4-13(右图)所示。

方法 3:在“表格”分组中单击“表格”按钮,并在打开的表格菜单中选择“绘制表格”命令,鼠标指针呈现铅笔形状,在 Word 文档中拖动鼠标左键绘制表格边框,然后在适当的位置绘制行和列。完成表格的绘制后,按下键盘上的 Esc 键,或者在“表格工具/设计”功能区中单击“绘图边框”中的“绘制表格”按钮结束表格绘制状态。

如果在绘制或在设置表格的过程中需要删除某行或某列,可以选中要删除的行或列,按下键盘上的删除键即可,同样可以在“表格工具/设计”功能区的“绘图边框”分组中单击“擦除”按钮,鼠标指针呈现橡皮擦形状,在待定的行或列线条上拖动鼠标左键即可删除该行或该列,在键盘上按下 ESC 键取消擦除状态。

二、选择表格

(1) 在“表格工具”功能区的“布局”选项卡中,单击“表”分组中的“选择”按钮,在弹出的“选择”菜单中选择要选择的单元格。

(2) 将鼠标指针从表格上划过,然后单击表格左上角的全部选中按钮即可选中整个表格,将鼠标置于行的左侧可选择一行,置于列的顶端可选择一列,置于单元格的左下方可以

选择一个单元格。

三、表格样式

表格样式是一组事先设置了表格边框、底纹、对齐方式等格式的表格模板，Word 2010 中提供了多种适用于不同用途的表格样式。用户可以借助这些表格样式快速格式化表格。

打开 Word 2010 文档窗口，单击应用了表格样式的表格。在“表格工具”功能区的“设计”选项卡中，可以通过选中或取消“表格样式选项”分组中的复选框控制表格样式，如图 4-14所示，分为以下几种情况。

（1）“标题行”复选框，可以设置表格第一行是否采用不同的格式。

（2）“汇总行”复选框，可以设置表格最底部一行是否采用不同的格式。

（3）“镶边行”复选框，可以设置相邻行是否采用不同的格式。

（4）“镶边列”复选框，可以设置相邻列是否采用不同的格式。

（5）“第一列”复选框，可以设置第一列是否采用不同的格式。

（6）“最后一列”复选框，可以设置最后一列是否采用不同的格式。

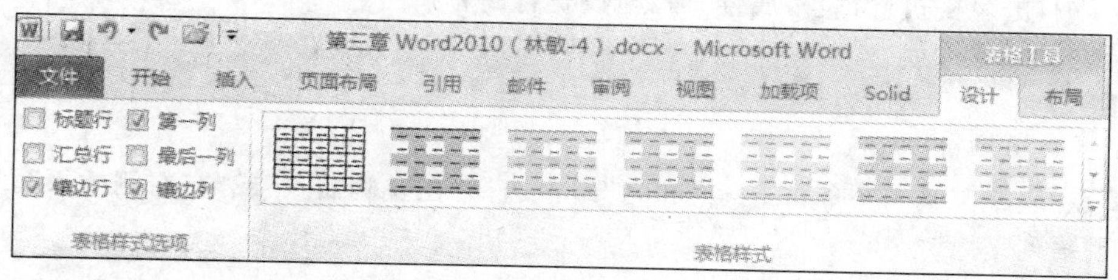

图 4-14

用户可以将表格样式库中最常用的表格样式作为默认样式，使新插入的表格都使用该样式：在“表样式”分组中右键单击任意表格样式，选择“设为默认值”命令，打开“默认表格样式”对话框，选中“所有基于 Nomal. dotm 模块的文档”复选框，并单击“确定”按钮。

Word 2010 中用户可以再“表样式”分组中打开表格样式菜单，选择“新建样式”命令，新建或在原有表格样式基础上创建最适合实际工作需要的表格样式。

四、表格的调整

1. 单元格的调整

（1）合并单元格：选中欲合并的单元格，单击“表格工具——→布局——→合并单元格”按钮。

（2）拆分单元格：选中欲拆分的单元格，单击“表格工具——→布局——→拆分单元格”按钮，选择拆分成的行和列的数目，单击“确定”按钮。如图 4-15 所示。

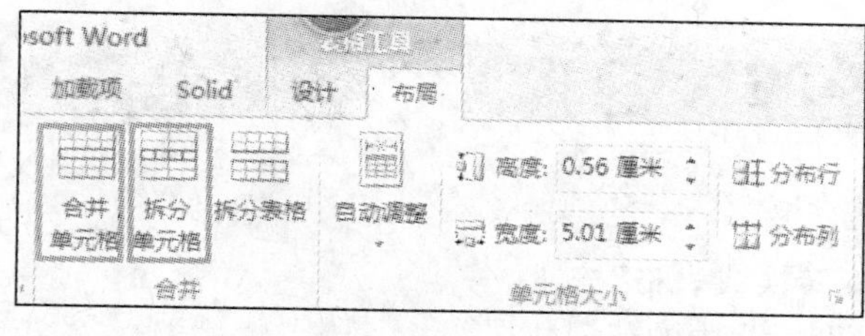

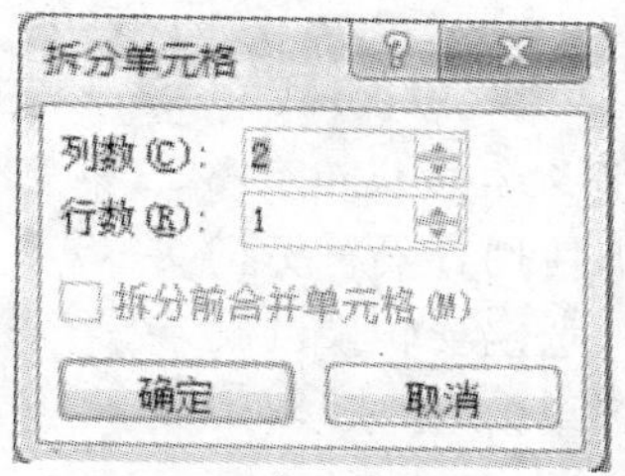

图 4-15

(3) 改变单元格间距:选中表格,右击表格执行“表格属性”命令,选择“表格”选项卡,再单击“指定宽度”按钮,输入调整单元格间距所需的数值。

2. 表格行的调整

1) 插入行

(1) 选择表格行。

(2) 在“表格工具——→布局——→行和列”组中选择在“上方加入行”或“在下方加入行”。

(3) 或在末行最后单元格外按回车键将产生新空白末行。

2) 删除行

(1) 选择要删除的表格行。

(2)“表格工具——→布局——→删除”下拉菜单中选取“删除行”命令,或单击右键选择“删除行”命令。

3) 调整行高

(1) 指针停留在行的边框上,指针变为拖动边框改变行高。

(2) 或右击表格执行“表格属性”命令,设置行高 。

3. 表格列的调整

1)插入列

(1) 选择表格列。

(2) 在“表格工具——→布局——→行和列”组中选择“在左侧插入”或“在右侧插入”。

2) 删除列

(1) 选择要删除的表格列。

(2) 单击“表格工具——→布局——→删除——→删除列。

3) 调整列宽

(1) 指针停留在列的边框上,指针变为拖动边框。

(2) 右击表格执行“表格属性”命令,设置列宽。

五、表格的边框底纹

(1) 选择表格元素(行、列、单元格)。

(2) 在“表格工具——→设计”命令。

(3) 单击“边框”按钮,选择线形、颜色、线宽。

(4) 单击“底纹”按钮,选择填充颜色、图案样式。

(5) 在“边框和底纹”选项中也可以进行设置。

六、文本与表格的转换

1. 将文本转换为表格

(1) 使用分隔符标记文本。

(2) 选定要转换的文字。

(3) 单击“插入——→表格——→文本转换成表格”按钮。

(4) 选择分隔符选项,设置“表格尺寸” 中的行列数。

(5) 单击“确定”按钮。

2. 将表格转换为文本

(1) 先选定行或表格。

(2) 单击“表格工具——→布局——→表格转换成文字”按钮。

(3) 单击所需的字符，作为替代列边框的分隔符。

(4) 单击“确定”按钮。

七、表格中的数据计算

一行或一列数值求和的步骤如下。

(1) 单击要放置求和结果的单元格。

(2) 单击“表格工具——→布局”选项中的“f_x 公式”按钮。

(3) 在“粘贴函数”框中，选择所需的公式。

(4) 单击“确定”按钮。

八、表格中数据的排序

通过按钮进行排序的步骤如下。

(1) 选择要排序的表格元素。

(2) 单击“表格工具——→布局”工具栏中的“排序”按钮，在弹出的“排序”窗口中选择主要关键字，排序类型，升序或降序等，单击“确定”，如图 4-16 所示。

注：主要关键字就是排序时首先依据的，当主要关键字相同时，排序依据你定义的次要关键字，次要关键字再相同则依据第三关键字。你排序的内容如果有标题，则应选上有标题行，这样标题行不参与排序，没有标题行，则选无标题行，这样所有内容都参与排序。

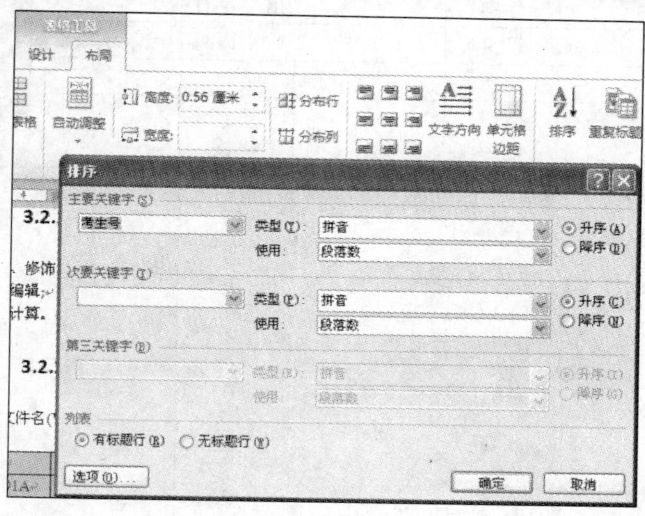

图 4-16

4.5 实训操作

(1) 打开文档“工资表. docx”，显示如图 4-17 所示表格，按照要求完成下列操作并以该文件名(工资表. docx)保存文档。

职工号	单位	姓名	基本工资	职务工资	岗位津贴
4030	一厂	王亮	706	350	480
4031	二厂	李万	805	400	520
4032	三厂	刘福	780	429	500
4033	一厂	王晓明	670	360	490
4034	一厂	吕潇潇	900	405	540

图 4-17

①在表格最右边插入一列,输入列标题“实发工资”,并计算出各职工的实发工资。

②设置表格居中、表格列宽为“1.9 厘米”,行高为“0.5 厘米”、表格所有内容水平居中;设置表格外框为“3 磅、蓝色、单实线”,表格内框线为“0.75 磅、红色、双窄线”。

③将表格按照“实发工资”降序次序排序。最后效果如图 4-18 所示。

职工号	单位	姓名	基本工资	职务工资	岗位津贴	实发工资
4034	一厂	吕潇潇	900	405	540	1845
4031	二厂	李万	805	400	520	1725
4032	三厂	刘福	780	429	500	1709
4030	一厂	王亮	706	350	480	1536
4033	一厂	王晓明	670	360	490	1520

图 4-18

(2)新建文件“毕业生推荐表.docx”,设计制作一份“毕业生推荐表.docx”,先创建标准表格,而后通过拆分合并单元格、调整表格的行高列宽得到不规则表。最后效果如图 4-19 所示。

毕业生推荐表

<table>
<tr><td>姓名</td><td colspan="2"></td><td>性别</td><td></td><td>出生年月</td><td></td><td rowspan="4"></td></tr>
<tr><td>民族</td><td colspan="2"></td><td>籍贯</td><td></td><td>政治面貌</td><td></td></tr>
<tr><td>专业</td><td colspan="2"></td><td>学历</td><td></td><td>学制</td><td></td></tr>
<tr><td>外语能力</td><td colspan="2"></td><td>计算机能力</td><td></td><td>爱好特长</td><td></td></tr>
<tr><td>评优获奖情况</td><td colspan="4"></td><td>社会工作情况</td><td colspan="2"></td></tr>
<tr><td>院系评语</td><td colspan="4">(盖章)
年 月 日</td><td>学校推荐意见</td><td colspan="2">(盖章)
年 月 日</td></tr>
<tr><td>说明</td><td colspan="7"></td></tr>
<tr><td rowspan="3">联系方式</td><td>移动电话</td><td colspan="3"></td><td>固定电话</td><td colspan="2"></td></tr>
<tr><td>E—mail</td><td colspan="6"></td></tr>
<tr><td>通讯地址</td><td colspan="6"></td></tr>
</table>

图 4-19

第 5 章 Word 2010 文档美化

5.1 实训目的

(1) 掌握文档页面设置、文档背景设置和文档分栏等基本排版技术；

(2) 掌握在文档中插入脚注、页码和项目符号的方法；

(3) 掌握在文档中插入艺术字、文本框和图片进行图文混排；

(4) 掌握刊物、板报等的排版设计和合理布局的方法。

5.2 实训内容

一、图文混排

文档内容如下，参考图 5-1 所示样文，按照操作要求完成下列操作并以该文件名(就业.docx)保存文档。

就业

社会是大学生进入实践的大学，是利用知识创造新事物的大学，也是实现人生理想的实际行动。那么离开大学的第一件事就是就业，每一样职业都它的价值。一些因素影响着大学生的就业心理。

社会意识对大学生就业也有较大影响。第一、传统文化重视人际关系和权力等级，“学而优则仕”的观念对就业选择还有很深的影响力；计划经济时期的“干部意识”之上又加上了新经济时代的“白领情结”，大都要求去大城市的好单位，影响了大学生的就业期望值和择业取向 。第二、社会缺乏创业氛围。社会缺乏创新意识和创新舆论，优秀人才不能在商界脱颖而出。第三、用人单位注重以“物”为中心的发展观；缺乏以“人”为中心的发展观。许多用人单位都只看到人才使用的短期行为，不愿作长期投资。第四、毕业生缺乏创业观。如果换个思维，将开辟就业的崭新天地。

大学生就业难的问题除了外部的社会因素外，还有大学生自身人格缺陷的问题。就业者应具有职业人格和社会人格(大五人格)，在大学生就业问题上不仅要关注职业人格，还要注重建立健全个体的社会人格，这样才能符合社会发展的要求，才能摆脱“就业难”的困境。

从大五人格的角度看，目前大学生就业和职业生涯中主要存在的是人格问题：(1) 外倾性不够，缺乏人际沟通和社会信息的收集能力；(2) 责任感严重缺乏，想的只是待遇和条件；

(3) 宜人性不够,与新的组织内的人员几乎没有联系;(4) 情绪控制不良,爱发低级牢骚;(5) 开放性不够,不愿意也不善于学习新知识和新技术。

对于大学生的就业困境问题,除了从大学生自身素质和就业观念角度加以探讨以外,还要从大学生职业社会化方面找原因。首先,缺乏大学生职业社会化的目标,长期以来大学生就业观念的培养和职业道德教育很少受到人们关注。其次,大学生职业社会化过程中的执行者方面存在着偏差,亟待做出相应调整,包括父母的偏差、学校的偏差和大众媒体的偏差。

每个人都自己的理想,人生最有意义的事就是为理想而奋斗,那么就要主动出击,主动选择。

操作要求如下。

1.设置页面

纸张大小:自定义大小(宽度为“23 厘米”,高度为“25 厘米”);页眉为“1.9 厘米”,装订线为“0.9 厘米”。

2.设置艺术字

标题“就业”设置为艺术字,艺术字式样为“第 3 行第 4 列”;艺术字形状为“双波形 2”;按样文适当调整艺术字的大小和位置(环绕方式为“四周型”;环绕位置为“顶端居左”)。

3.设置栏格式

将正文第 2 至 4 段设置为两栏格式,加分隔线。

4.设置边框(底纹)

设置正文第一段:字体为“楷体”;底纹为“填充、浅绿”;边框为“宽度 0.5 磅”,设置:阴影。

5.插入图文框

在样文所示位置插入一个宽度 7.77 厘米、高度 5.26 厘米的图文框,无线条,四周环绕。

6.插入图片

在图文框中插入图片,图片为“就业.jpg”。

7.设置脚注(尾注/批注)

为文字出现的第一个就业(除标题)添加尾注:“就业的含义就是在法定年龄内的有劳动能力和劳动愿望的人们所从事的为获取报酬或经营收入进行的活动。”

8.设置页眉/页码

添加页眉文字“论就业”,宋体,5 号,居中。

在页面底端(居中位置)插入页码,并设置起始页码为Ⅳ。

论就业

社会是大学生进入的实践的大学，是利用知识创造新事物的大学，也是实现人生理想的实际行动。那么离开大学的第一件事就是就业，每一样职业都它的价值。一些因素影响着大学生的就业心理。

社会意识对大学生就业也有较大影响。第一、传统文化重视人际关系和权力等级，“学而优则仕”的观念对就业选择还有很深的影响力；计划经济时期的“干部意识”之上又加上了新经济时代的“白领情结”，大都要求去大城市的好单位，影响了大学生的就业期望值和择业取向。第二、社会缺乏创业氛围。社会缺乏创新意识和创新舆论，优秀人才不能在商界脱颖而出。第三、用人单位注重以“物”为中心的发展观；缺乏以“人”为中心的发展观。许多用人单位都只看到人才使用的短期行为，不愿作长期投资。

第四、毕业生缺乏创业观。如果换个思维，将开辟就业的崭新天地。

大学生就业难的问题除了外部的社会因素外，还有大学生自身人格缺陷的问题。就业者应具有职业人格和社会人格(大五人格)，在大学生就业问题上不仅要关注职业人格，还要注重建立健全个体的社会人格，这样才能符合社会发展的要求，才能摆脱“就业难”的困境。

从大五人格的角度看，目前大学生就业和职业生涯中主要存在的是人格问题：(1)外倾性不够，缺乏人际沟通和社会信息的收集能力；(2)责任感严重缺乏，想的只是待遇和条件；

(3)宜人性不够，与新的组织内的人员几乎没有联系；(4)情绪控制不良，爱发低级牢骚；(5)开放性不够，不愿意也不善于学习新知识和新技术。

对于大学生的就业困境问题，除了从大学生自身素质和就业观念角度加以探讨以外，还要从大学生职业社会化方面找原因。首先，缺乏大学生职业社会化的目标，长期以来大学生就业观念的培养和职业道德教育很少受到人们关注。其次，大学生职业社会化过程中的执行者方面存在着偏差，亟待做出相应调整，包括父母的偏差、学校的偏差和大众媒体的偏差。

每个人都自己的理想，人生最有意义的事就是为理想而奋斗，那么就要主动出击，主动选择。

就业的含义就是在法定年龄内的有劳动能力和劳动愿望的人们所从事的为获取报酬或经营收入进行的活动。

Ⅳ

图 5-1

二、板报制作

制作一份关于“心理健康”的板报，所需要的文字和图片素材在“心理健康板报素材”文件夹里，板报格式要求如下。

(1) 刊物的纸张大小为 A4 的纸，分两栏横排，板报文字为“小五号”、“宋体”。

(2) 页面边框与页眉页脚设置。

(3) 刊头左侧为插入的图片，右侧为主办单位、编辑、出版日期等信息。

(4) 左侧上部插入艺术字。

(5) 所有的文摘通过文本框或自选图形就行布局排版，文本框使用边框和底纹来就行美化处理。

(6) 为了丰富版面效果要适当的插入图片和剪贴画，插图表现要合适，大小位置要调整恰当。

最后板报效果如图 5-2 所示。

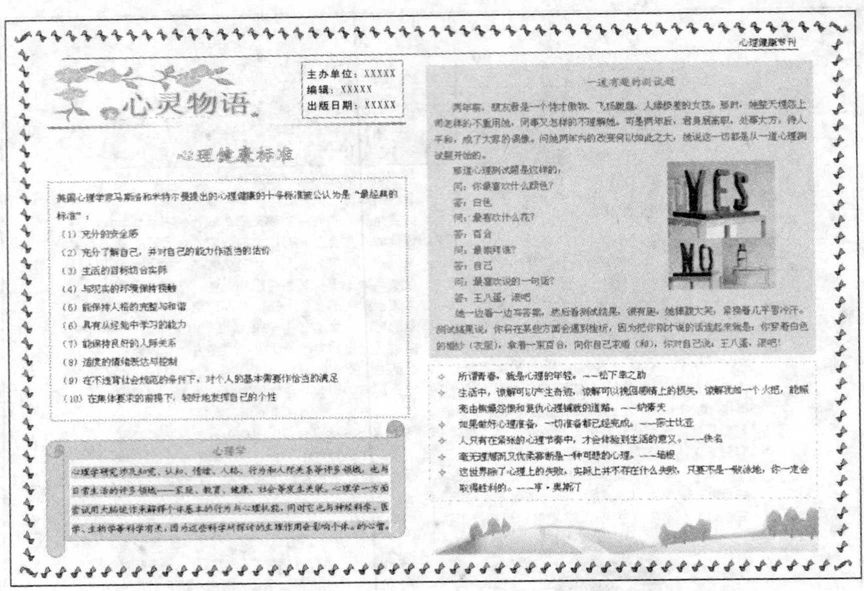

图 5-2

5.3 操作步骤

一、图文混排操作步骤

1. 设置页面

(1) 打开"就业. docx"文件，在【页面布局】功能区的【页面设置】分组中，单击"页面设置"右边的方向按钮，弹出如图 5-3 所示"页面设置"对话框■在"纸张"选项卡中设置纸张大小为自定义大小(宽度为"23 厘米"，高度为"25 厘米")，

(2) 在"版式"选项卡中设置页眉为"1.9 厘米"，如图 5-4 所示；

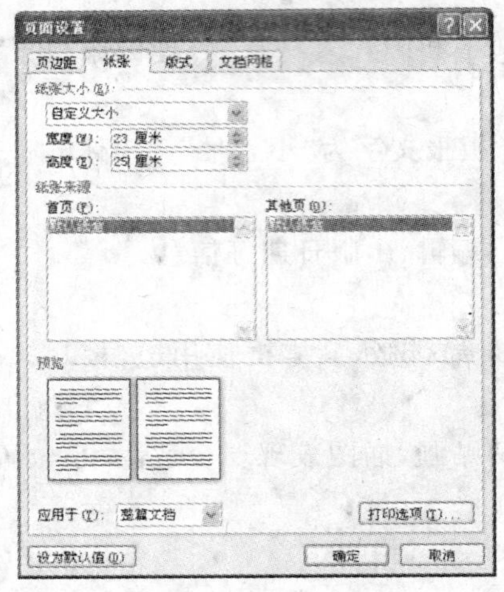

图 5-3

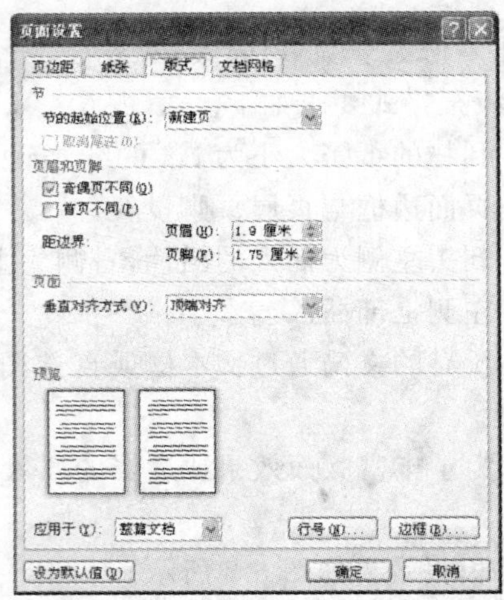

图 5-4

（3）在“页边距”选项卡中设置装订线为“0.9 厘米”，如图 5-5 所示。

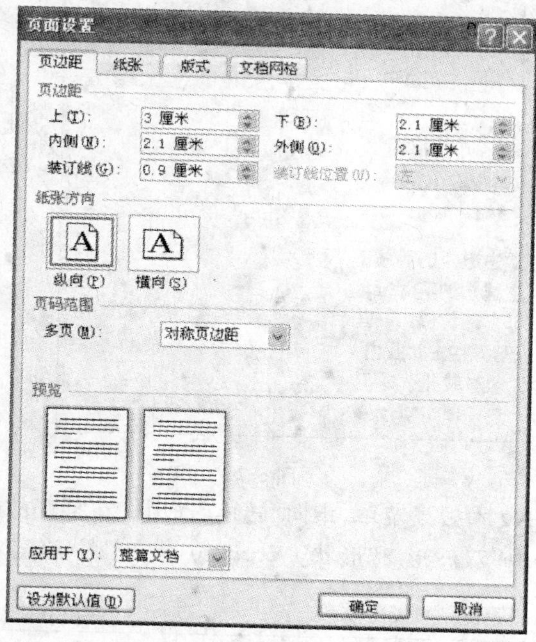

图 5-5

2. 设置艺术字

（1）选中标题文字“就业”，在【插入】功能区的【文本】分组中，单击“艺术字”按钮，选择艺术字式样为第 3 行第 4 列，如图 5-6 所示。

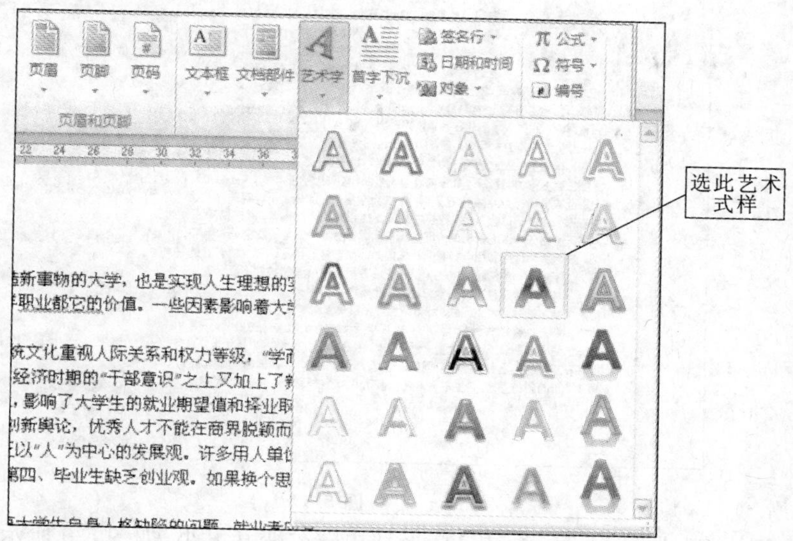

图 5-6

（2）选中“就业”艺术字，在打开的“绘图工具/格式”功能区中，单击“文本”分组中的“文字方向”按钮，选择“垂直”，如图 5-7 所示。

（3）选中“就业”艺术字在打开的“绘图工具/格式”功能区中，单击“艺术字样式”分组中

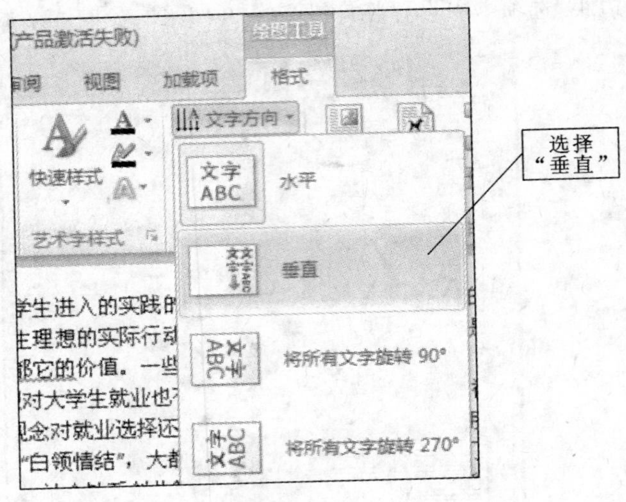

图 5-7

的"文本效果"按钮,打开文本效果菜单,指向"转换"选项。在打开的转换列表中列出了多种形状可供选择。本例选中"双波形 2"形状,Word 2010 文档中的艺术字将实时显示实际效果,如图 5-8 所示。

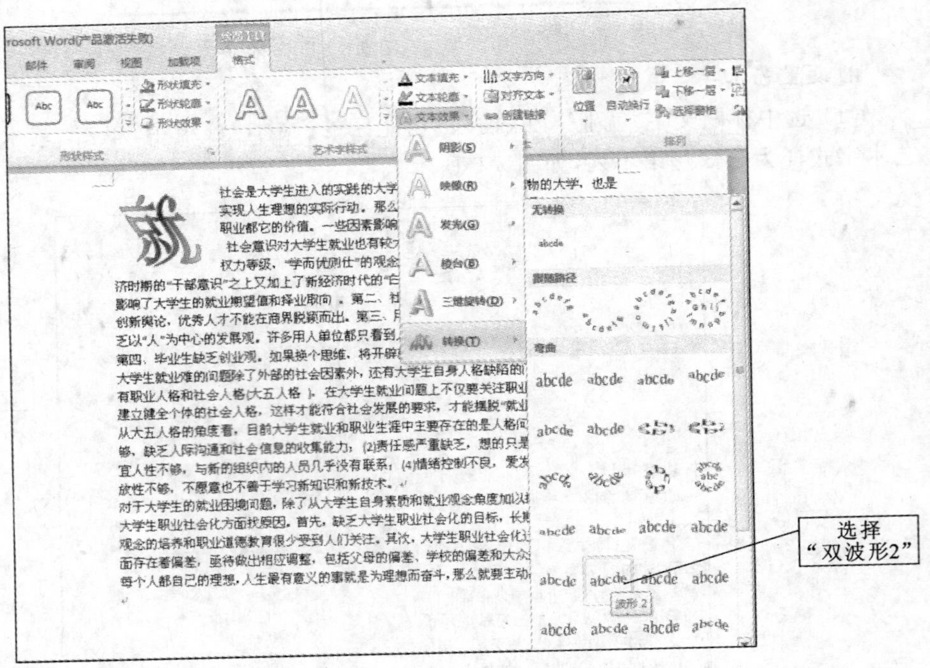

图 5-8

(4) 选中"就业"艺术字,通过鼠标拖动边框改变其大小,如图 5-9 所示。在打开的"绘图工具/格式"功能区中,单击"排列"分组中的"位置"按钮,选择"顶端居左,四周型文字环绕",如图 5-10 所示。

3. 设置栏格式

选中正文第 2 至 4 段,在【页面布局】功能区的【页面设置】分组中,单击"分栏"按钮,因

为要加分隔线，所以选择“更多分栏”，在弹出的“分栏”对话框中选择“两栏”，勾选“分隔线”，如图 5-11 所示。

图 5-9

图 5-10

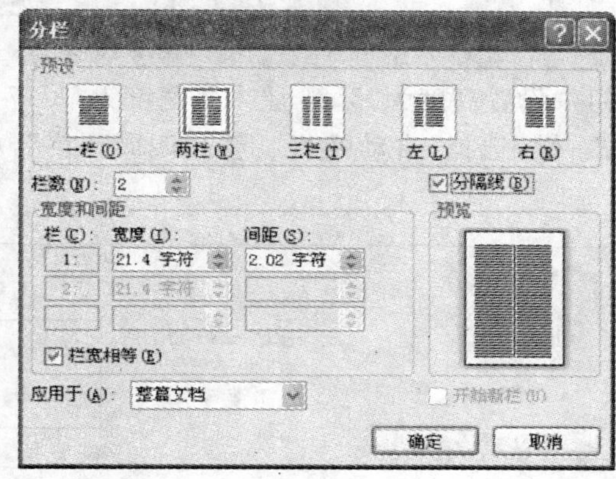

图 5-11

4. 设置边框(底纹)

选中正文第一段设置字体为“楷体”，底纹填充为“浅绿”；设置边框为“阴影”，应用于段落，如图 5-12 所示。

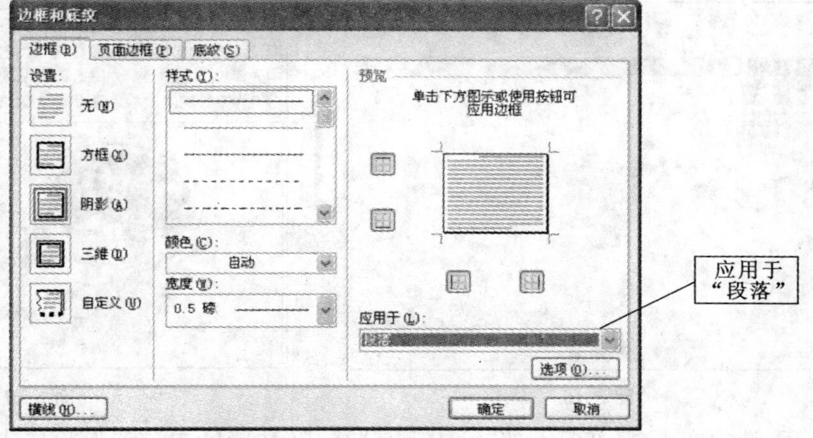

图 5-12

5. 插入图文框

(1) 在【插入】功能区的【文本】分组中,单击“文本框”按钮,选择“绘制文本框”,在样文所示位置,拖出一个文本框,如图 5-13 所示。

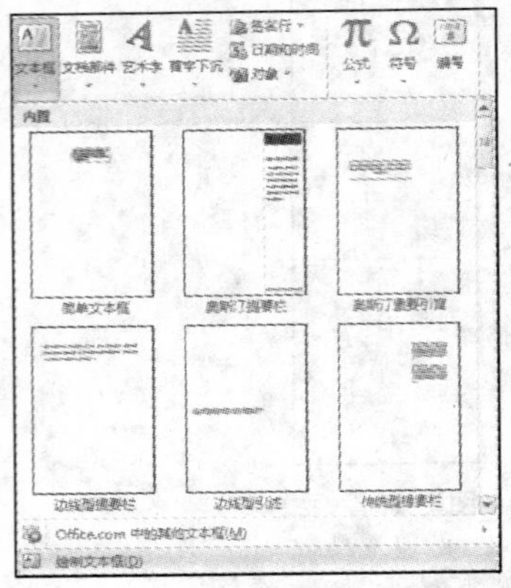

图 5-13

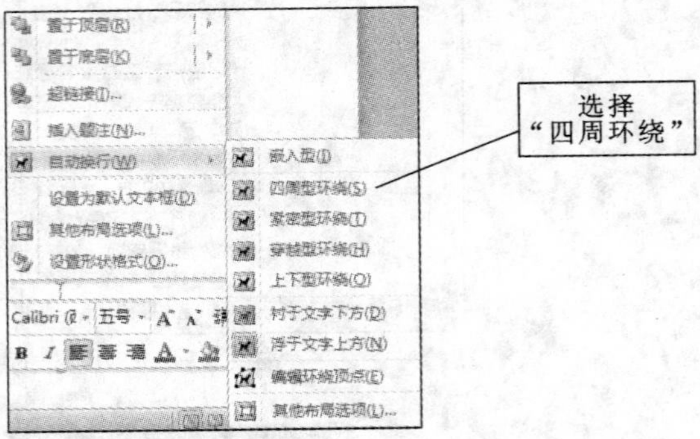

图 5-15

(2) 选择在“大小”分组中设置高度为“5.26 厘米”、宽度为“7.77 厘米”,如图 5-14 所示。

(3) 选中文本框,单击右键,选择“自动换行”下的“四周环绕”,如图 5-15 所示;单击右键,选择“设置形状格式”。

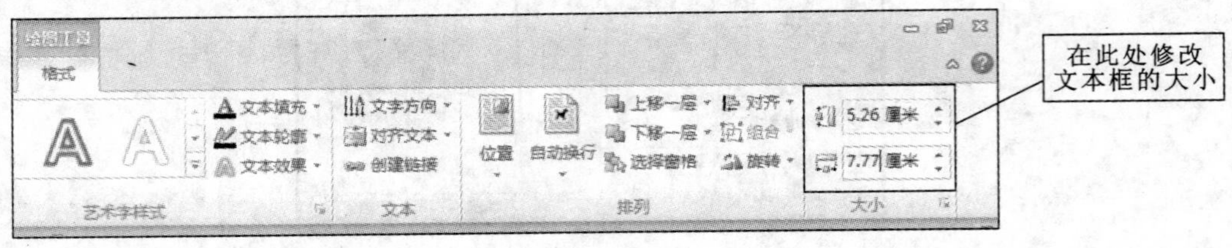

图 5-14

6. 插入图片

(1) 把光标放在图文框内,在【插入】功能区的【插图】分组中,单击“图片”按钮,弹出如图 5-16 所示对话框,插入图片“就业.jpg”,适当调整图片大小,如图 5-17 所示。

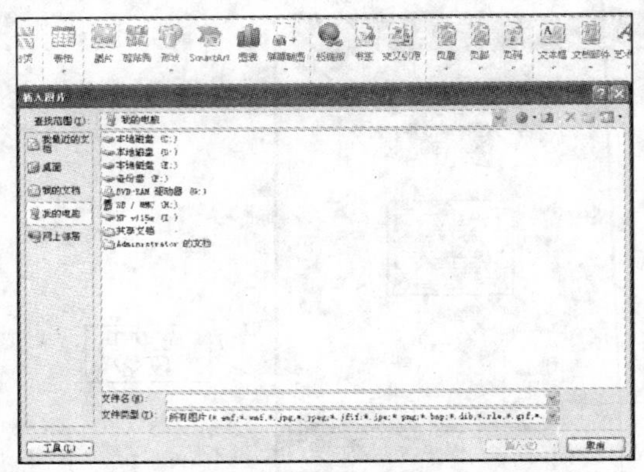

图 5-16

图 5-17

(2) 选中文本框,在打开的“绘图工具\格式”功能区中,在“形状样式”分组中,单击“形状轮廓”,选择“无轮廓”,如图 5-18 所示。

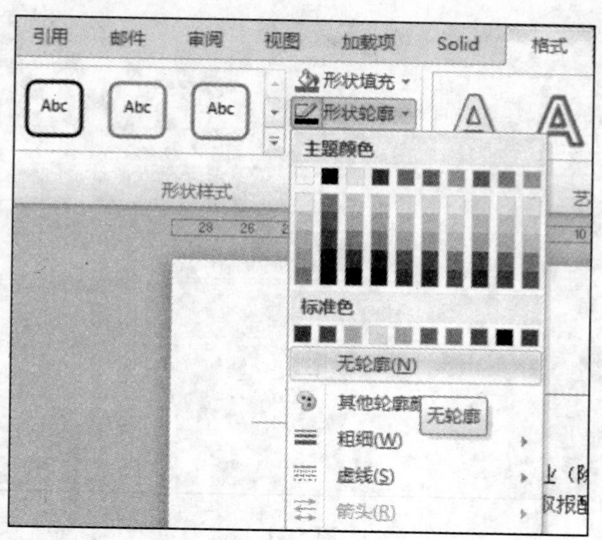

图 5-18

7. 设置尾注

选中文中第一个就业，在【引用】功能区的【脚注】分组中，单击“插入尾注”按钮，添加尾注：“就业的含义就是在法定年龄内的有劳动能力和劳动愿望的人们所从事的为获取报酬或经营收入进行的活动。”如图 5-19 所示。

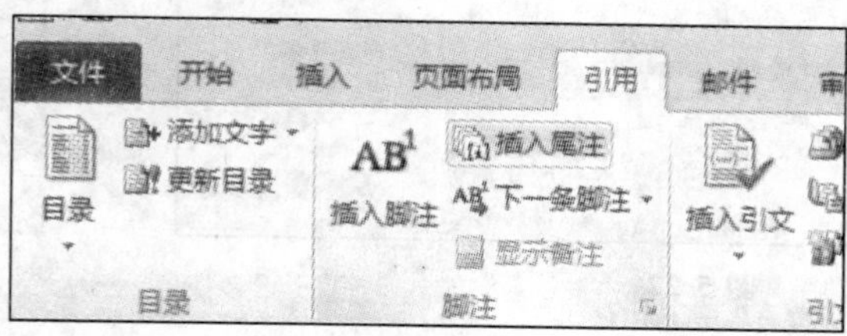

图 5-19

8. 设置页眉和页码

(1) 在【插入】功能区的【页眉和页脚】分组中，单击“页眉”按钮，在弹出的菜单项中选择“空白”，如图 5-20 所示。

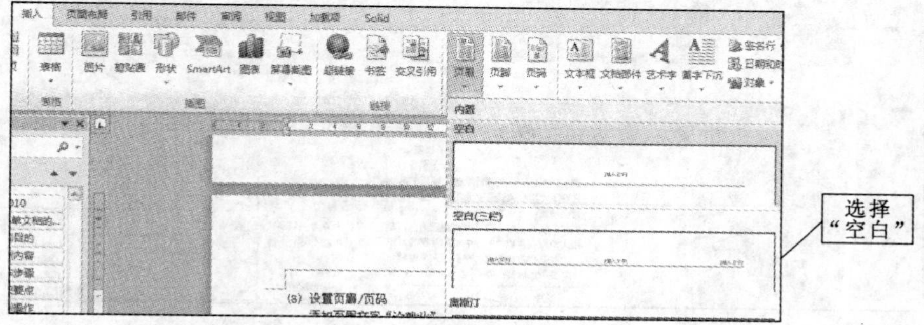

图 5-20

(2) 在页眉处插入页眉文字“论就业”，设置为宋体 5 号。页眉设置好后，在“页眉页脚工具\格式”功能区中，单击“关闭页眉页脚”按钮结束页眉设置，如图 5-21 所示。

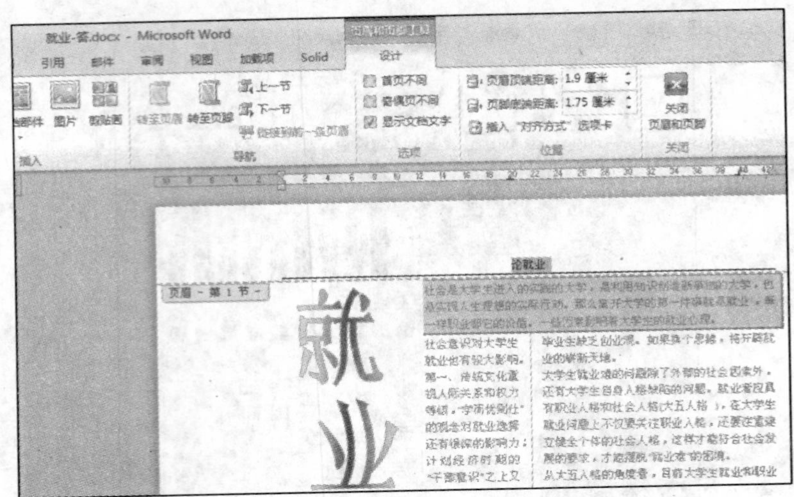

图 5-21

(3) 在【插入】功能区的【页眉和页脚】分组中，单击“页码”按钮，选择“设置页码格式”，如图 5-22 所示；在弹出的“页码格式”对话框中设置编号格式和起始页码，如图 5-23 所示。

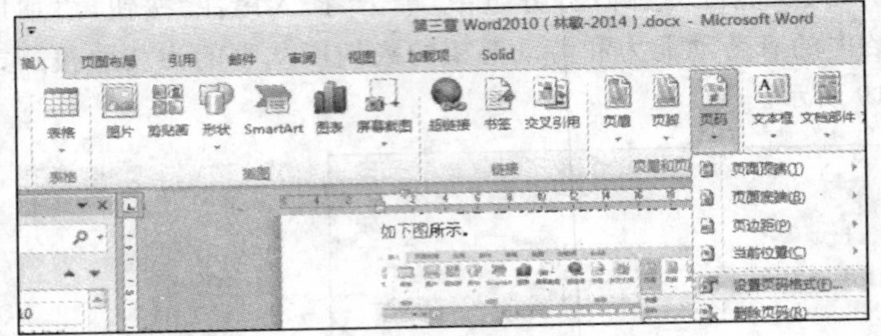

图 5-22

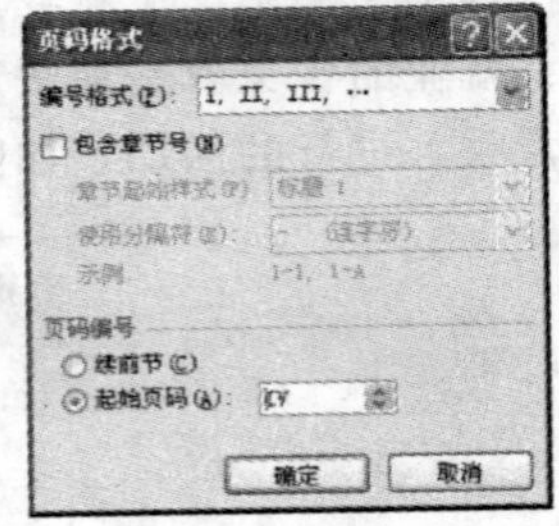

图 5-23

(4) 在【插入】功能区的【页眉和页脚】分组中，单击“页码”按钮，选择“页眉底端\居中”菜单项，插入起始页码Ⅳ，如图 5-24 所示。

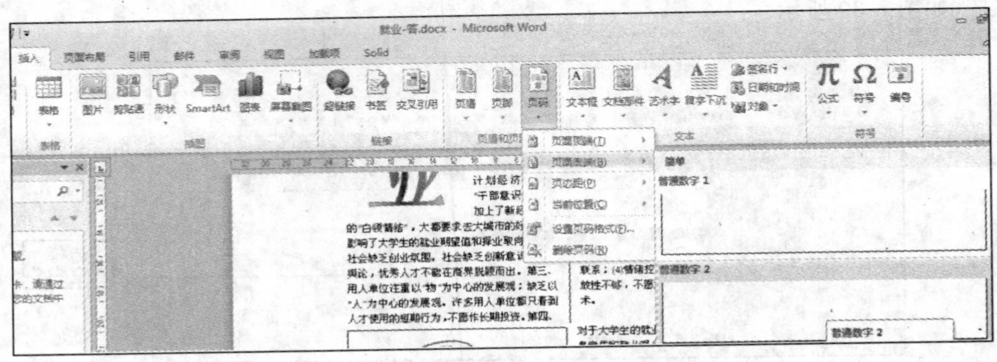

图 5-24

9. 保存

单击“文件”→“保存”，保存文档为“就业.docx”。

二、板报制作操作步骤

1. 页面纸张准备

(1) 启动 Word 2010,新建一个空白文档,在【页面布局】功能区的【页面设置】分组中,单击"页面设置"右边的方向按钮,弹出"页面设置"对话框。在"纸张"选项卡中设置纸张大小为 A4 纸。

(2) 在"页边距"选项卡中选择"方向"为"横向"。

(3) 在"文档网格"选项卡中选择"文字排列"为"水平"、栏数为"2",如图 5-25 所示。

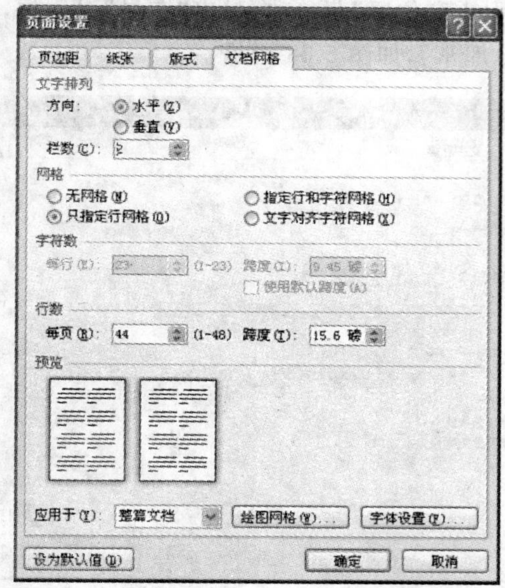

图 5-25

2. 页面边框与页眉页脚设置

(1) 在【开始】功能区的【段落】分组中,单击"边框和底纹",在打开的"边框和底纹"对话框中选择"页面边框"选项卡,展开"艺术型"下拉列表框进行选择,如图 5-26 所示。

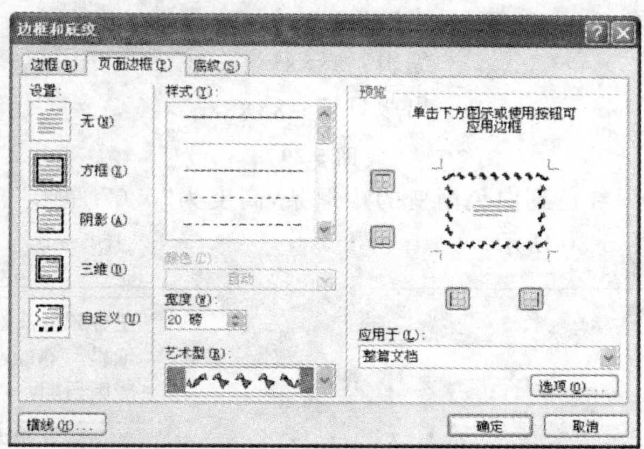

图 5-26

(2) 在【插入】功能区的【页眉和页脚】分组中，单击“页眉”，插入页眉文字“心理健康专刊”。效果如图 5-27 所示。

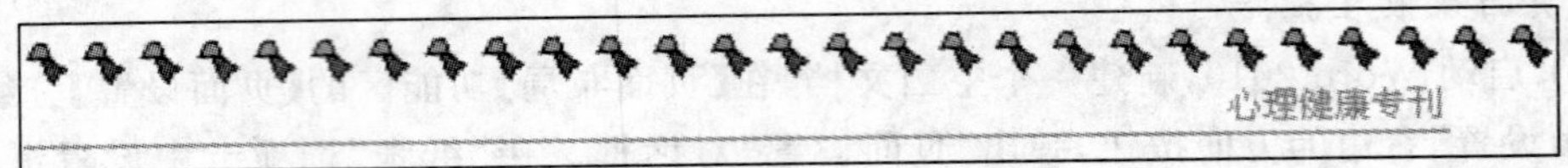

图 5-27

3. 刊头的设计

(1) 在【插入】功能区的【插图】分组中，单击“图片”，在页面的左上角插入图片“刊头.jpg”。

(2) 右击图片，选择“大小和位置”菜单项，弹出“布局”对话框，单击“大小”选项卡，输入高度为“2 厘米”、宽度为“8 厘米”，如图 5-28 所示。

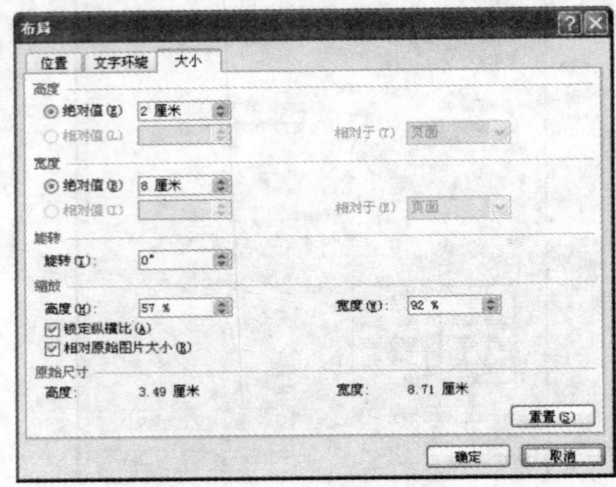

图 5-28

(3) 在【插入】功能区的【文本】分组中，单击“文本框”，选择“绘制文本框”，绘制虚线文本框，高度为“2 厘米”、宽度为“3.4 厘米”，并输入相应文字，字体设置为“小五号宋体”，效果如图 5-29 所示。

主办单位：xxxxx
编辑：xxxxx
出版日期：xxxxx

图 5-29

(4) 绘制一条由深红色到白色渐变的矩形条，高度为“0.07 厘米”、宽度为“12 厘米”，放置在刊头的下沿，如图 5-30 所示。

图 5-30

4. 左侧上部版面处理

(1) 在【插入】功能区的【文本】分组中，单击“艺术字”，选择第二行第四列（如图 5-31 左所示），输入“心理健康标准”，设置为“小二号”、“楷体”，插入艺术字后的效果如图 5-31（右）所示。

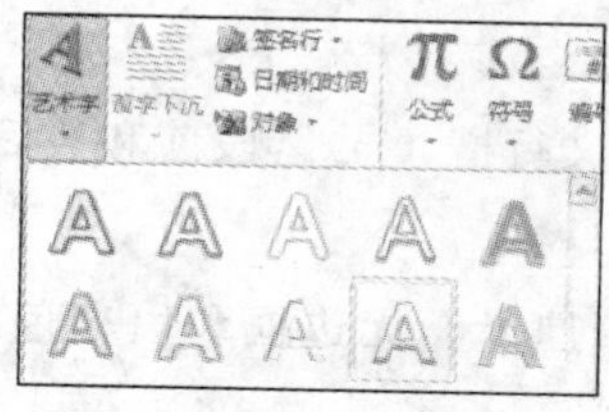

图 5-31

(2) 在【插入】功能区的【文本】分组中，单击“文本框”，选择“绘制文本框”，绘制一个文本框，在格式中设置“形状轮廓”→“虚线”→“圆点”、“颜色”为“浅蓝色”（如图 5-33 所示），“粗细”为“1.5 磅”（如图 5-32 所示）；设置其高度为“8.3 厘米”，宽度为“12 厘米”，粘贴入“板报文本.docx”中的第一格内容。

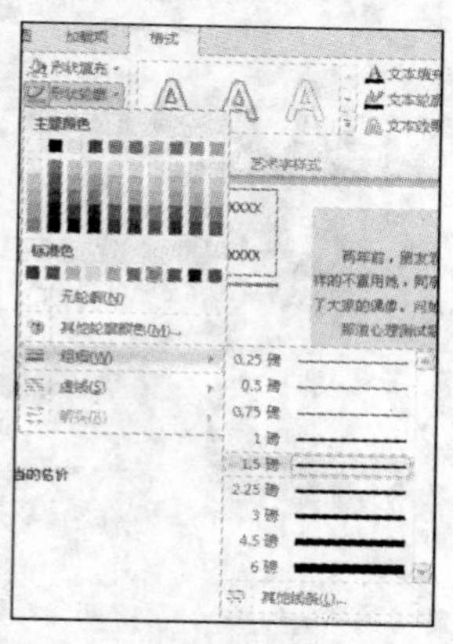

图 5-32

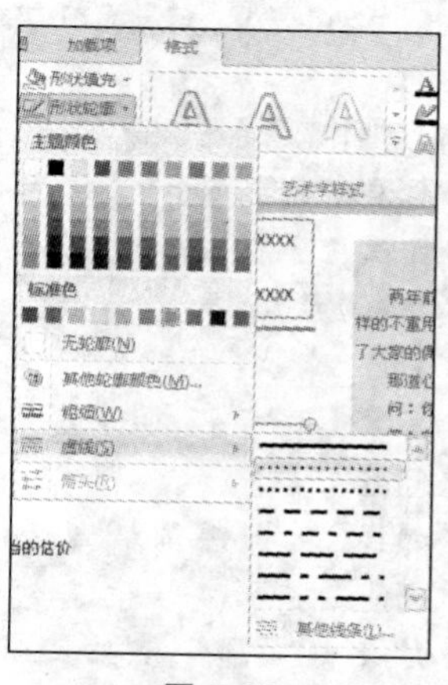

图 5-33

5. 左侧下部版面处理

(1) 在【插入】功能区的【插图】分组中，单击“形状”，在“星与旗帜”中选择“恒卷形”，拖出一个恒卷形，如图 5-34 所示。

(2) 选中“恒卷形”，在格式中设置其高度为“4.63 厘米”，宽度为“12 厘米”，并将其填充为茶色、50%，粘贴入“板报文本.docx”中第二格内容，并标题设置为红色，内容文字的底纹设置为淡绿色，效果如图 5-35 所示。

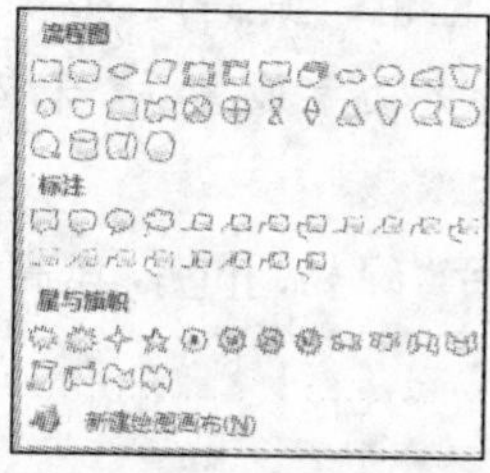

图 5-34

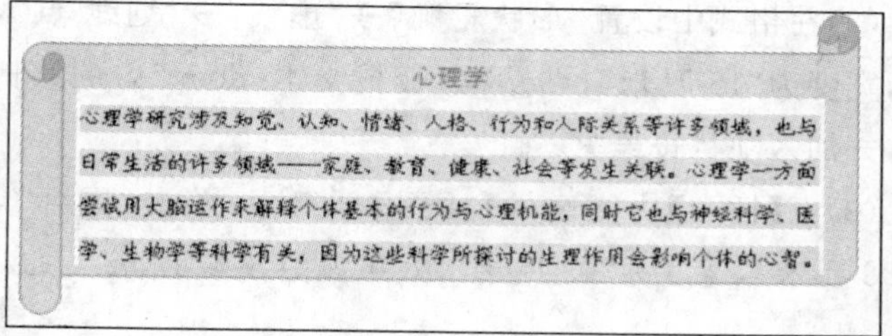

图 5-35

6. 右侧上部版面处理

(1) 在【插入】功能区的【文本】分组中，单击“文本框”，选择“绘制文本框”，绘制一个文本框。

(2) 在格式中设置其高度为“10.2 厘米”，宽度为“13 厘米”，并将其填充为“紫色、80%”，粘贴入“板报文本.docx”中的第三格内容。

(3) 将标题文字“一道有趣的测试题”设置为“绿色、华文行楷、5 号”，段前和段后设置为“0.5 行”；正文文字设置为“宋体、小五号”。

(4) 绘制一个文本框，高度为“5.2 厘米”、宽度为“4.5 厘米”，无边框和填充色；插入图片“yes-no.jpg”，效果如图 5-36 所示。

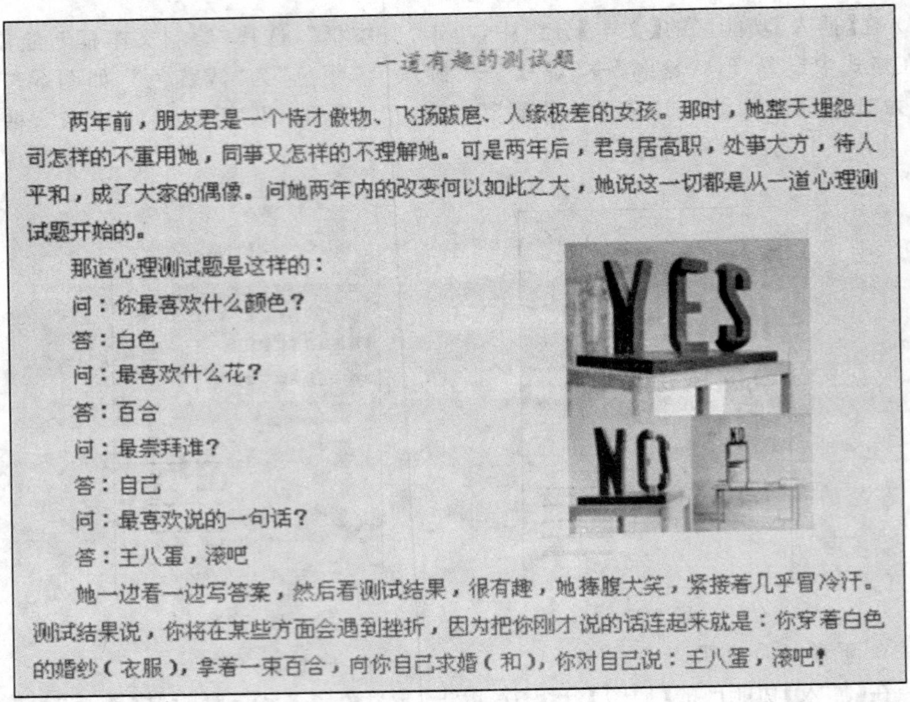

一道有趣的测试题

两年前，朋友君是一个恃才傲物、飞扬跋扈、人缘极差的女孩。那时，她整天埋怨上司怎样的不重用她，同事又怎样的不理解她。可是两年后，君身居高职，处事大方，待人平和，成了大家的偶像。问她两年内的改变何以如此之大，她说这一切都是从一道心理测试题开始的。

那道心理测试题是这样的：

问：你最喜欢什么颜色？

答：白色

问：最喜欢什么花？

答：百合

问：最崇拜谁？

答：自己

问：最喜欢说的一句话？

答：王八蛋，滚吧

YES

NO

她一边看一边写答案，然后看测试结果，很有趣，她捧腹大笑，紧接着几乎冒冷汗。测试结果说，你将在某些方面会遇到挫折，因为把你刚才说的话连起来就是：你穿着白色的婚纱（衣服），拿着一束百合，向你自己求婚（和），你对自己说：王八蛋，滚吧！

图 5-36

7. 右侧下部版面处理

(1)在【插入】功能区的【文本】分组中，单击“文本框”，选择“绘制文本框”，绘制一个文本框。

(2)在格式中设置“形状轮廓”→“虚线”→“划线-点”，颜色为“橙色”，其高度为“4.7 厘米”，宽度为“13 厘米”；粘贴入“板报文本.docx”中的第四格内容，将文字设置为“宋体、小五”，并加入项目符号“◇”。

(3)在【插入】功能区的【插图】分组中，单击“图片”，插入图片“绿树.jpg”，其高度为“1.88 厘米”，宽度为“13 厘米”，效果如图 5-37 所示。

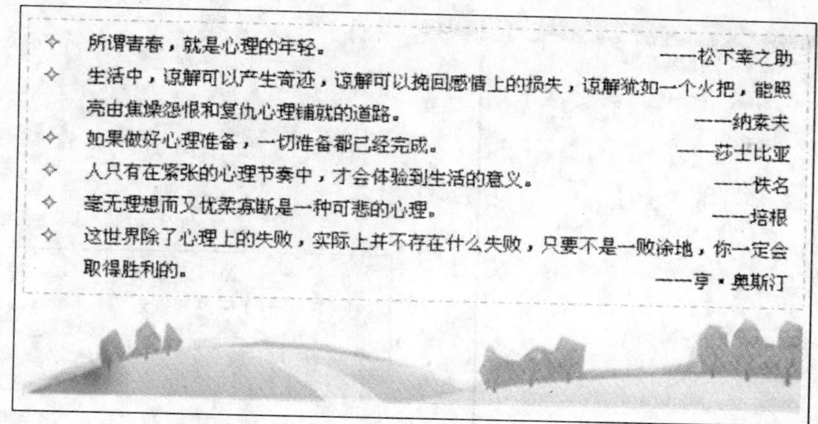
所谓青春，就是心理的年轻。

——松下幸之助

生活中，谅解可以产生奇迹，谅解可以挽回感情上的损失，谅解犹如一个火把，能照亮由焦燥怨恨和复仇心理铺就的道路。

——纳素夫

如果做好心理准备，一切准备都已经完成。

——莎士比亚

人只有在紧张的心理节奏中，才会体验到生活的意义。

——佚名

毫无理想而又优柔寡断是一种可悲的心理。

——培根

这世界除了心理上的失败，实际上并不存在什么失败，只要不是一败涂地，你一定会取得胜利的。

——亨·奥斯汀

图 5-37

8. 保存

单击“文件”→“保存”，保存文档为“心理健康板报. docx”。

5.4 知识要点

一、页面设置

页面设置主要用于打印，就是设置页面的样式，边距等，取得较好的打印效果，操作方法如下。

(1) 单击“页面布局→页面设置”，如图 5-38 所示。

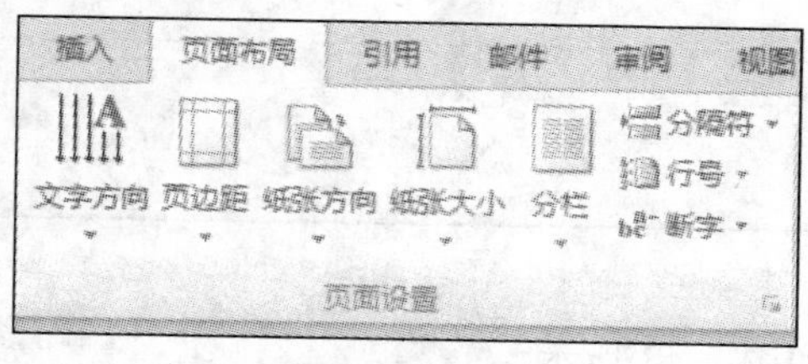

图 5-38

(2) 单击图中的 [图标] 会弹出关于页面设计的窗口，如图 5-39 所示，通过此窗口也可以设置页边距、纸张、版式、文档网格。

二、页眉、页脚

页眉或页脚通常用于打印文档。在页眉和页脚中可以包括页码、日期、公司徽标、文档标题、文件名或作者名等文字或图形，这些信息通常打印在文档中每页的顶部或底部。“页眉”通常包含希望在每页的顶部出现的信息，打印在上页边距中，它可以包括文本字段(如章节名、文档名或其他类似信息)。“页脚”通常包含希望在每页的底部出现的信息，打印在下页边距中，通常包含页码等信息。

添加页眉或页脚的方法如下。

(1) 单击“插入→页眉”，可以选择多种样式进行插入。如图 5-40 选择空白样式。

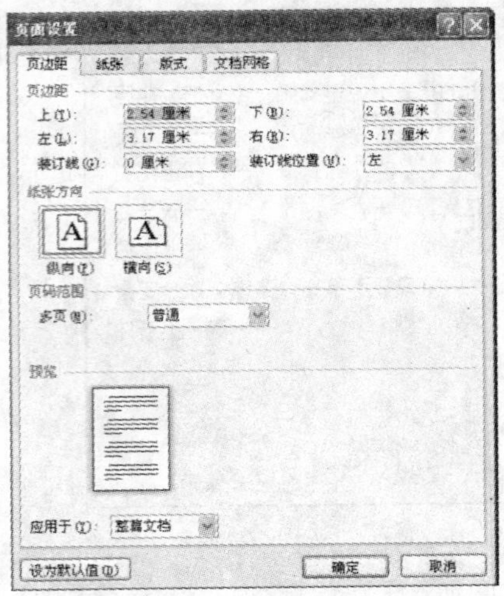

图 5-39

图 5-40

(2) 在页面最上部的虚框中输入页眉内容,如图 5-41 所示。

图 5-41

(3) 页眉页脚工具栏被激活,单击工具栏"转至页脚"按钮,则可以继续插入页脚,如图 5-42 所示。

图 5-42

(4) 输入页脚内容,如图 5-43 所示。

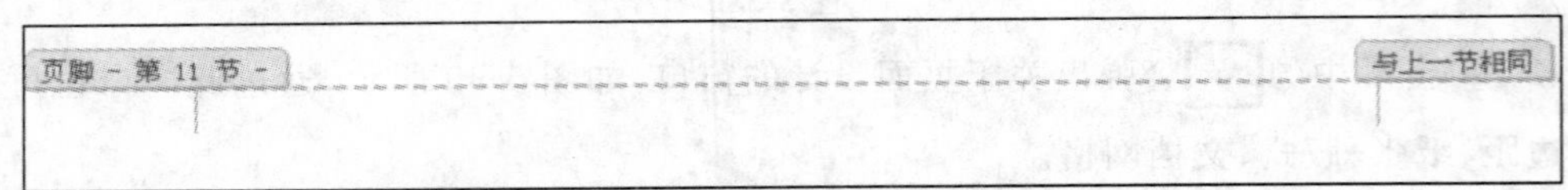

图 5-43

(5) 页眉页脚设置好后,单击图 5-42 所示工具栏最右边的按钮,退出页眉页脚的设置

注:如需修改插入好的页眉页脚,只需要在页眉页脚处双击。

三、插入页码

页码是书的每一页面上标明次序的号码或其他数字。书籍每一页面上标明次第的数目字。用以统计书籍的面数,便于读者检索。

添加页码的操作方法如下。

(1) 单击"插入"→"页码"。

(2) 选择页码所需要的对齐方式和位置，如图 5-44 所示。

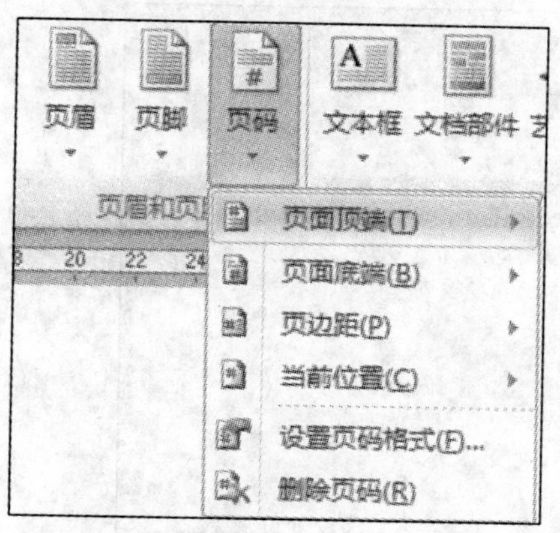

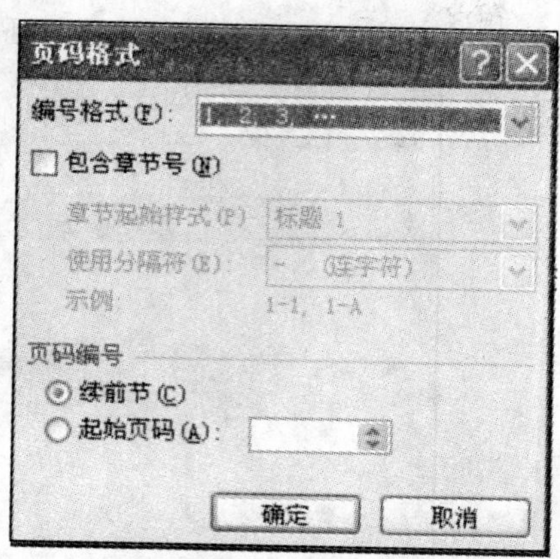

图 5-44

(3) 如没有满足要求的页码格式，则选择"设置页码格式"。

(4) 在"编号格式"下拉列表框中选择所需编号格式，设置起始页码，单击"确定"。

(5) 再重复步骤 2。

四、插入艺术字

Word 中提供了多种艺术字格式，为用户建立漂亮的文档提供了帮助。如果将艺术字功能与三维及阴影功能相结合，会使艺术字的形式更多样。具体操作方法如下。

(1) 打开 Word 2010 文档窗口，将插入点光标移动到准备插入艺术字的位置。在"插入"功能区中，单击"文本"分组中的"艺术字"按钮，并在打开的艺术字预设样式面板中选择合适的艺术字样式，如图 5-45 所示。

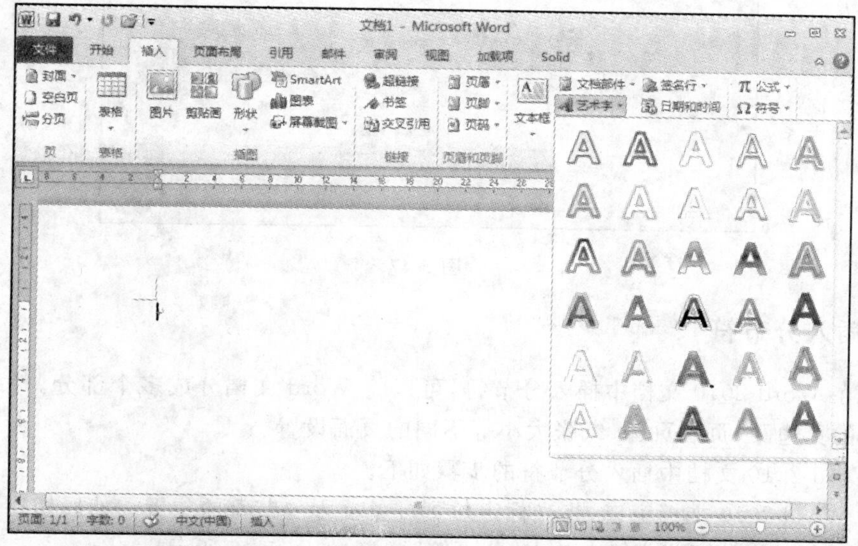

图 5-45

(2) 打开艺术字文字编辑框,直接输入艺术字文本即可。用户可以通过格式选项卡对艺术字分别设置形状、样式、位置等,如图 5-46 所示。

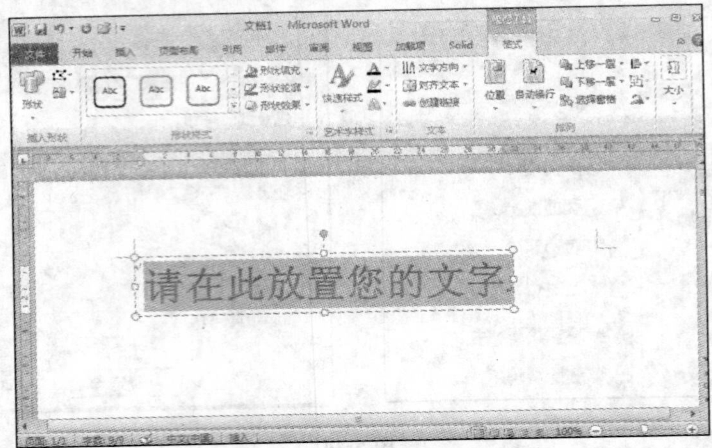

图 5-46

(3) 如果大家对三维效果的深度、照明角度及表面效果或阴影的位置、颜色等不满意,可单击“形状样式”分组里的“形状效果”按钮,进行三维(阴影)设置,如图 5-47 所示。

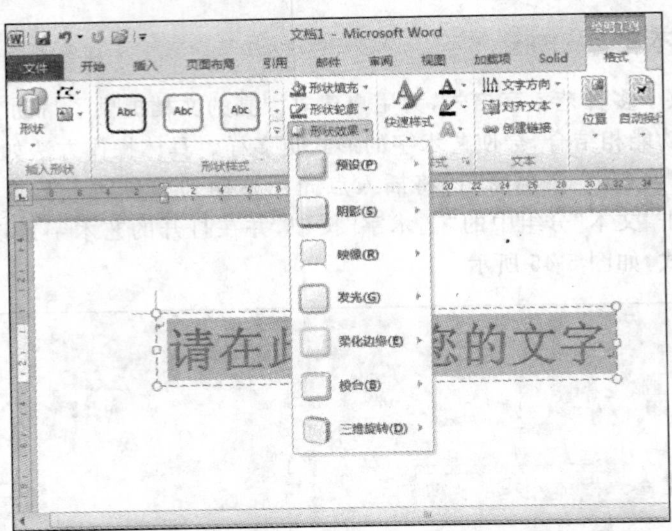

图 5-47

五、插入分节符

通过在 Word 2010 文档中插入分节符,可以将 Word 文档分成多个部分。每个部分可以有不同的页边距、页眉页脚、纸张大小等不同的页面设置。

在 Word 2010 文档中插入分节符的步骤如下。

打开 Word 2010 文档窗口,将光标定位到准备插入分节符的位置。然后切换到“页面布局”功能区,在“页面设置”分组中单击“分隔符”按钮,如图 5-48 所示。

(2) 在打开的分隔符列表中,“分节符”区域列出四种不同类型的分节符。

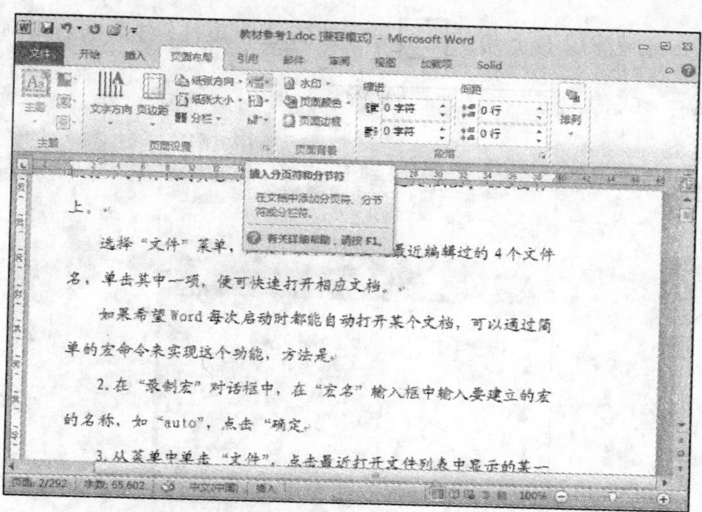

图 5-48

①下一页：插入分节符并在下一页上开始新节。

②连续：插入分节符并在同一页上开始新节。

③偶数页：插入分节符并在下一偶数页上开始新节。

④奇数页：插入分节符并在下一奇数页上开始新节。

选择合适的分节符即可，如图 5-49 所示。

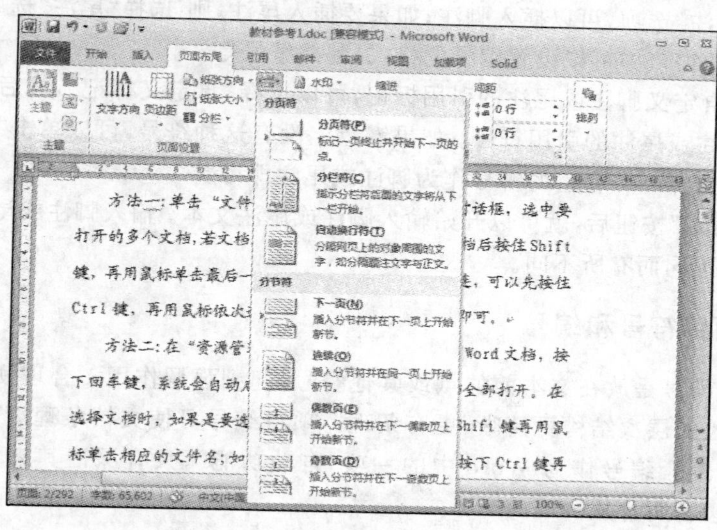

图 5-49

六、插入脚注和尾注

脚注和尾注是对文本的补充说明。脚注一般位于页面的底部，可以作为文档某处内容的注释；尾注一般位于文档的末尾，列出引文的出处等。脚注和尾注由两个关联的部分组成，包括注释引用标记和其对应的注释文本。插入脚注和尾注的步骤如下。

(1) 将光标插入移到要插入脚注和尾注的位置，单击“引用”选项卡中的“插入脚注”或

"插入尾注",或者单击脚注组右下角的[图标],弹出"脚注和尾注"对话框,如图 5-50 所示。

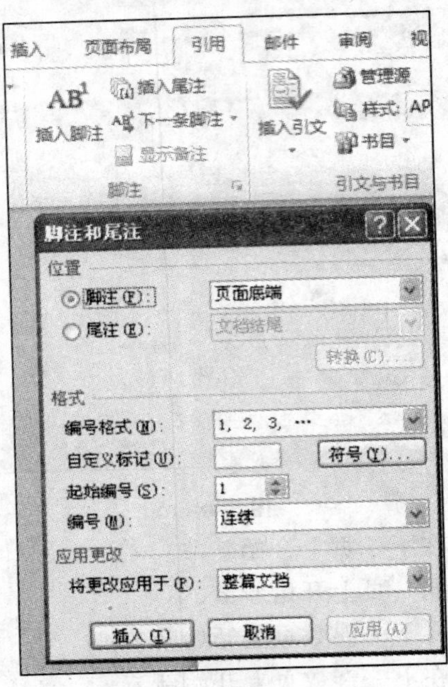

图 5-50

(2) 选择"脚注"选项,可以插入脚注;如果要插入尾注,则 选择"尾注"选项。

(3) 在弹出的窗口中可以设置编号的格式、起始编号等。

(4) 如果要自定义脚注或尾注的引用标记,可以选择"自定义标记",然后在后面的文本框中输入作为脚注或尾注的引用符号。如果键盘上没有这种符号,可以单击"符号"按钮,从"符号"对话框中选择一个合适的符号作为脚注或尾注即可。

(5) 单击"插入"按钮后,就可以开始输入脚注或尾注文本。输入脚注或尾注文本的方式会因文档视图的不同而有所不同。

七、插入项目符号和编号

项目符号和编号是放在文本前的点或其他符号,起到强调作用。合理使用项目符号和编号,可以使文档的层次结构更清晰、更有条理。项目编号可使文档条理清楚和重点突出,提高文档编辑速度。编号作为 Word 中的一项"自动功能",只有深谙其来龙去脉,运用得当,才能让"编号"言听计从。

1. 插入项目符号的方法

选中需要添加项目符号的段落。在"开始"功能区的"段落"分组中,单击"项目符号"下拉三角按钮。在"项目符号"下拉列表中选中合适的项目符号即可,如图 5-51 所示。

2. 插入项目编号的方法

(1) 选中需要添加项目编号的段落。在"开始"功能区的"段落"分组中单击"项目编号"下拉三角按钮。在"项目符号"下拉列表中选中合适的项目编号即可,如果没有合适的还可以"定义新编号格式",如图 5-52 所示。

图 5-51

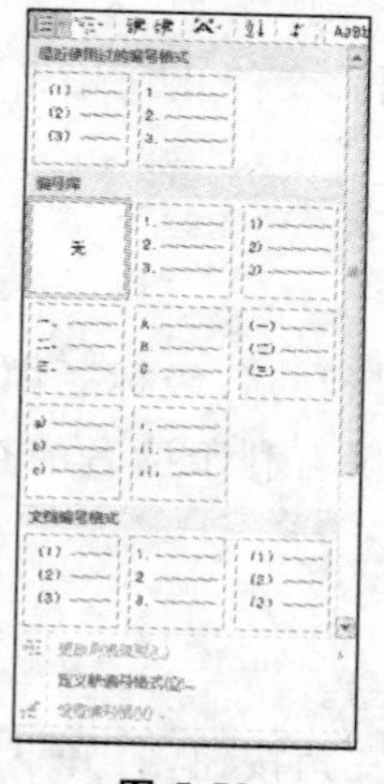

图 5-52

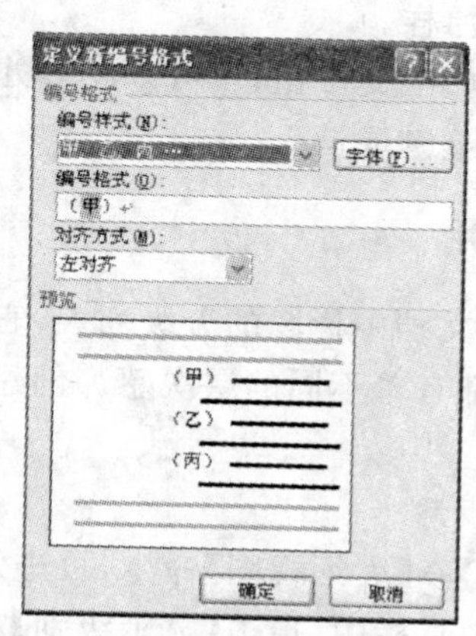

图 5-53

(2) 在弹出的如图 5-53 所示窗口中可以设置编号的格式、样式的对齐方式，设置好后单击“确定”，则在编号库里会显示。

3. 插入带图项目符号的方法

(1) 在“开始”功能区的“段落”分组中单击“项目符号”，选择“定义新项目符号”。

(2) 在弹出来的“定义新项目符号”的窗口中单击符号按钮，弹出符号窗口，在“字体”后的下拉对话框中选择“Wingd ings2”符号集，在此符号集下可以找到需要的带圈编号，单击确定，如图 5-54 所示。

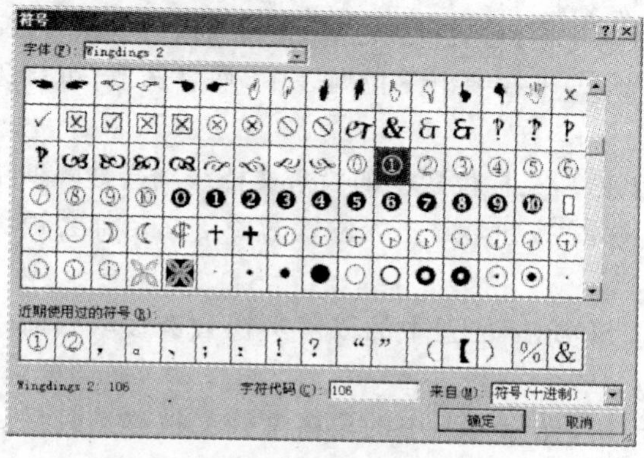

图 5-54

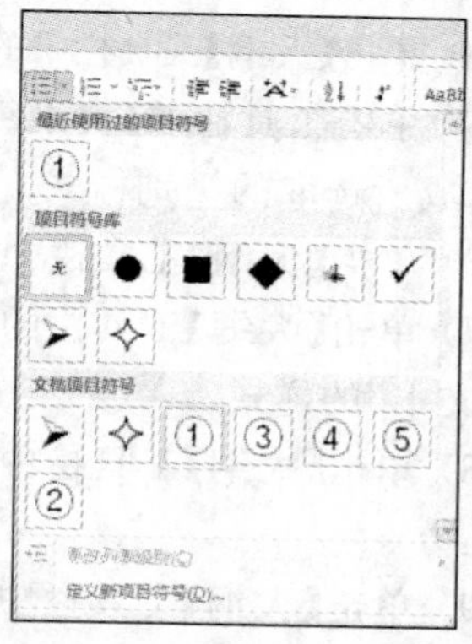

图 5-55

(3)在“开始”功能区的“段落”分组中单击“项目符号”,会出现刚才选择的带圈编号,如图 5-55 所示,需要添加时选中即可。

八、格式刷的使用

格式刷是实现快速格式化的重要工具。格式刷可以将字符和段落的格式复制到其他文本上。使用方法如下。

(1)将鼠标指针定位在格式化好的标准文本块中。

(2) 在“开始”功能区的“剪贴板”分组中单击“格式刷”工具按钮,鼠标指针变成一把小刷子。

(3)按住鼠标左键刷过要格式化的文本,所刷过的文本就被格式化成标准文本的格式。同时,鼠标指针恢复原样。

注:双击【格式刷】工具按钮,就可以在多处反复使用。要停止使用格式刷,可单击【格式刷】工具按钮或按 Esc 键取消。

九、大纲的使用

所谓大纲,是指文档中标题的分级列表,它在每章出现的各级标题内容都有描述。不同级别的标题之间也都有着不同的层次感。创建大纲,不仅有利于读者的查阅,而且还有利文档的修改。

1. 查阅大纲的步骤

(1) 执行【视图】→【大纲视图】命令,可进入大纲视图。

(2) 在【大纲】工具栏中,单击【显示级别】右侧的黑三角按钮,打开下拉列表框。

(3) 单击【2 级】选项,在文档内只显示【级别 2】以上的内容。

(4) 根据需要,可在此列表中,任意选取级别样式,查看文稿内容。

2. 编辑大纲的步骤

(1) 将光标放置在段落文档中,

(2) 单击【视图】→【大纲视图】命令,可进入大纲视图,会自动弹出【大纲】工具栏,在其中也可对大纲进行创建和编辑。

(3) 单击【大纲】工具栏中的“提升至标题 1”按钮,当前段落文档会被编辑成【1 级标题】的样式。

(4) 单击【大纲】工具栏中的“提升”按钮,光标位置中的段落文档级别会被提升 1 级。

(5) 单击工具栏的【大纲级别】按钮 正文文本 ,在弹出下拉列表中,任意选取,可将段落文档编辑成所选取的级别样式。

(6) 单击【大纲】工具栏中的“降低”按钮,光标位置中的段落文档级别会被降低 1 级。

(7) 单击【大纲】工具栏的“降为正文文本”按钮,光标位置的段落文档都会被编辑成“正文文本”的样式。

(8) 单击【大纲】工具栏中的“上移”按钮,光标位置中的段落文档会被移动到前一级文档的上方。

(9) 单击【大纲】工具栏中的“下移”按钮,光标位置中的段落文档会被移动到后一级文档的下方。

5.5 实训操作

(1) 打开文档“某市高考.docx”。按照要求完成下列操作并以该文件名(某市高考.docx)保存文档。

①将标题段文字(“某市高考考生人数创新低”)设置为红色二号黑体,加粗、居中,并添加浅绿色底纹。

②设置正文各段落(“12月7日…..最终出炉。”)左右各缩进1字符,首行缩进2字符,段前间距0.5行;将正文第三段(“根据工作安排……最终出炉。”)分为等宽两栏,栏间添加分隔线(注意:分栏时,段落范围包括本段末尾的回车符)。

③在页面底端(页脚)居中位置插入页码,并设置起始页码为“Ⅲ”。

④将文中后6行文字转换成一个6行6列的表格,设置表格居中,并使用“自动调整”功能根据内容调整表格;设置表格中第一行文字中部居中、其余各行文字中部右对齐。

⑤在表格下方添加一行,其中“年份”列输入“平均”,其余各列计算相应列五年的平均数(其中“报名人数”、“文科人数”、“理科人数”列精确到整数;“文科比例”和“理科比例”列精确到小数点后2位,格式为百分数);设置表格外框线和第一行与第二行间的内框线为2.25磅绿色双窄线,其余内框线为1磅绿色单实线。

⑥添加页眉文字“某市高考人数变化”,设置为宋体、小五号、居中。最后排版的效果如图5-56所示。

(2) 打开文档“收藏幸福.docx”,按照要求完成下列操作并以该文件名(收藏幸福.docx)保存文档。

①设置页面。

纸张大小:自定义大小(宽度20.5厘米,高度29厘米);页边距:上、下各2.6厘米,左、右各3.2厘米。

②设置艺术字。

标题“收藏幸福”设置为艺术字,艺术字样式:第1行第2列;字体:黑体;阴影:外部向下;艺术字形状:左近右远。

③设置栏格式。

将正文第3至6段设置为三栏格式,加分隔线。

④设置边框(底纹)。

设置正文第1、2段底纹 图案式样(10%)。

⑤插入图文框。

在样文所示位置插入一个宽度6厘米、高度4.6厘米的图文框。

⑥插入图片。

在图文框中插入图片,图片为“幸福.JPG”。

⑦设置尾注。

设置正文第1段中第一个“幸福”添加尾注:“幸福是一种感觉,它不取决于人们的生活状态,而取决于人的心态。”。

⑧设置页眉/页码。

按样文所示添加页眉文字“论幸福”,宋体、小五号、居中。在页面底端(居中)插入页码,起始页码为“Ⅲ”。最后排版的效果如图5-57所示。

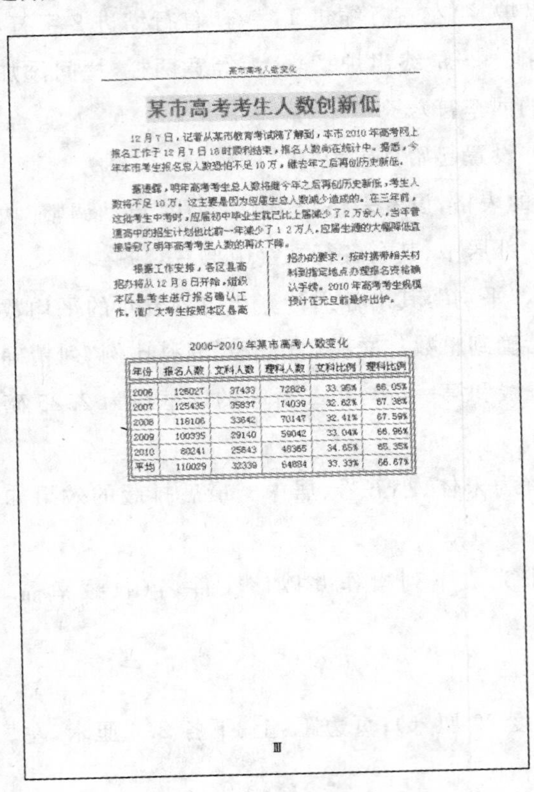
某市高考人数变化

某市高考考生人数创新低

12月7日,记者从某市教育考试院了解到,本市2010年高考网上报名工作于12月7日18时顺利结束,报名人数尚在统计中。据悉,今年本市考生报名总人数恐怕不足10万,继去年之后再创历史新低。

据透露,明年高考考生总人数将继今年之后再创历史新低,考生人数将不足10万。这主要是因为应届生总人数减少造成的。在三年前,这批考生中考时,应届初中毕业生就已比上届减少了2万余人,当年普通高中的招生计划也比前一年减少了1.2万人,应届生源的大幅降低直接导致了明年高考考生人数的再次下降。

根据工作安排,各区县高招办将从12月8日开始,组织本区县考生进行报名确认工作。请广大考生按照本区县高招办的要求,按时携带相关材料到指定地点办理报名资格确认手续。2010年高考考生规模预计在元旦前最终出炉。

2006-2010年某市高考人数变化

年份	报名人数	文科人数	理科人数	文科比例	理科比例
2006	128027	37433	72826	33.95%	66.05%
2007	125435	35837	74039	32.62%	67.38%
2008	116106	33642	70147	32.41%	67.59%
2009	100395	29140	59042	33.04%	66.96%
2010	80241	25843	48365	34.65%	65.35%
平均	110029	32339	64884	33.33%	66.67%

Ⅲ

图5-56

论幸福

收藏幸福

幸福

幸福并不取决于你拥有什么。……是怎么想的。

渐渐地,日子一天天过去了;渐渐地,人们一岁岁变老了。何谓幸福?每个人自有不同的想法和标准,显然幸福的结局都是那样地皆大欢喜。幸福可以漾在脸上,幸福也可以写在心里,当幸福在阳光下熠熠生辉时,幸福是灼人的。

为什么幸福是灼人的,因为幸福是一种力量,是千锤百炼之后提升出来的一种力量。一种穿越阴森荆棘的勇气,一种翻越陡峭山崖的韧性,一种走过血雨腥风的从容,一种透析人生百态的姿态。因此,幸福就像退潮的一刻,黄昏的一刻,在天地交汇中划出美丽的宁静之弧,又在宁静中蕴含无数智慧的精灵。

因此,幸福,其实是妙不可言的。幸福的妙不可言在于幸福不是轻易得来的,就像从前一首歌所唱的“幸福不是毛毛雨,不会自己从天上掉下来”。任何美丽的鲜花都始于一颗被人忘却的种子,幸福是创造的过程,幸福是走过了一段漫长的征程。

幸福是不需要表白的,幸福更不是用来炫耀的,幸福是用来静谧感觉的,就像欣赏宇宙星空一样,在沉默中享受它的博大精深。幸福是伪装不出来的,幸福更不是攀比出来的,幸福是用来品尝的,就像面对一道诱人佳肴,十个人的味蕾会解出一百种不同的滋味。幸福是要小心呵护的,幸福更是需要秘密收藏的,幸福就像世界上最香醇的泉水,唯有远离污染才能永葆清澈。

有人说,分享快乐,快乐就变成双份;分担痛苦,痛苦会减轻一半。快乐,其实也是一种开心的感觉,比起幸福的深厚,快乐就像鲜花上的露珠,阳光普照的时候,露珠就会消失……而幸福,则是那颗在泥土中不断舞蹈的种子,它的美妙的眩惑暗藏在一份冷静的喜悦中。

看到鲜花,人们知道这个世界上存在着美好的事物,有些人可以从心里深深地感知,有些人可以在梦中暗暗地向往,有些人只能从眼角偷偷地窥视,也有些人,连偷窥的勇气都无以产生……曾经,每个人的心中都有一个幸福的蓝图,有些人可以在有生之年闻到花香采到甜蜜,有些人只在生命的终点站被鲜花簇拥,还有一些人,只能是那么孤孤单单了无声息地别离尘世。

有一天,如果你觉得自己很幸福,请把幸福收藏起来吧!这个世界上还有很多很多的人,他们没有机会播下一颗种子,也没有时间等到花开的一刻,他们需要更多的是被人分担而不是为人分享。

千江有水千江月,万里无云万里天。幸福,应该是你心中的一份谦逊,悄悄地收藏起来,在静默无语中相伴一生的花样美丽。

幸福是一种感觉,它不取决于人们的生活状态,而取决于人的心态。

Ⅲ

图5-57

(3)制作一份“保护地球”宣传海报。板报格式要求如下。

①板报的纸张大小为A4的纸横排,各页边距都为“0厘米”。

②插入图片“地球.jpg”,衬于文字下方,拖动改变大小使其成为板报的背景图片。

③左侧上部插入艺术字“保护环境,善待家园”,艺术字的文本效果为“上弯弧”。

④右侧上部标题为艺术字,右侧插入基本形状“折角形”进行布局排版,并且插入的内容前加上项目编号。

⑤为了丰富版面效果要适当的插入图片和剪贴画,插图表现要合适,大小位置要调整恰当。

⑥在板报的右下角插入文本框,填入制作者信息。最后板报效果如图5-58所示。

地球是人类惟一的家园,在茫茫的宇宙中,除了地球之外,目前尚未发现其他适合人类生存的星球.地球是我们人类赖以生存的惟一家园.如果地球上没有了植物,我们人类和其他生命将不复存在.野生动物依赖于植物,也可以保护植物.以鸟类为例,90%的鸟类以昆虫为食,许多益鸟是庄稼,树木的卫士,是害虫的天敌.100 条树虫十几天便可以吃光一棵大松树的树叶,而一对大山雀一天可以吃 400 多条虫子.如果没有这些益鸟,害虫就会泛滥成灾.在地球上,人类植物和动物,实际上是一个互相依赖的"生物圈"、"朋友圈",谁也离不开谁.人类之所以能在地球上生存是因为生态平衡的缘故.地球给我们人类乃至所有生命的形式,提供了一个生命支持系统--空气、水、适当的光和热、以及能源等等.事实上,这种原始的生态平衡从全球范围来看是极其难得的,我们今天或许只能在人类未曾涉足的地方才得以看到.自然环境提供人类生存发展的环境资源的同时,遭到了人类极大的破坏.只有当自然环境处与一种生态平衡的和谐状况时,人类的前景才是乐观的.所以,请大家保护环境,善待家园,只有这样才能使我们的家园变得更加美好。
地球上的十大环境祸害
一. 全球气候变暖
二. 臭氧层的耗损与破坏
三. 生物多样性减少
四. 酸雨蔓延
五. 森林锐减
六. 土地荒漠化
七. 大气污染
八. 水污染
九. 海洋污染
十. 危险性废物越境转移
制作者: 班级姓名学号 XXX

图 5-58

第 6 章　Excel 2010 工作表基本操作

6.1　实训目的

(1) 掌握电子表格的基本概念和基本功能，运行环境，启动和退出；

(2) 掌握工作簿和工作表的基本概念和基本操作，工作簿和工作表的建立、保存和退出；

(3) 掌握数据输入和编辑操作；

(4) 掌握工作表和单元格的选定、插入、删除、复制、移动；

(5) 掌握工作表的重命名和工作表窗口的拆分和冻结；掌握工作表的页面设置、打印预览和打印，工作表中链接的建立；掌握保护和隐藏工作簿和工作表；

(6) 熟练工作表的格式化，包括设置单元格格式、设置列宽和行高、设置条件格式、使用样式、自动套用模式和使用模板等。

6.2　实训内容

打开“6.2. xlsx”工作簿(如图 6-1 所示)，按照操作要求完成以下表格操作，将表格命名为“自然保护区名录表. xlsx”并保存文件。

	A	B	C	D	E	F	G	H	I
1									
2		湖北省国家级自然保护区名录							
3		保护区名称	行政区域	总面积(公顷)	主要保护对象	类型	始建时间	主管部门	
4		赛武当	十堰市茅前区	21203	巴山松、铁杉群落及野生动植物	野生植物	1987/1/1	林业	
5		青龙山恐龙蛋化石群	郧县	205	恐龙蛋化石	古生物遗迹	1997/1/13	国土	
6		五峰后河	五峰土家族自治县	10340	森林生态系统及珙桐等珍稀动植物	森林生态	1985/1/1	林业	
7		石首麋鹿	石首市	1576	麋鹿及其生境	野生动物	1991/11/1	环保	
8		长江天鹅洲白鱀豚	石首市	2000	白鱀豚、江豚及其生境	野生动物	1990/12/1	农业	
9		龙感湖	黄梅县	22322	湿地生态系统及白头鹤等珍禽	内陆湿地	1988/1/1	林业	
10		长江新螺段白暨豚	江湖市、赤壁市、嘉鱼县	13500	白鱀豚、江豚、中华鲟及其生境	野生动物	1987/1/1	农业	
11		九宫山	通山县	16609	中亚热带阔叶林及珍稀动植物	森林生态	1981/2/1	林业	
12		星斗山	利川市、咸丰县、恩施市	68339	珙桐、水杉及森林植被	野生植物	1981/12/18	林业	
13		七姊妹山	宣恩县	34550	珙桐等而下之珍稀植物及其生境	野生植物	1990/3/1	林业	
14		神农架	神农架林区	70467	森林生态系统及金丝猴、珙桐等珍稀动植物	森林生态	1986/7/9	林业	
15									

图 6-1

操作要求如下。

(1) 将表格中的第 10 行“长江新螺段白鱀豚”移至第 9 行“龙感湖”之前；在工作表格中的 B 列“保护区名称”列前插入“序号”列；将表格标题“湖北省国家级自然保护区名录”所在行

设置行高为 25。

(2) 将表格中的标题文字“湖北省国家级自然保护区名录”合并居中(B2～I2)，并将标题文字格式设置为字体“黑体”、字号“18”、“粗体”、“红色”，标题所在单元格底纹“黄色”，图案样式为“25%灰色”；将“总面积(公顷)”所在列数据单元格(D4～D14)格式设置为数值型，不保留小数点且右对齐。

(3) 利用条件格式将表格中总面积(公顷)数大于 20000 的单元格设置为“绿色”，将 B3:I14 区域设置为自动套用格式“表样式浅色 1”，将“主要保护对象”一列设置单元格样式为“强调文字颜色 5”，将表格外边框设置为“蓝色双窄线”。

(4) 将“湖北省国家级自然保护区名录”标题所在单元格区域(B2:I2)定义名称为“标题”，为 E11 单元格添加批注“总面积最大”。

(5) 将工作表命名为“湖北省国家级自然保护区名录表”，以“自然保护区名录表. xlsx”保存文件。

6.3　操作步骤

一、行或列的操作

(1) 选中“长江新螺段白鱀豚”一行，将鼠标左键放置于该行上边框处，按下鼠标左键同时按下键盘上的 Shift 键，拖拽鼠标直至“龙感湖”一行的上边框处松开鼠标左键和 Shift 键，即可交换两行。

(2) 选中“保护区名称”列，在【开始】功能区的【单元格】分组中，单击“插入”下拉三角按钮，选择“插入工作表列”，可在工作表格中的“保护区名称”列前插入一列，并在 B3 单元格中输入“序号”，在 B4:B14 区域内用 ctrl 键和鼠标左键拖拽的填充柄方式自动填充数据序列号 1-11。

(3) 选中表格标题“湖北省国家级自然保护区名录”，在【开始】功能区的【单元格】分组中，单击“格式”下拉三角按钮，选择“行高”，在弹出的“行高”对话框中，将其设置为 25。

设置方式如图 6-2 所示。

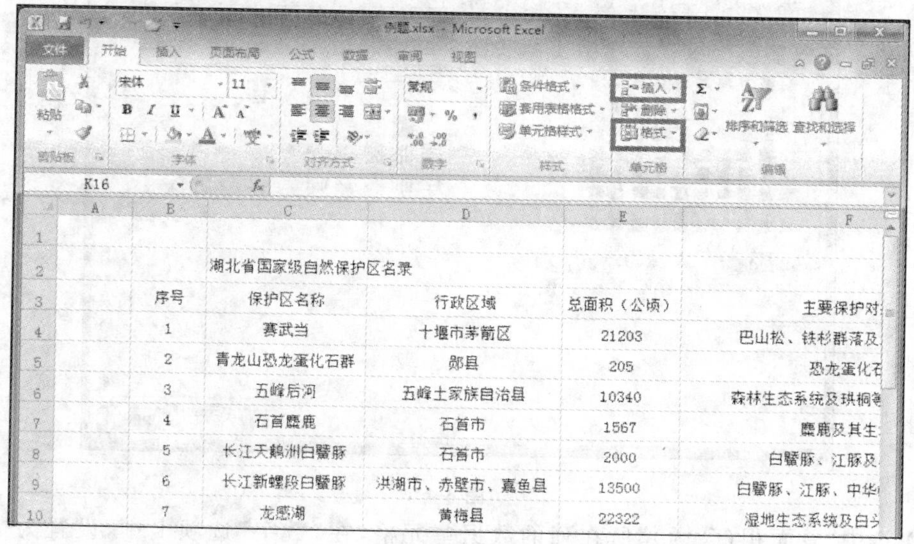

图 6-2

二、单元格格式设置

(1) 选中标题文字“湖北省国家级自然保护区名录”所需跨列的区域(B2:I2),在【开始】功能区的【对齐方式】分组中,单击“合并后居中”下拉三角按钮,选择“合并后居中”。

(2) 在【开始】功能区的【字体】分组中,单击“字体”按钮,在弹出的如图 6-3 所示的“设置单元格格式”对话框中,选择“字体”选项卡,设置字体“黑体”、字号“18”、字形“粗体”、颜色“红色”。选择“填充”选项卡,如图 6-4 所示,设置标题的单元格“底纹黄色”,图案样式为“25%灰色”。

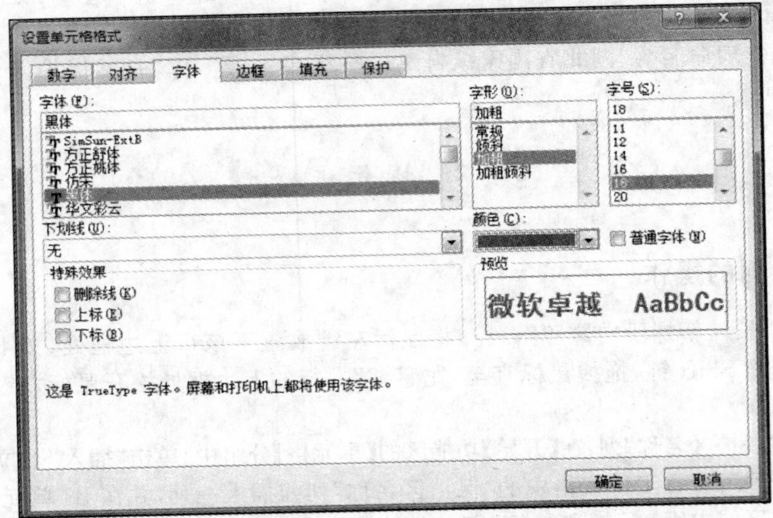

图 6-3

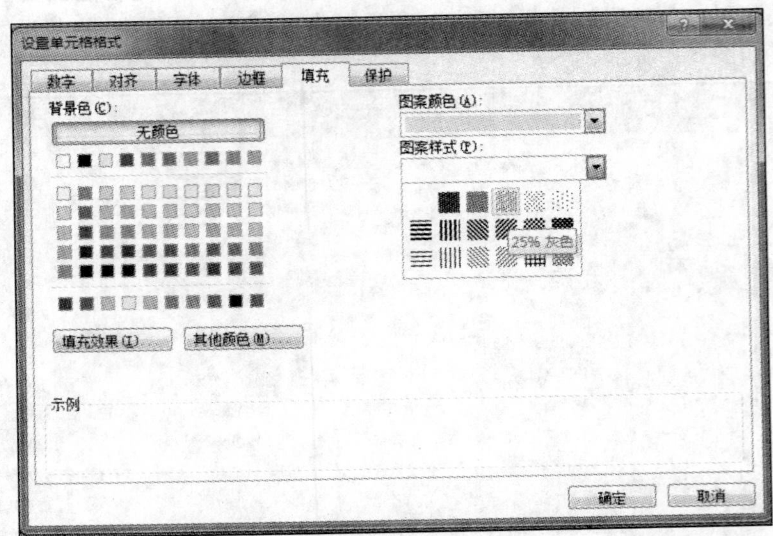

图 6-4

(3) 选中“总面积(公顷)”所在列的数据单元格,在“数字”选项卡中,设置为“数值类型”,小数位数为“0”,并在“对齐”选项卡中设置数据为“右对齐”。如图 6-5 所示。

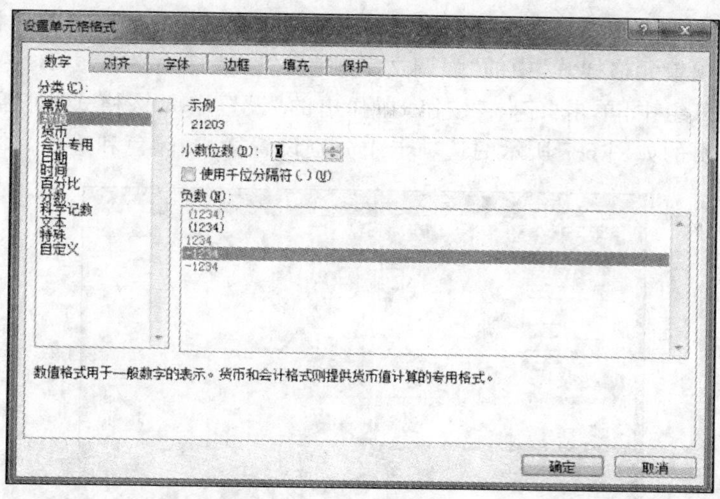

图 6-5

三、单元格条件格式和样式的设置

(1) 选中“总面积(公顷)”所在列的数据单元格区域，在【开始】功能区的【样式】分组中，单击“条件格式”下拉三角按钮，选“突出显示单元格规则”，选择“大于”，在弹出的“大于”对话框中输入数值为“20000”，并在“设置为”下拉列表框中选择“自定义格式”，如图 6-6 所示，在弹出的“设置单元格格式”对话框中将“字体”选项卡中的颜色设置为“绿色”。选中 B3:I14 区域，在【样式】分组中，单击“自动套用格式”下拉三角按钮，选择“表样式浅色 1”。

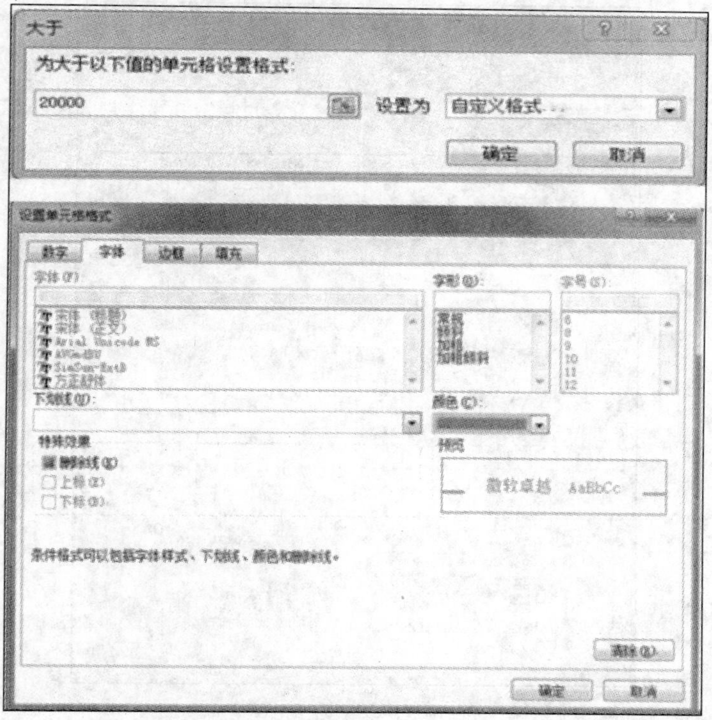

图 6-6

(2) 选中“主要保护对象”一列(F3～F14),在【样式】分组中,单击“单元格样式”下拉三角按钮,选择“主题单元格样式”中的“强调文字颜色 5”。选择表格区域(B3～I14),在【开始】功能区的【字体】分组中,单击“字体”按钮,在弹出的“设置单元格格式”对话框中,选择“边框”选项卡,在弹出的如图 6-7 所示的选项卡中分别设置样式、颜色和边框。

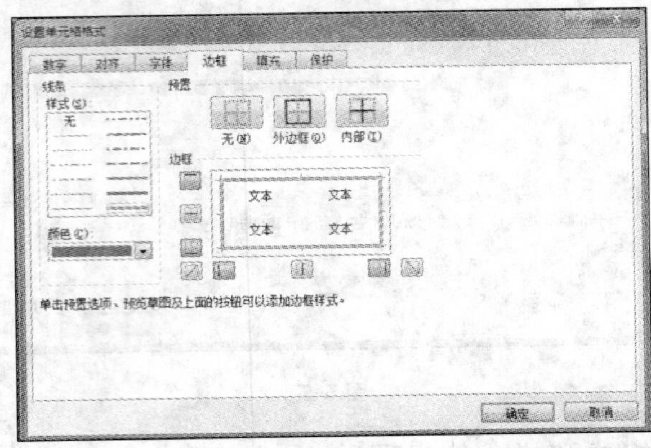

图 6-7

四、标题设置

选中“湖北省国家级自然保护区名录”标题所在单元格区域(B2:I2),并在名称框中输入“标题”可以定义名称为“标题”。选中 E11 单元格,在【审阅】功能区的【批注】分组中单击“新建批注”按钮,添加批注“总面积最大”。设置方式如图 6-8 所示。

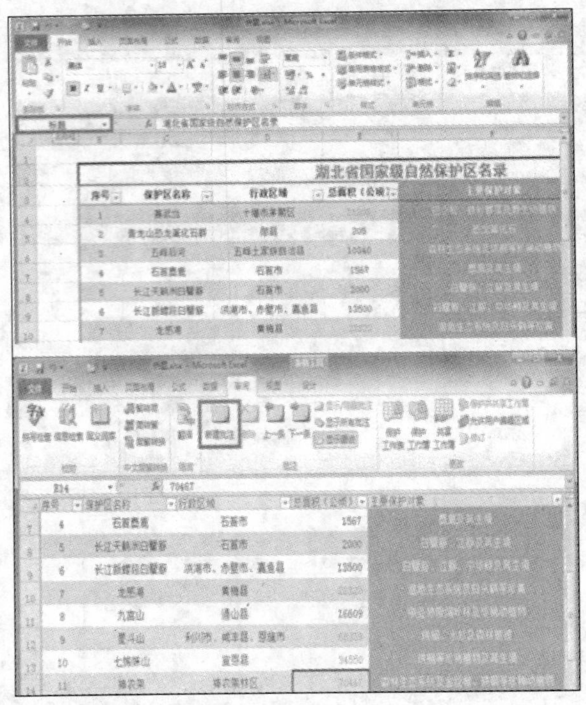

图 6-8

五、保存

双击表格中工作表标签，将工作表格命名为“湖北省国家级自然保护区名录表”，并通过“文件”→“保存”以“自然保护区名录表.xlsx”保存文件。最后结果如图 6-9 所示。

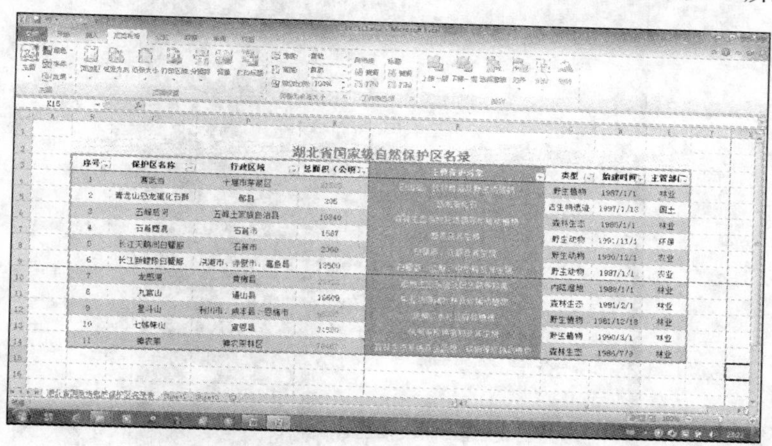

图 6-9

6.4　知识要点

一、Excel 2010 的基本概念和功能

Excel 2010 是一个电子报表的专业软件，常用于处理大量的数据信息，广泛应用于财务、统计、金融、审计、行政等各个领域。

Excel 2010 的主要功能：创建和维护电子表格文档；进行数据的运算、分析预测和统计，实现数据自动处理；生成多种漂亮的数据图表。

二、Excel 2010 的启动与退出

1. Excel 2010 的启动方法

(1) 单击“开始”→“所有程序”→“Microsoft Office”→“Microsoft Excel 2010”，如图 6-10 所示。

(2) 双击桌面上的“Microsoft Excel 2010”快捷图标。

(3) 从已保存的 Excel 2010 文件中选择一个，双击文件图标，启动 Excel 2010，并把该文件打开。

2. Excel 2010 的退出方法

(1) 单击“文件”→“退出”。

(2) 单击 Microsoft Excel 窗口右上角的“关闭”按钮。

(3) 利用快捷键 Alt+F4。

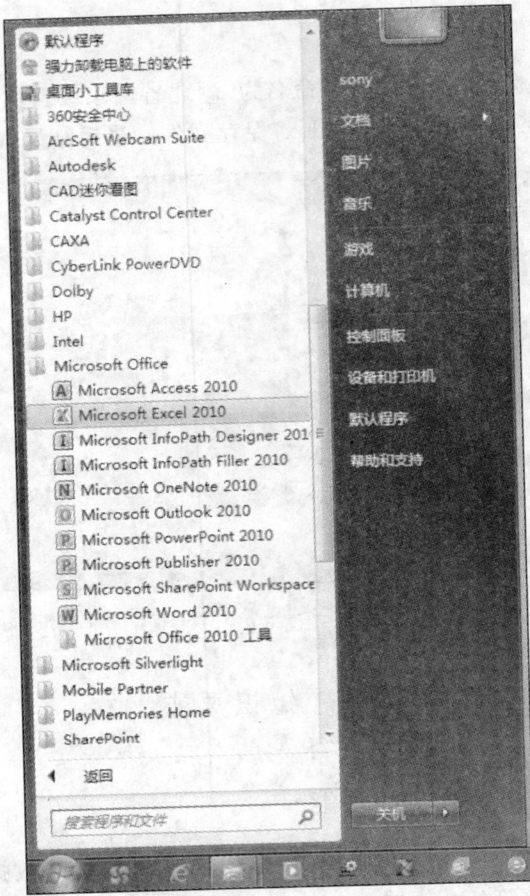

图 6-10

三、Excel 2010 的界面

(1) 快速访问工具栏:常用命令位于此处,例如“保存”和“撤消”,也可以添加个人常用命令。

(2) 标题栏:显示正在编辑的表格的文件名以及所使用的软件名。

(3)“文件”选项卡:基本命令(如“新建”、“打开”、“关闭”、“另存为…”和“打印”位于此处。

(4) 功能区:工作时需要用到的命令位于此处,它与其他软件中的“菜单”或“工具栏”相同,每个功能区包含多个命令组,可以通过单击选项卡来切换显示的命令集。

(5) 名称框:可用于定义选中的单元格区域的名称。

(6) 数据编辑区:可用于同步显示选中的单元格内容的变化。

(7) 行号:表格中一行的标识。

(8) 列标:表格中一列的标识。

(9) 全选按钮:单击可选中整张表格区域。

(10) 拆分条:用鼠标拖拽拆分条可将表格拆分成多个窗口。

（11）工作表标签：用于显示工作簿中每张工作表的名称。

（12）状态栏：显示正在编辑的表格的相关信息。

（13）工作表区：显示正在编辑的表格。

相对应的位置如图 6-11 所示。

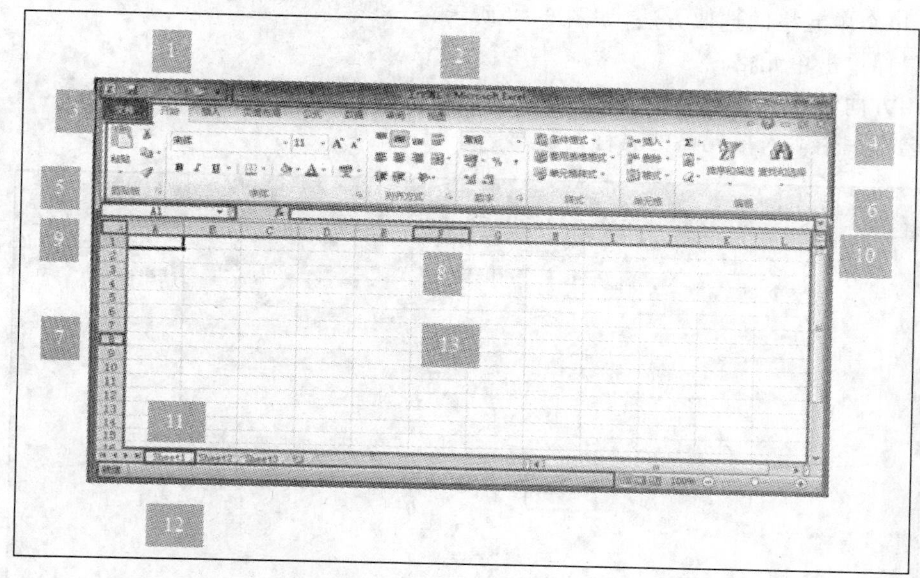

图 6-11

四、打开新建与保存工作簿和工作表

1. 打开工作簿和工作表的方法

（1）如果已经启动了 Excel 2010，单击“文件”→“打开”，如果还没有启动 Excel 2010，可以直接双击工作簿的图标打开工作簿和工作表。

（2）在 Excel 2010 中默认会保存最近打开或编辑过的工作簿和工作表，用户通过单击“文件”→“最近所用文件”面板可以打开最近使用的工作簿和工作表。

（3）单击“快速访问工具栏”上的“打开”按钮。

2. 新建工作簿和工作表的方法

（1）如果没有启动 Excel 2010，单击桌面“开始”→“所有程序”→“Microsoft office”→“Microsoft office Excel 2010”命令，打开一个空白的工作簿。

（2）单击“文件”选项卡，在左侧的列表中选择“新建”选项。

3. 保存工作簿和工作表的方法

（1）单击“文件”选项卡，在左侧的列表中选择“保存”选项。

（2）如果对工作簿进行了修改，再保存时可以单击“自定义快速访问工具栏”中的“保存”按钮或使用 Ctrl＋S 快捷键保存。

五、Excel 2010 的基本元素与操作介绍

（1）工作簿：Excel 2010 新文档的默认文件名是 Book1. xlsx，保存工作簿在硬盘上时，

扩展名为.xlsx。

(2) 工作表:一个工作簿默认由三个工作表组成,缺省名为 Sheet1、Sheet2、Sheet3。

(3) 行和列:一个工作表中最多有 16384 列,1048576 行。

(4) 单元格:工作表内每行、每列的交点。

(5) 单个单元格的选取方法(如图 6-12 所示):

① 鼠标单击单元格;

② 用方向键在单元格中移动;

③ 名称框中输入单元格的名称。

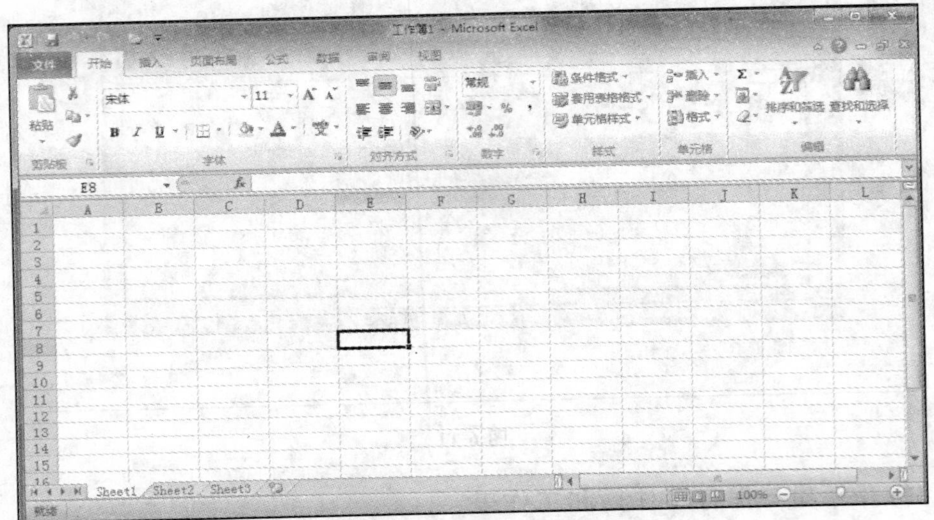

图 6-12

(6) 多个连续单元格的选取方法(如图 6-13 所示):

① 按鼠标左键拖动选择连续区域;

② 在名称框中输入连续区域的名称;

③ 单击首单元格,按 Shift 键同时鼠标左键单击末单元格,再松开 Shift 键。

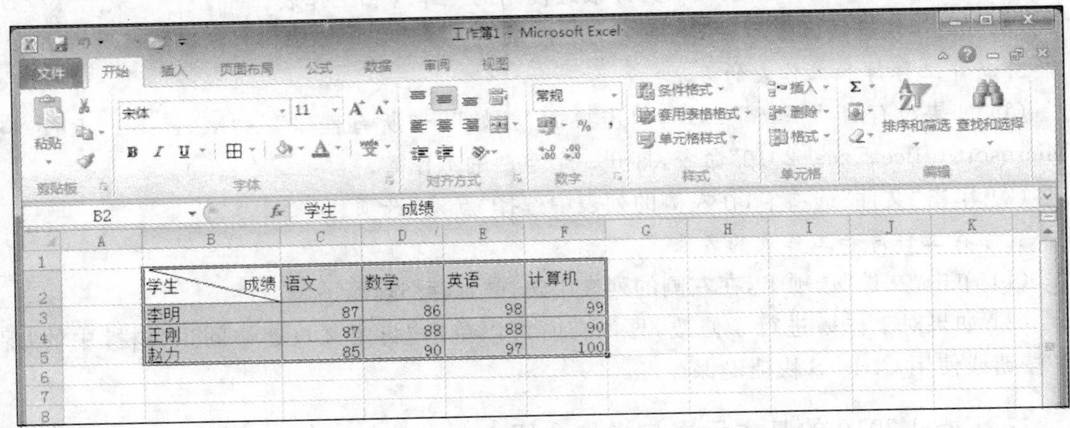

图 6-13

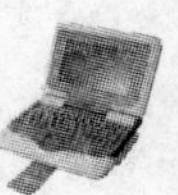

(7) 多个不连续单元格的选取方法(如图 6-14 所示):按 ctrl 键同时鼠标左键单击各个不临近的单元格,再松开 ctrl 键。

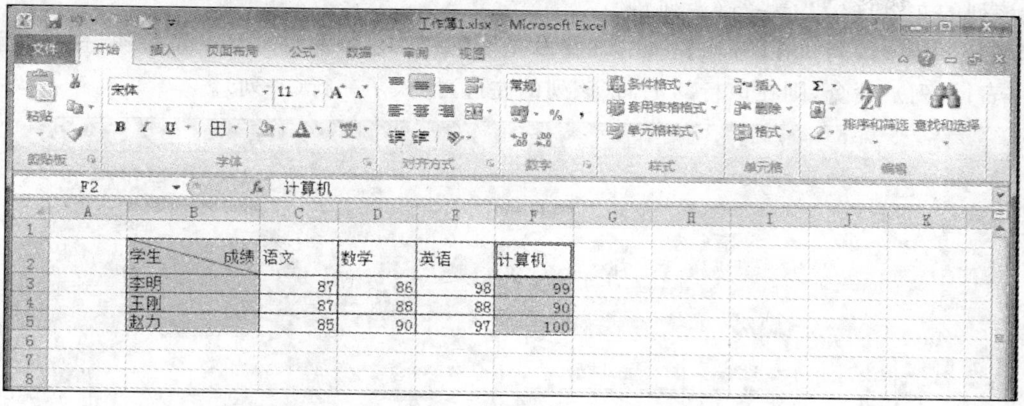

工作簿1.xlsx - Microsoft Excel
文件
开始
插入
页面布局
公式
数据
审阅
视图
F2
计算机
学生 成绩
语文
数学
英语
计算机
李明 87 86 98 99
王刚 87 88 88 90
赵力 85 90 97 100

图 6-14

(8) 整行整列的选取方法(如图 6-15 所示):用鼠标单击行号或列标。

工作簿1.xlsx - Microsoft Excel
A4
学生 成绩
语文
数学
英语
计算机
李明 87 86 98 99
王刚 87 88 88 90
赵力 85 90 97 100

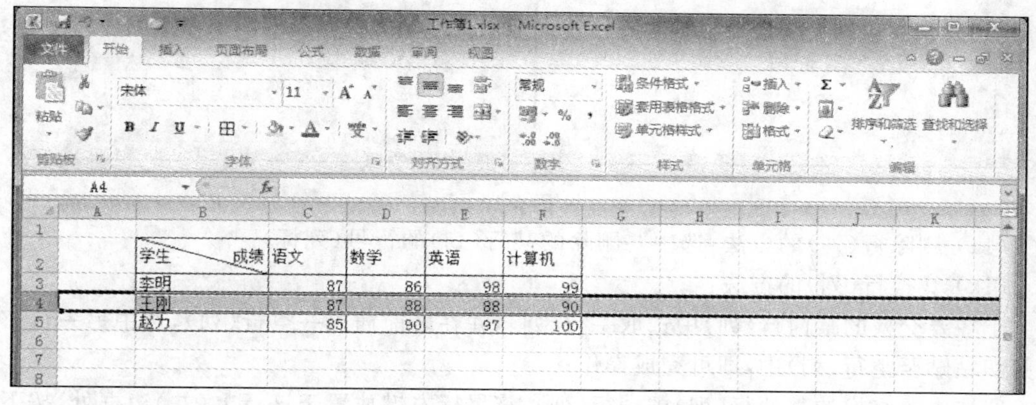

图 6-15

(9) 全表的选取方法(如图 6-16 所示):单击全选按钮。

全选按钮
工作簿1.xlsx - Microsoft Excel
A1
学生 成绩
语文
数学
英语
计算机
李明 87 86 98 99
王刚 87 88 88 90
赵力 85 90 97 100

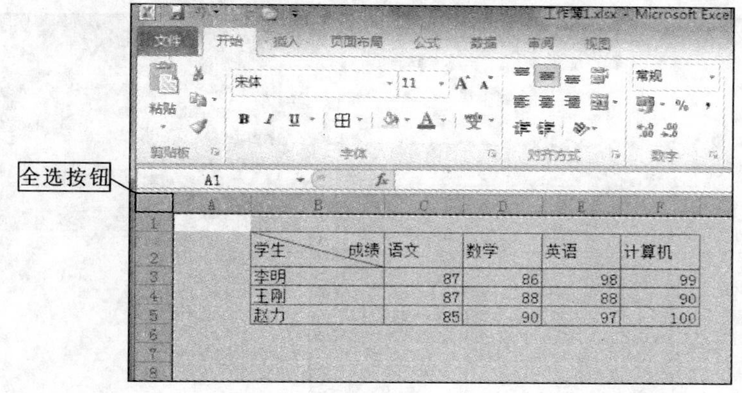

图 6-16

取消选取:单击工作表全选按钮之外的任意处。

(10) 插入行(列)的方法(如图 6-17 所示):

①选中某行(列),单击鼠标右键,在弹出的快捷菜单中选择“插入”命令,则在该行的上面(该列的左边)插入了一行(一列);

②选中某行(列),在【开始】功能区的【单元格】分组中,单击“插入”下拉按钮,选择“插入工作表行(列)”命令,则在该行的上面(该列的左边)插入了一行(一列)。

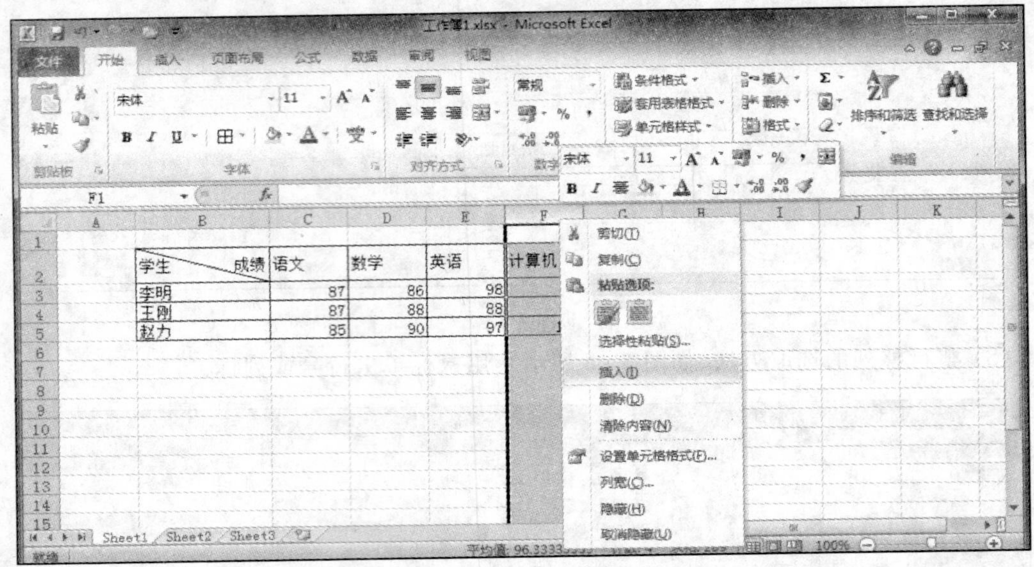

图 6-17

(11) 删除行(列)的方法:选中要删除的某行(列)的行号(列标)。

(12) 交换行(列)的方法:

①在要交换的某两行(列)中选取一行(列),并在之前插入一空行(列),选中另一行(列)并剪切粘贴至空行(列)中,即可完成操作;

②选中要交换的某两行(列)中一行(列),将鼠标左键放置于该行上(左)边框处,按下鼠标左键同时按下键盘上的 Shift 键,拖拽鼠标直至另一行(列)的上(左)边框处,松开鼠标左键和 Shift 键,即可交换两行(列)(如图 6-18 所示)。

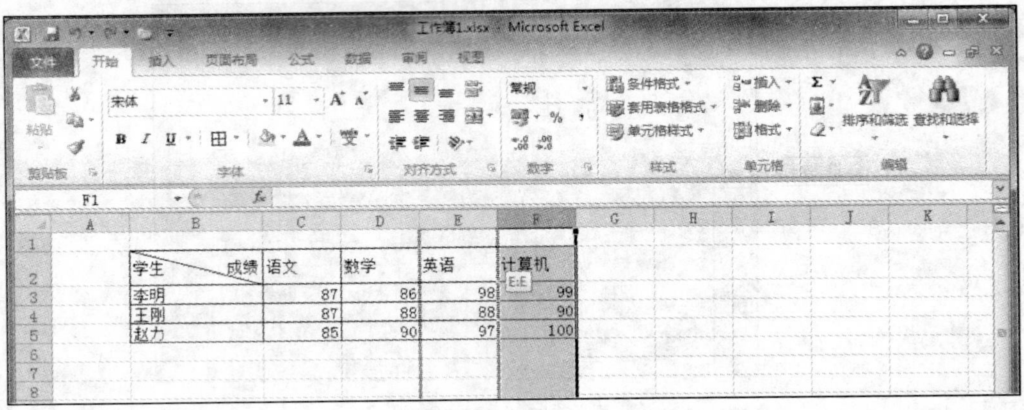

图 6-18

六、数据的输入和编辑操作

1. 数据的类型

①文本型数据：由汉字、字母、数字、各种符号组成，默认左对齐。

②数值型数据：由数字、特殊字符（＋ 、- 、* 、 / 、$ 、¥）组成，默认右对齐 。

③日期时间：格式有 yy/mm/dd、yy-mm-dd、mm-dd-yy，默认右对齐。

2. 数据的输入

(1) 在单元格中输入数据的方法：

①单击需要输入数据的单元格；

②输入数据并按 ENTER 或 TAB 键。

(2) 同时在多个单元格中输入相同数据的方法：

①选定需要输入数据的多个单元格；

②输入相应数据，然后按 Ctrl＋Enter 快捷键。

(3) 单元格名称的定义的方法：

未定义单元格名称以前，单元格选中后，名称框中显示的是由行号和列标组成的名称，要定义单元格名称时，将数据信息输入名称框并按下 Enter 键。

(4) 添加批注的方法：

①单击需要添加批注的单元格；

②在【审阅】功能区的【批注】分组中，单击“新建批注”按钮，在弹出的批注框键入文本；

③完成键入后，单击批注框外部区域；

④右击该单元格，可编辑、删除、显示批注。

(5) 公式的输入方法：

①单击表格中需要输入公式的单元格；

②在【插入】功能区的【符号】分组中，单击“公式”按钮；

③根据题目要求选择合适的“结构”；

④填入相应数据信息。

3. 数据的自动填充

(1)序列的自动填充方法：

①选定待填充数据区的起始单元格；

②输入序列的初始值；

③选定序列所使用的单元格区域；

④在【开始】功能区的【编辑】分组中，单击“填充”下拉按钮，选择“系列”命令；

⑤在弹出的如图 6-19 所示的“序列”对话框中选择填充类型，填入步长值；

⑥单击“确定”，在选定的区域内出现序列。

(2) 等差数列的自动填充的方法：

①选定待填充数据区的起始单元格；

②输入初始值；

③选定下一单元格，输入第二值；

④选定上述两单元格；

⑤用鼠标拖动填充柄经过待填充区域。

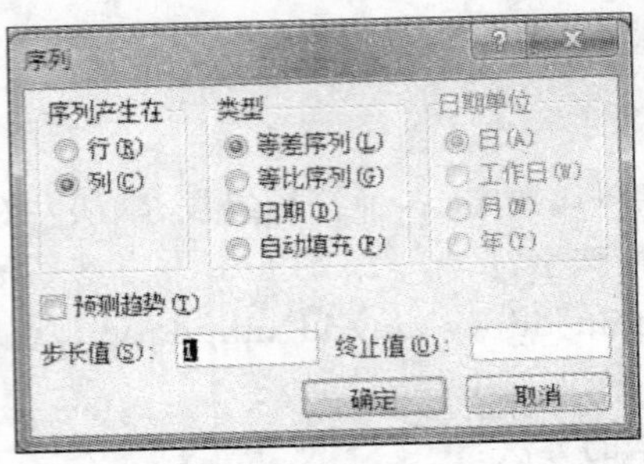

图 6-19

(3) 递增数值文字的填充的方法:

①选定待填充数据区的起始单元格;

②输入初始值;

③按下 Ctrl 键的同时选定起始单元格,用鼠标拖动填充柄经过待填充区域,松开 Ctrl 键和鼠标

(4) 相同文字数值的填充的方法:

①选择单元格输入数据;

②用鼠标拖动填充柄经过待填充区域。

(5) 自定义填充序列的方法:

①选择"文件"→"选项",在"Excel 选项"对话框中选择"高级"命令,在其中选择"编辑自定义列表"命令;

②在"自定义序列"标签中,单击"新序列",输入序列值;

③分别单击"添加"和"确定"按钮。

七、工作表的格式化

1. 单元格的格式化

(1) 选择单元格中的文字。

(2) 在【开始】功能区的【单元格】分组中,单击"格式"下拉按钮,选择"设置单元格格式"命令,弹出如图 6-20 所示的对话框。

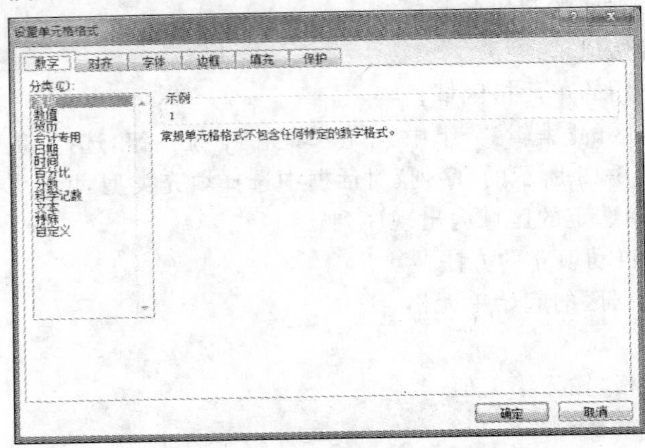

图 6-20

①单击“字体”标签，设置字体格式；

②单击“对齐”标签，设置对齐方式；

③单击“数字”标签，设置数据格式；

④单击“边框”标签，设置边框格式；

⑤单击“填充”标签，设置底纹或背景格式。

2. 调整行高（列宽）

(1) 根据文字调整行高（列宽）选定要调整的行（列）的所有区域范围，将光标置于表中的最后一行（列）与表外的第一行（列）之间的竖线处，当光标变为双向箭头时，双击鼠标左键，即可看到表格中的所有行（列）都根据文字调整好了行高（列宽）。

(2) 可以通过手工调节的方式调整行高（列宽），但不精确。

(3) 通过设置方式精确调整行高（列宽）：在【开始】功能区的【单元格】分组中，单击“格式”下拉按钮，可选择“行高”（“列宽”）设置精确的行高（列宽）。

3. 设置条件格式

选定单元格区域，在【开始】功能区的【样式】分组中，单击“条件格式”下拉按钮，在如图6-21所示的图中选择“突出显示单元格规则”、“项目选取规则”等命令，根据要求为单元格设定相应命令后的具体条件格式。

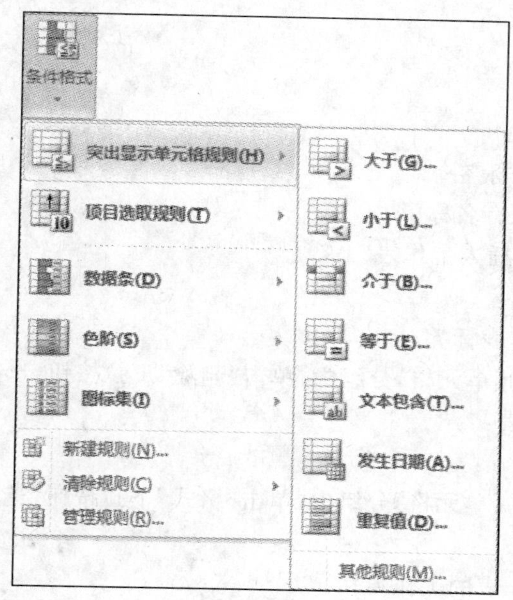

图 6-21

4. 新建单元格样式

选定单元格区域，在【开始】功能区的【样式】分组中，单击“单元格样式”下拉按钮，根据要求选择其中一种样式，若无满足要求的样式可以选择“新建单元格样式”，在弹出的如图 6-22 所示的对话框中新建样式名并单击“格式”按钮设置单元格格式。

5. 自动套用格式

选定单元格区域，在【开始】功能区的【样式】分组中，单击“套用表格格式”下拉按钮，根据要求选择其中一种格式。

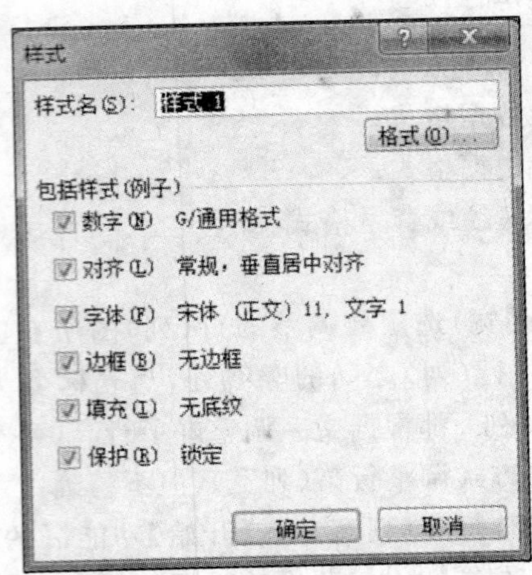

图 6-22

6. 使用模板

选择"文件"→"新建"，在弹出的新建窗口中单击样本模板，选择提供的模板，建立工作簿文件。

八、工作表的编辑

1. 工作表的基本操作

(1) 工作表的重命名：

①双击相应的工作表标签；

②键入新名称覆盖原有名称。

(2) 插入新表：单击"插入工作表"命令。

(3) 删除工作表：

①单击待删除的工作表标签；

②在【开始】功能区的【单元格】分组中，单击"删除"下拉按钮，选择"删除工作表"命令

(4) 移动、复制工作表：

①选定工作表；

②在【开始】功能区的【单元格】分组中，单击"格式"下拉按钮，选择"移动或复制工作表"命令；

③选定用来接收工作表的工作簿；

④单击需要在其前面插入工作表的工作表；

⑤选中"建立副本"则为复制而非移动工作表。

2. 工作表窗口的拆分和冻结

(1) 拆分窗口：

①鼠标指针指向水平滚动条(或垂直滚动条)上的拆分条，当鼠标指针变成双箭头时，沿箭头方向拖动鼠标到适当的位置，放开鼠标即可。拖动分隔条，可以调整分隔后窗格的大小；

②鼠标单击要拆分的行或列的位置，在【视图】功能区的【窗口】分组中，单击"拆分"

按钮。

(2) 取消拆分:将拆分条拖回到原来的位置或在【视图】功能区的【窗口】分组中,再次单击“拆分”按钮。

(3) 冻结窗口:在【视图】功能区的【窗口】分组中,单击“冻结窗格”下拉按钮。

(4) 取消冻结:在【视图】功能区的【窗口】分组中,单击“冻结窗格”下拉按钮,选择“取消冻结窗格”。

3. 工作表的页面设置、打印预览和打印

(1) 设置页面:在【页面布局】功能区的【页面设置】分组中,可单击“页边距”、“纸张方向”、“纸张大小”、“打印区域”和“打印标题”等按钮。

(2) 打印预览:单击【页面布局】功能区的【页面设置】按钮,在弹出的对话框中单击“打印预览”命令。

(3) 打印:单击【页面布局】功能区的【页面设置】按钮,在弹出的对话框中单击“打印”命令。

4. 工作表中链接

(1) 建立超链接:

①选定要建立超链接的单元格区域;

②右击鼠标,在弹出的菜单中选择“超链接”命令,打开“编辑超链接”对话框;

③在“链接到”栏中选择位置,在“请键入单元格引用”中输入要引用的单元格地址;

④单击对话框右上角的“屏幕提示”,打开“设置超链接屏幕提示”对话框,在其中输入信息,当鼠标指针放置在建立的超链接位置时,显示相应的提示信息,单击“确定”按钮即完成。

“编辑超链接”对话框可以对超链接信息进行修改,也可以取消超链接。

(2) 建立数据链接:

①打开某工作表选择数据,在【开始】功能区的【剪贴板】分组中,单击“复制”按钮复制选择的数据;

②打开欲关联的工作表,在工作表中指定的单元格粘贴数据,在“粘贴选项”中选择“粘贴链接”即可。

5. 保护和隐藏工作簿和工作表

(1) 保护工作簿:

在【审阅】功能区的【更改】分组中,单击“保护工作簿”按钮,选择“结构(窗口)”复选框,键入密码,单击“确定”按钮。

(2) 保护工作表:

在【审阅】功能区的【更改】分组中,单击“保护工作表”按钮,选中“保护工作表及锁定的单元格内容”复选框,在“允许此工作表的所有用户进行”下提供的选项中选择允许用户操作的项,键入密码,单击“确定”按钮。

(3) 隐藏工作表:

在【视图】功能区的【窗口】分组中,单击“隐藏”按钮,可以隐藏工作簿工作表的窗口,隐藏工作表后,屏幕上不再出现该工作表,但可以引用该工作表中的数据。

6.5 实训操作

打开工作簿“6.5. xlsx”(如图 6-23 所示)中根据操作要求完成以下表格操作，将表格命名为“2010-2012 年 GDP 一览表. xlsx”并保存文件。

	A	B	C	D	E	F
1						
2		中国各省、直辖市 2010—2012 年 GDP 一览表				
3					单位:亿元	
4		地区	2010 年	2012 年	2011 年	
5		北京市	14,113.58	17,879.40	16,251.93	
6		天津市	9,224.46	12,893.88	11,307.21	
7		河北省	20,394.26	26,575.01	24,515.76	
8		山西省	9,200.86	12,112.83	11,237.55	
9		内蒙古自治区	11,672.00	15,880.58	14,359.88	
10		辽宁省	18,457.27	24,846.43	22,226.70	
11		吉林省	8,667.58	11,939.24	10,568.83	
12		黑龙江省	10,368.60	13,691.58	12,582.00	
13		上海市	17,165.98	20,181.72	19,195.69	
14		江苏省	41,425.48	54,058.22	49,110.27	
15		浙江省	27,722.31	34,665.33	32,318.85	
16		安徽省	12,359.33	17,212.05	15,300.65	
17		福建省	14,737.12	19,701.78	17,560.18	
18		江西省	9,451.26	12,948.88	11,702.82	
19		山东省	39,169.92	50,013.24	45,361.85	
20		河南省	23,092.36	29,599.31	26,931.03	
21		湖北省	15,976.61	22,250.45	19,632.26	
22		湖南省	16,037.96	22,154.23	19,669.56	
23		广东省	46,013.06	57,067.92	53,210.28	
24		广西壮族自治区	9,569.85	13,035.10	11,720.87	
25		海南省	2,064.50	2,855.54	2,522.66	
26		重庆市	7,925.58	11,409.60	10,011.37	
27		四川省	17,185.48	23,872.80	21,026.68	
28		贵州省	4,602.16	6,852.20	5,701.84	
29		云南省	7,224.18	10,309.47	8,893.12	
30		西藏自治区	507.46	701.03	605.83	
31		陕西省	10,123.48	14,453.68	12,512.30	
32		甘肃省	4,120.75	5,650.20	5,020.37	
33		青海省	1,350.43	1,893.54	1,670.44	
34		宁夏回族自治区	1,689.65	2,341.29	2,102.21	
35		新疆维吾尔自治区	5,437.47	7,505.31	6,610.05	

图 6-23

操作要求如下。

(1) 将表格中的 E 列(2011 年)移至 D 列(2012 年)之前;在工作表格中的 B 列(“地区”列)前插入“序号”列;将表格标题“中国各省、直辖市 2010-2012 年 GDP 一览表”所在行设置行高为 28。

(2) 将表格中的标题文字“中国各省、直辖市 2010-2012 年 GDP 一览表”合并居中(B2～F2)并将标题文字格式设置为字体隶书，字号 20，红色，标题所在单元格底纹蓝色，图案样式为 6.25%灰色;将所有的数据内容所在单元格格式设置为数字型、符号为￥，并将数据右对齐，保留 2 位小数。

(3) 利用条件格式将表格中 GDP 值最大的 10%项的数据单元格设置为“浅红填充色深红色文本”，将 B4:F35 区域设置为自动套用格式“表样式浅色 9”，将“地区”列(C4～C35)设置单元格样式为“自定义样式”，格式为“粗体”，单元格填充色为“黄色”，将表格内边框设置为“蓝色单实线”。

(4) 将“中国各省、直辖市 2010-2012 年 GDP 一览表”标题所在单元格区域(B2:F2)定义名称为“标题”,为 F23 单元格添加批注“GDP 值最大”。

(5) 将工作表格命名为“中国各省、直辖市 2010-2012 年 GDP 一览表”,并以“2010-2012 年 GDP 一览表. xlsx”保存文件。

最后的效果如图 6-24 所示。

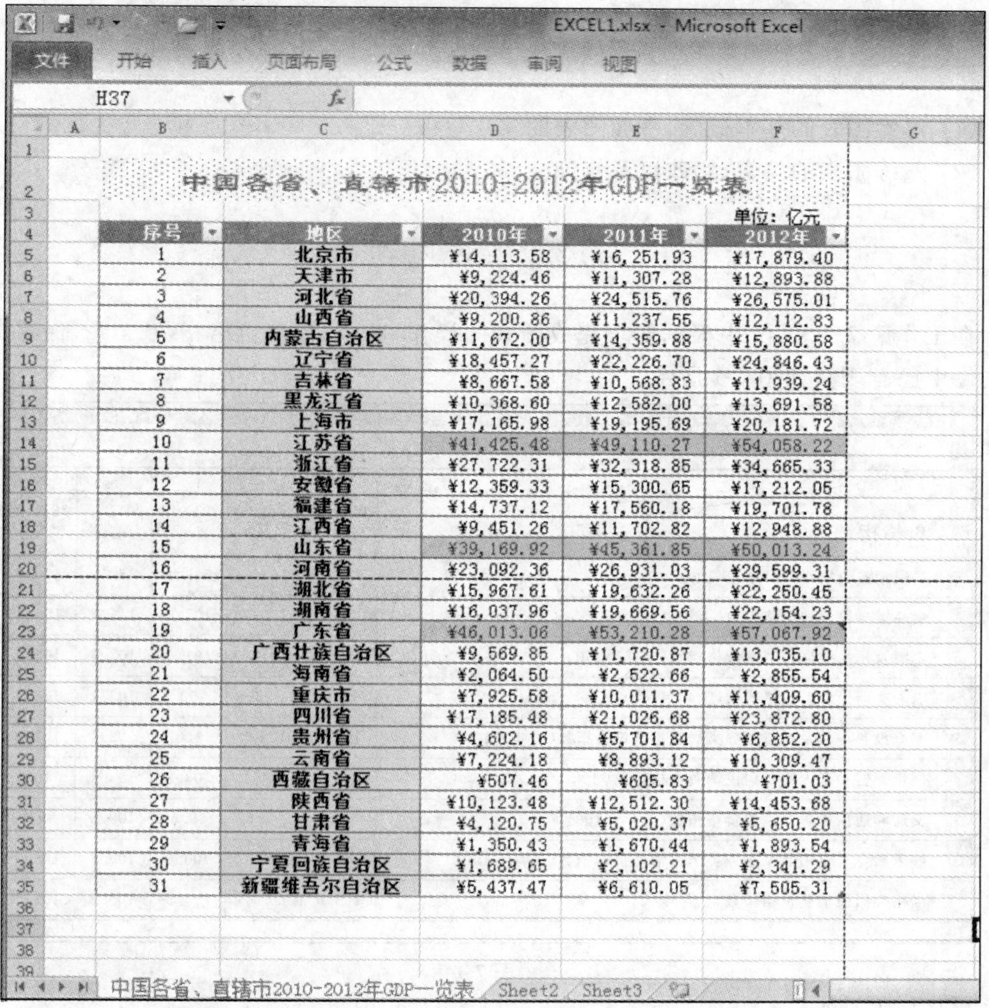

EXCEL1.xlsx - Microsoft Excel

文件　开始　插入　页面布局　公式　数据　审阅　视图

H37

中国各省、直辖市2010-2012年GDP一览表

单位：亿元

序号	地区	2010年	2011年	2012年
1	北京市	¥14,113.58	¥16,251.93	¥17,879.40
2	天津市	¥9,224.46	¥11,307.28	¥12,893.88
3	河北省	¥20,394.26	¥24,515.76	¥26,575.01
4	山西省	¥9,200.86	¥11,237.55	¥12,112.83
5	内蒙古自治区	¥11,672.00	¥14,359.88	¥15,880.58
6	辽宁省	¥18,457.27	¥22,226.70	¥24,846.43
7	吉林省	¥8,667.58	¥10,568.83	¥11,939.24
8	黑龙江省	¥10,368.60	¥12,582.00	¥13,691.58
9	上海市	¥17,165.98	¥19,195.69	¥20,181.72
10	江苏省	¥41,425.48	¥49,110.27	¥54,058.22
11	浙江省	¥27,722.31	¥32,318.85	¥34,665.33
12	安徽省	¥12,359.33	¥15,300.65	¥17,212.05
13	福建省	¥14,737.12	¥17,560.18	¥19,701.78
14	江西省	¥9,451.26	¥11,702.82	¥12,948.88
15	山东省	¥39,169.92	¥45,361.85	¥50,013.24
16	河南省	¥23,092.36	¥26,931.03	¥29,599.31
17	湖北省	¥15,967.61	¥19,632.26	¥22,250.45
18	湖南省	¥16,037.96	¥19,669.56	¥22,154.23
19	广东省	¥46,013.06	¥53,210.28	¥57,067.92
20	广西壮族自治区	¥9,569.85	¥11,720.87	¥13,035.10
21	海南省	¥2,064.50	¥2,522.66	¥2,855.54
22	重庆市	¥7,925.58	¥10,011.37	¥11,409.60
23	四川省	¥17,185.48	¥21,026.68	¥23,872.80
24	贵州省	¥4,602.16	¥5,701.84	¥6,852.20
25	云南省	¥7,224.18	¥8,893.12	¥10,309.47
26	西藏自治区	¥507.46	¥605.83	¥701.03
27	陕西省	¥10,123.48	¥12,512.30	¥14,453.68
28	甘肃省	¥4,120.75	¥5,020.37	¥5,650.20
29	青海省	¥1,350.43	¥1,670.44	¥1,893.54
30	宁夏回族自治区	¥1,689.65	¥2,102.21	¥2,341.29
31	新疆维吾尔自治区	¥5,437.47	¥6,610.05	¥7,505.31

中国各省、直辖市2010-2012年GDP一览表　Sheet2　Sheet3

图 6-24

第 7 章 Excel 2010 图表操作

7.1 实训目的

(1) 熟悉图表的基本概念，掌握图表的建立；
(2) 熟练图表的编辑、修改以及修饰。

7.2 实训内容

在工作簿 7.2.xlsx 中根据要求完成图表的操作，并以“消费价格指数.xlsx”保存文件。该文件中已有表格如图 7-1 所示。

	A	B	C	D	E	F
1	居民消费价格指数					
2	时间 / 价格指数	2008 年	2009 年	2010 年	2011 年	2012 年
3	居民消费价格指数(1978=100)	522.7	519	536.1	565	579.7
4	食品类居民消费价格指数(上年=100)	114.3	100.7	107.2	111.8	104.8
5	烟酒及用品类居民消费价格指数(上年=100)	102.9	101.5	101.6	102.8	102.9
6	衣着类居民消费价格指数(上年=100)	98.5	98	99	102.1	103.1
7	家庭设备用品及维修服务类居民消费价格指数(上年=100)	102.8	100.2	100	102.4	101.9
8	医疗保健和个人用品居民消费价格指数(上年=100)	102.9	101.2	103.2	103.4	102
9	交通和通信类居民消费价格指数(上年=100)	99.1	97.6	99.6	100.5	99.9
10	娱乐教育文化用品及服务类居民消费价格指数(上年=100)	99.3	99.3	100.6	100.4	100.5
11	居住类居民消费价格指数(上年度=100)	105.5	96.4	104.5	105.3	102.1
12						

图 7-1

操作要求如下。

(1) 选取“居民消费价格指数”表格中的 A2～F2 和 A4～F11 的数据内容建立“带数据标记的折线图”(系列产生在“行”)。

(2) 将图表的标题设置为“居民消费价格指数图”，字号为“18”，“加粗”，为图表添加 X 轴标题为“时间”，Y 轴标题为“价格指数”，字号均为“10”并“加粗”。设置 Y 轴刻度最小值为“95”，最大值为“115”，主要刻度单位为“2”，X 轴交叉于 95。设置图例位置为“右上方”，字号为“8”。

(3) 设置图表无主要网格线，将图表插入到 A15:F38 单元格区域内，并保存在“消费价格指数.xlsx”文件中。

7.3　操作步骤

(1) 按题目要求建立“带数据标记的折线图”。选中 A2:F2 和 A4:F11 单元格区域，在【插入】功能区的【图表】分组中，单击“创建图表”按钮，弹出“插入图表”对话框，如图 7-2 所示，在“折线图”中选择“带数据标记的折线图”，单击“确定”按钮，即可插入图表。选中图表，在【图表工具】功能区的【设计】功能组中的【数据】分组中单击“切换行/列”按钮，可将图表的数据源系列产生在行上。

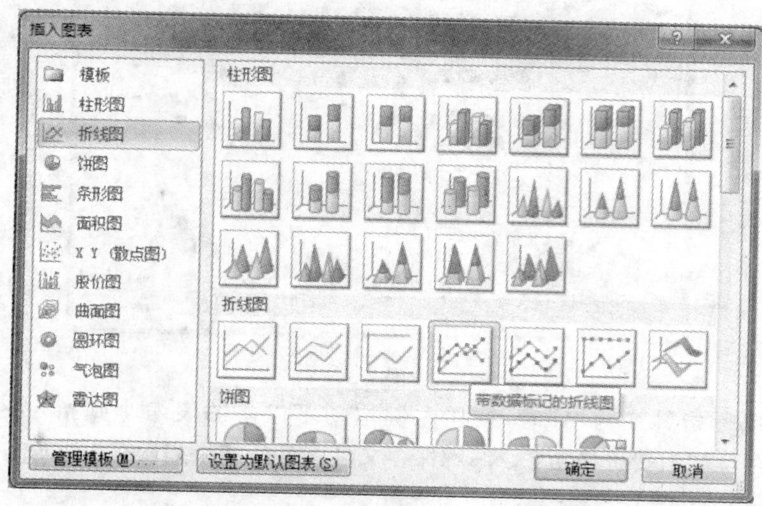

图 7-2

(2) 按题目要求设置图表标题和坐标轴格式。选中已插入的图表，在【图表工具】功能区的【布局】功能组中的【标签】分组中有“图表标题”、“坐标轴标题”、“图例”下拉按钮。单击“图表标题”下拉按钮，选择“图表上方”，可在图表上方显示“图表标题”，选中“图表标题”将其设置为“居民消费价格指数图”，在标题处单击鼠标右键，在弹出的快捷菜单中选择“字体”，设置字号为“18”，“加粗”。单击“坐标轴标题”下拉按钮，选择“主要横坐标轴标题”为“坐标轴下方标题”，将“横坐标轴标题”设置为“时间”，选择“主要纵坐标轴标题”为“竖排标题”，将“纵坐标轴标题”设置为“价格指数”，分别在两个标题处单击鼠标右键，在弹出的快捷菜单中选择“字体”，设置字号为“10”，“加粗”。

(3) 选中并用鼠标双击生成的“居民消费价格指数图”的 Y 轴，弹出“设置坐标轴格式”对话框，如图 7-3 所示，在“坐标轴选项”选项卡的“最小值”中输入“95”，在“最大值”中输入“115”，在“主要刻度单位”中输入“2”，在“横坐标轴交叉”的“坐标轴值”中输入“95”，单击“关闭”按钮。选中“图例”，并通过鼠标右键弹出的快捷菜单中选择“设置图例格式”，将“图例位置”设置为“右上”，在快捷菜单中选择“字体”，设置字体大小为“8”。

(4) 取消图表网格线，调整图表大小和位置及保存图表。在【图表工具】功能区的【布局】功能组中的【坐标轴】分组中单击“网格线”下拉按钮，选择“主要横/纵网格线”为“无”，可设置图表无主要网格线。选中图表，按住鼠标左键单击图表不放并拖动，将其拖动到 A15:F38 单元格区域内(注:不要超过这个区域。如果图表过大，无法放下，可以将鼠标放在图表

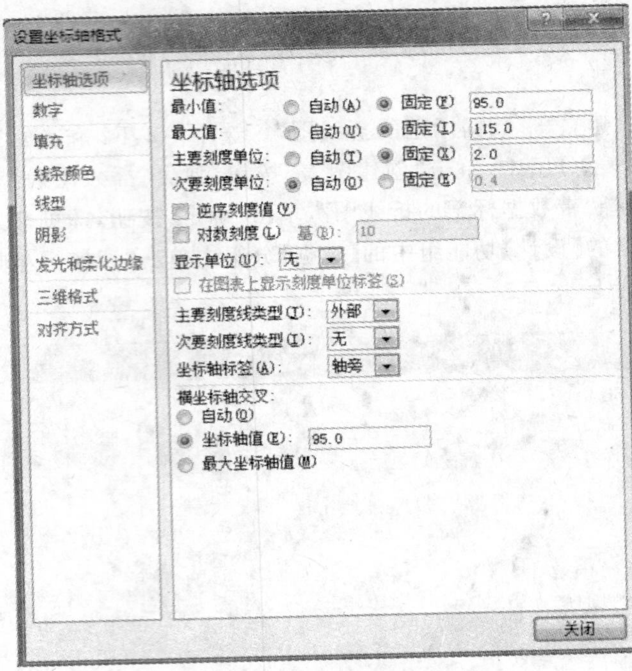

设置坐标轴格式
坐标轴选项
数字
填充
线条颜色
线型
阴影
发光和柔化边缘
三维格式
对齐方式
坐标轴选项
最小值: 自动(A) 固定(F) 95.0
最大值: 自动(U) 固定(I) 115.0
主要刻度单位: 自动(T) 固定(X) 2.0
次要刻度单位: 自动(O) 固定(E) 0.4
逆序刻度值(V)
对数刻度(L) 基(B): 10
显示单位(U): 无
在图表上显示刻度单位标签(S)
主要刻度线类型(J): 外部
次要刻度线类型(I): 无
坐标轴标签(A): 轴旁
横坐标轴交叉:
自动(O)
坐标轴值(E): 95.0
最大坐标轴值(M)
关闭

图 7-3

的右下角,当鼠标指针变为"↘"时,按住左键拖动可以将图表缩小到指定区域内)。通过"文件"→"保存"以"消费价格指数.xlsx"保存文件。最后结果如图 7-4 所示:

居民消费价格指数图
价格指数
时间
2008年
2009年
2010年
2011年
2012年
食品类居民消费价格指数(上年=100)
烟酒及用品类居民消费价格指数(上年=100)
衣着类居民消费价格指数(上年=100)
家庭设备用品及维修服务类居民消费价格指数(上年=100)
医疗保健和个人用品类居民消费价格指数(上年=100)
交通和通信类居民消费价格指数(上年=100)
娱乐教育文化用品及服务类居民消费价格指数(上年=100)
居住类居民消费价格指数(上年=100)

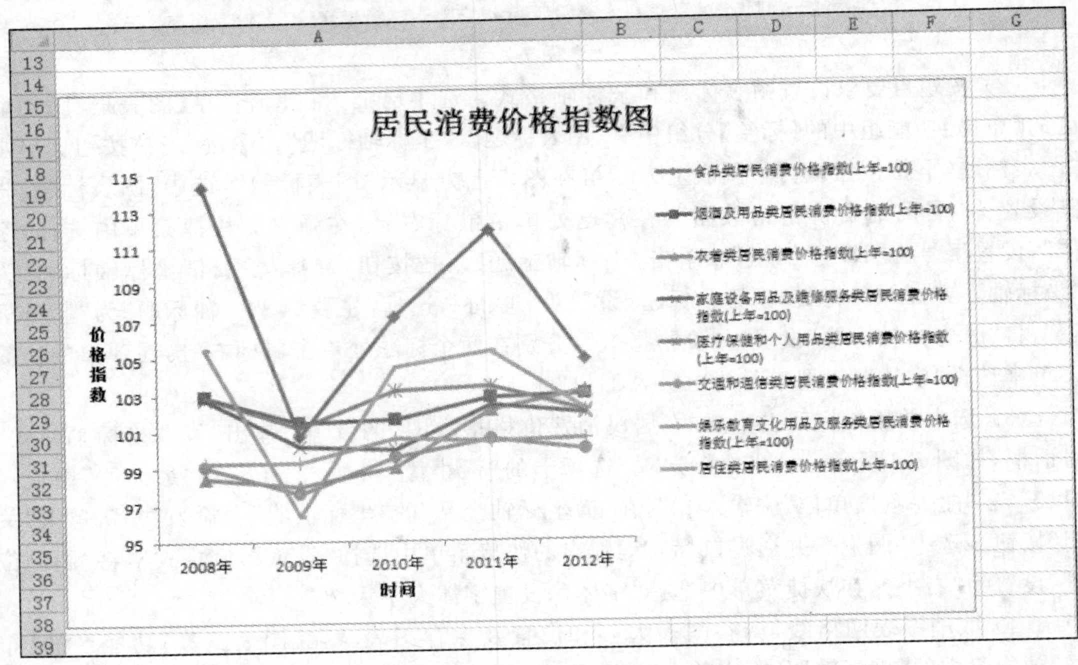

图 7-4

7.4 知识要点

一、图表的功用

将 Excel 2010 工作表数据用图形表示的一种形式。用户可以很直观、容易地从中获取大量信息，提高信息整理价值。

二、图表的类型

柱形图表：由一系列垂直条组成，通常用来比较一段时间中两个或多个项目的相对尺寸。

折线图表：被用来显示一段时间内的趋势。可以通过趋势线对速度等进行预测。

饼形图表：在用于对比几个数据在其形成的总和中所占百分比值时最有用。整个饼代表总和，每一个数用一个楔形或薄片代表。

还有条形图表、散点图表、面积图表、股价图表、曲面图表、圆环图表、气泡图表、雷达图表等。

三、图表项

图表项共有 8 项（1 图表区域、2 图表标题、3 绘图区、4 图例、5 水平（类别）轴、6 水平（类别）轴标题、7 垂直（值）轴、8 垂直（值）轴标题），相对应的位置如图 7-5 所示：

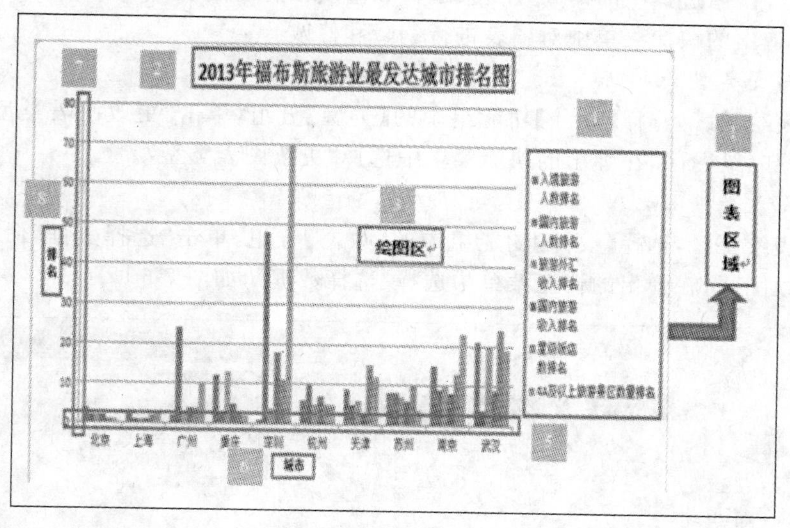

图 7-5

四、图表的数据源及系列

1. 图表的数据源

提供创建图表所需要的所有数据信息。在默认情况下，图表随着数据源的改变而发生改变。利用 Ctrl 键可以选择不连续的数据源。

2. 数据系列

图表源数据的“系列”即“数据系列”，是指图表反映的数据取至所选数据区的行上还是列上的一组相关的数据点。“系列产生在”有“行”(“列”)选项，可以确定表中的数据图形元素代表的是一行还是一列数据，每一系列用单独的颜色或图案区分。

五、图表的创建

1. 利用功能区分组中的命令建立图表

(1) 鼠标左键单击的方式，利用 按钮选定数据所在的区域(包含行列标题)。

(2) 在【插入】功能区的【图表】分组中，单击“柱形图”/“折线图”/“饼图”等下拉按钮，根据题目要求选择所需图形类别。

(3) 若要设置图表标题、垂直(值)轴标题、水平(类别)轴标题、图例等，还可在【图表工具】功能区的【设计】功能组中的【图表布局】分组中选择题目要求所需的布局样式。

(4) 图表显示在工作表内，通过鼠标左键拖拽图表的八个控制点中的任何一个可将图表区缩放，也可将图表整个拖动至要插入的单元格区域内。

2. 利用“自动绘图”建立图表

选定要绘图的区域，按 F11 键即可。

六、图表的编辑和修改

当选中一个图表后，功能区会出现【图表工具】，其下有三个功能组，分别为【设计】、【布局】、【格式】，可以通过其中的命令按钮来编辑和修改已有的图表，也可通过选中图表后单击鼠标右键，在弹出的快捷菜单中对图表进行编辑和修改。

1. 修改图表类型

选中图表绘图区，选择【设计】功能组中的【类型】分组，单击“更改图表类型”命令，或直接右键单击图表绘图区，在弹出的快捷菜单中选择“更改图表类型”。

2. 修改图表数据源

选中图表绘图区，选择【设计】功能组中的【数据】分组，单击“选择数据”命令，或直接右键单击图表绘图区，在弹出的快捷菜单中选择“选择数据”，如图 7-6 所示。

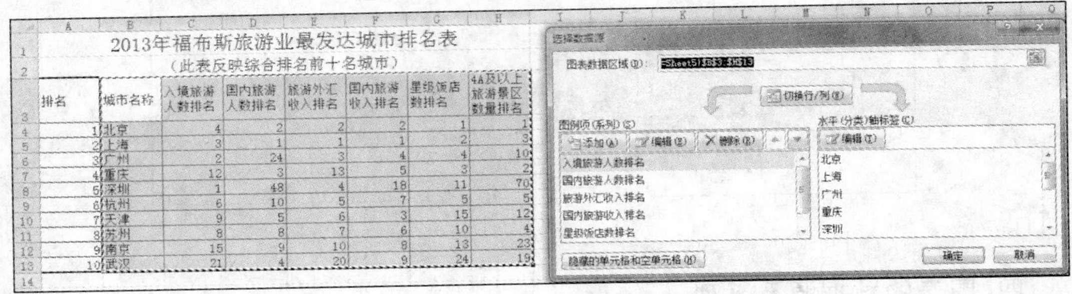

2013年福布斯旅游业最发达城市排名表
(此表反映综合排名前十名城市)

排名	城市名称	入境旅游人数排名	国内旅游人数排名	旅游外汇收入排名	国内旅游收入排名	星级饭店数排名	4A及以上旅游景区数量排名
1	北京	4	2	2	2	1	1
2	上海	3	1	1	1	2	3
3	广州	2	24	3	4	4	10
4	重庆	12	3	13	5	3	2
5	深圳	1	48	4	18	11	70
6	杭州	6	10	5	7	5	5
7	天津	9	5	6	3	15	12
8	苏州	8	8	7	6	10	4
9	南京	15	9	10	8	13	23
10	武汉	21	4	20	9	24	19

图 7-6

七、图表的修饰

图表建立完成后，可以对图表进行修饰，使其更加美观。通过双击图表上的各个对象，打开相应对象的格式设置框，可设置或变更对象格式。也可利用【图表工具】功能区中的【布局】、【格式】功能组下的命令去完成对图表的修饰。

7.5 实训操作

在工作簿 7.5.xlsx 中根据要求完成图表的操作，并以“学生人数统计.xlsx”保存文件。该文件中已有表格如图 7-7 所示。

	A	B	C	D
1	普通专科院校分学科学生人数统计表			
2	类别	平均普通专科招生数(万人)	普通专科在校生数(万人)	平均普通专科毕业生数(万人)
3	师范	15.1	52.3	18.4
4	农林牧渔	5.6	16.9	5.8
5	交通运输	15.3	43.6	12.7
6	生化与药品	7.0	22.7	8.1
7	资源开发与测绘	5.0	14.8	4.4
8	材料与能源	4.1	13.2	4.5
9	土建	36.5	105.1	27.1
10	水利	1.4	4.0	1.1
11	制造	40.6	126.2	43.1
12	电子信息	29.8	93.2	37.0
13	环保、气象与安全	1.5	4.6	1.5
14	轻纺食品	5.2	16.7	6.2
15	财经	69.2	206.1	67.2
16	医药卫生	29.9	92.6	27.9
17	旅游	11.0	32.3	10.8
18	公共事业	3.3	9.7	3.1
19	文化教育	29.8	101.6	38.9
20	艺术设计传媒	14.7	45.8	15.0
21	公安	1.2	3.3	1.7
22	法律	3.9	12.0	4.7

图 7-7

操作要求如下。

(1) 选取“普通专科院校分学科学生人数统计表”中的除了“普通专科在校生数(万人)”列的数据以外的各数据区域内容建立“簇状柱形图”(系列产生在“列”)。

(2) 将图表的标题设置为“普通专科院校分学科学生人数统计图”，字号为“18”，“加粗”，为图表添加 X 轴标题为“类别”，Y 轴标题为“人数”，字号为“10”，“加粗”。设置 Y 轴刻度最小值为“0”，最大值为“70”，主要刻度单位为“5”，X 轴交叉于 0，设置图例位置为“靠上方”，字号为“8”。

(3) 设置图表无主要网格线，将图表插入到“学生人数统计表.xlsx”文件中“普通专科院校分学科学生人数统计表”表格下方的 A24:F48 单元格区域内，并保存在“学生人数统计.

xlsx”文件中。

最后的效果如图 7-8 所示

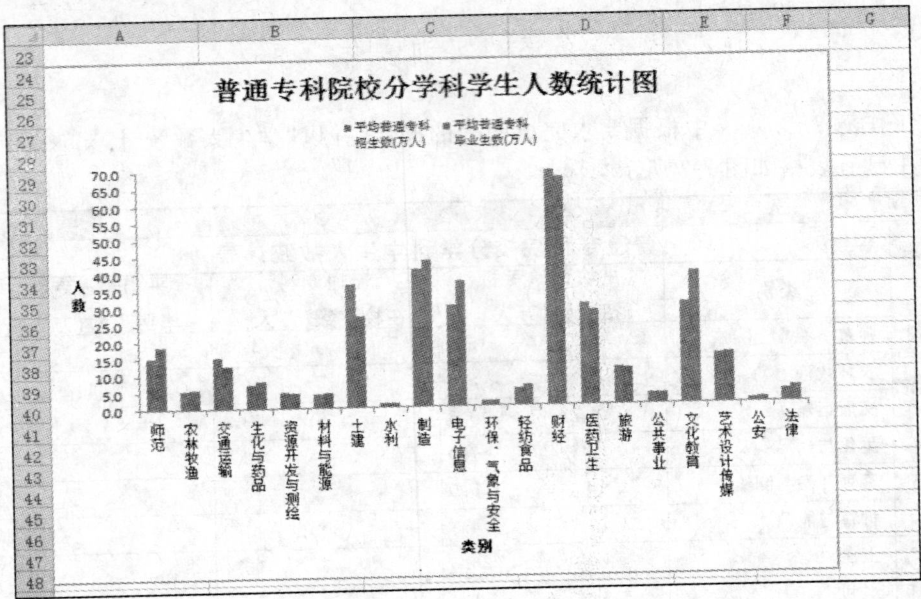

图 7-8

第 8 章　Excel 2010 数据处理

8.1　实训目的

(1) 熟悉单元格绝对地址和相对地址的概念；

(2) 掌握工作表中公式和常用函数的使用方法；

(3) 熟悉数据清单的概念，数据清单的建立；掌握数据清单内容的排序、筛选、分类汇总、数据合并计算、数据透视表的建立。

8.2　实训内容

一、公式与函数

在工作簿 8.2.1.xlsx 中 Excel 2010 表格“某公司员工身体质量状况表”如图 8-1 所示，按照操作要求完成下列操作并以“身体质量状况表.xlsx”保存文件。

	A	B	C	D	E	F	G	H
1	某公司员工身体质量状况表							
2	姓名	部门	性别	身高	体重	年龄	BMI值	类型
3	刘亮	生产部	男	1.75	70	32		
4	黄晓	业务部	男	1.78	82	30		
5	李正强	生产部	男	1.76	75	40		
6	文武	管理部	男	1.8	77	43		
7	王树涛	品质部	男	1.72	85	35		
8	张娟	生产部	女	1.65	60	35		
9	郑玉	管理部	女	1.58	45	38		
10	孙相英	业务部	女	1.63	50	28		
11	魏兰	业务部	女	1.67	55	26		
12	崔实	生产部	男	1.7	65	25		
13	施阳	工程部	男	1.73	76	33		
14	胡林	工程部	女	1.62	52	40		
15	钱力	生产部	男	1.78	80	34		
16	赵言如	品质部	女	1.66	58	36		
17	许珍	品质部	女	1.59	43	30		
18	杨昌建	工程部	男	1.82	80	35		
19								
20	最大BMI							
21	最小BMI							
22	正常范围人数							
23	正常范围的BMI平均值							

图 8-1

操作要求如下。

1. 公式使用

使用公式计算表格中的“BMI 值”列的值(公式参考：体质指数(BMI)＝体重(kg)÷身高2(m))。

2. 函数运用

(1) 运用函数计算表格中的最大和最小 BMI 值(利用 MAX 与 MIN 函数)。

(2) 运用函数判断“BMI 值”列中的每个值分别对应的类型,判断标准如图 8-2 所示,若体重正常,则判断类型为“正常范围”,若体重不正常,则判断类型为“偏离正常”(利用 RANK 函数)。

成人体重分类	
分类	BMI值 (kg/m^2)
肥胖	BMI≥28.0
超重	24.0≤BMI<28.0
体重正常	18.5≤BMI<24.0
体重过低	BMI<18.5

图 8-2

(3) 运用函数计算类型为“正常范围”的人数及正常范围的 BMI 平均值(利用 COUNTIF 与 SUMIF 函数)。

二、数据清单的操作

在工作簿 8.2.2.xlsx 中 Excel 2010 表格“某公司计算机产品月销售统计表”(注:假设该公司销售计算机产品的每种品牌的型号固定)作为工作簿中的 sheet1,如图 8-3 所示,按照操作要求完成下列操作并以“计算机产品月销售统计表”保存文件。

	A	B	C	D	E	F	G	H
1	某公司电脑产品月销售统计表							
2	类别	品牌	销售数量(台)	单价(元)	金额(元)	销售地点	销售员	
3	平板电脑	苹果	12	3450	41400	数码世界	刘亮	
4	平板电脑	联想	6	2700	16200	电脑城	黄晓	
5	平板电脑	三星	2	3350	6700	电脑家园	李正强	
6	台式电脑	联想	18	5300	95400	电脑城	文武	
7	台式电脑	戴尔	10	5200	52000	电脑家园	李正强	
8	台式电脑	惠普	12	4600	55200	数码世界	张娟	
9	台式电脑	华硕	6	4200	25200	电脑家园	郑玉	
10	台式电脑	宏基	4	4300	17200	数码世界	张娟	
11	笔记本电脑	联想	22	5400	118800	电脑城	魏兰	
12	笔记本电脑	华硕	8	4000	32000	电脑家园	郑玉	
13	笔记本电脑	戴尔	12	5000	60000	电脑家园	李正强	
14	笔记本电脑	惠普	14	4200	58800	数码世界	张娟	
15	超级本	联想	4	4200	16800	电脑城	黄晓	
16	超级本	华硕	1	3300	3300	电脑家园	郑玉	
17	一体机	联想	3	6500	19500	电脑城	黄晓	
18	一体机	华硕	1	4800	4800	电脑家园	郑玉	
19								

图 8-3

操作要求如下。

1. 数据排序

将 sheet1 工作表中的“某公司计算机产品月销售统计表”复制到 sheet2,使用 sheet2 工作表中的数据,以“类别”为主要关键字,以“品牌”为次要关键字,以递增的方式排序,效果如图 8-4 所示。

2. 数据筛选

(1) 将 sheet2 工作表中的“某公司计算机产品月销售统计表”复制到 sheet3，使用 sheet3 工作表中的数据，筛选出品牌为“联想”的记录，效果如图 8-5 所示。

	A	B	C	D	E	F	G	H
1	某公司电脑产品月销售统计表							
2	类别	品牌	销售数量(台)	单价（元）	金额（元）	销售地点	销售员	
3	笔记本电脑	戴尔	12	5000	60000	电脑家园	李正强	
4	笔记本电脑	华硕	8	4000	32000	电脑家园	郑玉	
5	笔记本电脑	惠普	14	4200	58800	数码世界	张娟	
6	笔记本电脑	联想	22	5400	118800	电脑城	魏兰	
7	超级本	华硕	1	3300	3300	电脑家园	郑玉	
8	超级本	联想	4	4200	16800	电脑城	黄晓	
9	平板电脑	联想	6	2700	16200	电脑城	黄晓	
10	平板电脑	苹果	12	3450	41400	数码世界	刘亮	
11	平板电脑	三星	2	3350	6700	电脑家园	李正强	
12	台式电脑	戴尔	10	5200	52000	电脑家园	李正强	
13	台式电脑	宏基	4	4300	17200	数码世界	张娟	
14	台式电脑	华硕	6	4200	25200	电脑家园	郑玉	
15	台式电脑	惠普	12	4600	55200	数码世界	张娟	
16	台式电脑	联想	18	5300	95400	电脑城	文武	
17	一体机	华硕	1	4800	4800	电脑家园	郑玉	
18	一体机	联想	3	6500	19500	电脑城	黄晓	
19								

图 8-4

	A	B	C	D	E	F	G	H
1	某公司电脑产品月销售统计表							
2	类别	品片	销售数量(台)	单价（元）	金额（元）	销售地点	销售员	
6	笔记本电脑	联想	22	5400	118800	电脑城	魏兰	
8	超级本	联想	4	4200	16800	电脑城	黄晓	
9	平板电脑	联想	6	2700	16200	电脑城	黄晓	
16	台式电脑	联想	18	5300	95400	电脑城	文武	
18	一体机	联想	3	6500	19500	电脑城	黄晓	
19								

图 8-5

(2) 使用 sheet3 工作表中的数据，运用高级筛选的方式筛选出类别为“笔记本电脑”或销售地点为“电脑城”的记录，效果如图 8-6 所示。

	A	B	C	D	E	F	G
24							
25	类别	品牌	销售数量(台)	单价（元）	金额（元）	销售地点	销售员
26	笔记本电脑	戴尔	12	5000	60000	电脑家园	李正强
27	笔记本电脑	华硕	8	4000	32000	电脑家园	郑玉
28	笔记本电脑	惠普	14	4200	58800	数码世界	张娟
29	笔记本电脑	联想	22	5400	118800	电脑城	魏兰
30	超级本	联想	4	4200	16800	电脑城	黄晓
31	平板电脑	联想	6	2700	16200	电脑城	黄晓
32	台式电脑	联想	18	5300	95400	电脑城	文武
33	一体机	联想	3	6500	19500	电脑城	黄晓

图 8-6

3. 数据分类汇总

将 sheet2 工作表中的“某公司计算机产品月销售统计表”复制到 sheet4，使用 sheet4 工作表中的数据，以“类别”为分类字段，以“销售数量”和“金额”为汇总项进行“求和”的分类汇总，效果如图 8-7 所示。

	A	B	C	D	E	F	G
1	某公司电脑产品月销售统计表						
2	类别	品牌	销售数量(台)	单价(元)	金额(元)	销售地点	销售员
3	笔记本电脑	戴尔	12	5000	60000	电脑家园	李正强
4	笔记本电脑	华硕	8	4000	32000	电脑家园	郑玉
5	笔记本电脑	惠普	14	4200	58800	数码世界	张娟
6	笔记本电脑	联想	22	5400	118800	电脑城	魏兰
7	记本电脑 汇总		56		269600		
8	超级本	华硕	1	3300	3300	电脑家园	郑玉
9	超级本	联想	4	4200	16800	电脑城	黄晓
10	超级本 汇总		5		20100		
11	平板电脑	联想	6	2700	16200	电脑城	黄晓
12	平板电脑	苹果	12	3450	41400	数码世界	刘亮
13	平板电脑	三星	2	3350	6700	电脑家园	李正强
14	板电脑 汇总		20		64300		
15	台式电脑	戴尔	10	5200	52000	电脑家园	李正强
16	台式电脑	宏基	4	4300	17200	数码世界	张娟
17	台式电脑	华硕	6	4200	25200	电脑家园	郑玉
18	台式电脑	惠普	12	4600	55200	数码世界	张娟
19	台式电脑	联想	18	5300	95400	电脑城	文武
20	式电脑 汇总		50		245000		
21	一体机	华硕	1	4800	4800	电脑家园	郑玉
22	一体机	联想	3	6500	19500	电脑城	黄晓
23	一体机 汇总		4		24300		
24	总计		135		623300		

图 8-7

4. 数据透视表

将 sheet2 工作表中的"某公司计算机产品月销售统计表"复制到 sheet5，使用 sheet5 工作表中的数据，以"类别"为报表筛选项，以"销售员"为行标签，以"品牌"为列标签，以"金额"为求和项，从 sheet6 工作表中的 A1 单元格起，建立数据透视表，效果如图 8-8 所示。

	A	B	C	D	E	F	G	H	I
1	类别	(全部)							
2									
3	求和项:金额(元)	品牌							
4	销售员	戴尔	宏基	华硕	惠普	联想	苹果	三星	总计
5	黄晓					52500			52500
6	李正强	112000						6700	118700
7	刘亮						41400		41400
8	魏兰					118800			118800
9	文武					95400			95400
10	张娟		17200		114000				131200
11	郑玉			65300					65300
12	总计	112000	17200	65300	114000	266700	41400	6700	623300

图 8-8

8.3 操作步骤

一、公式与函数操作步骤

1. 公式使用

在 G3 中插入公式"＝E3/(D3＊D3)"，并按回车键，将鼠标移动到 G3 单元格的右下角，按住鼠标左键不放向下拖动进行数据的自动填充，即可计算出"BMI 值"列中其他的值。

2. 函数运用

(1) 选中 D20 单元格，在【公式】功能区的【函数库】分组中，单击"插入函数"按钮，弹出"插入函数"对话框，"选择类别"下拉列表框选择"全部"，在其中找到"MAX"函数，在弹出的如图 8-9 所示的"函数参数"对话框中，选择 Number1 所对应的数据区域(G3:G18)，单击"确

定”按钮，即可在 D20 单元格中显示出 BMI 的最大值。

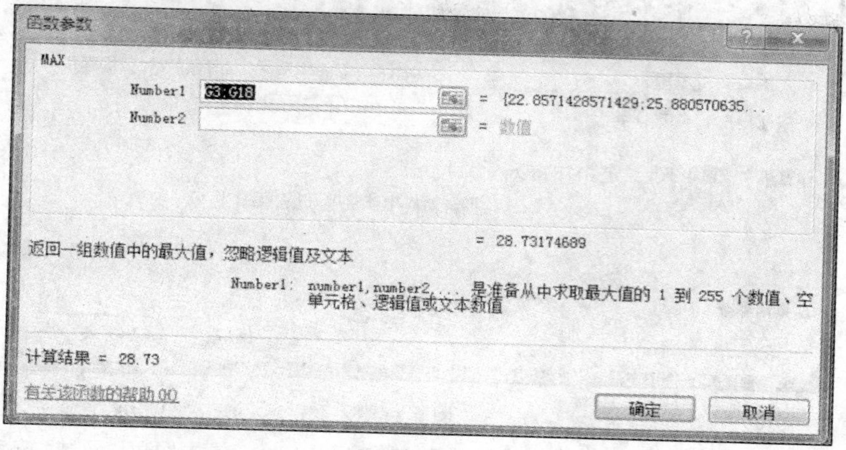

图 8-9

选中 D21 单元格，在【公式】功能区的【函数库】分组中，单击“插入函数”按钮，弹出“插入函数”对话框，“选择类别”下拉列表框选择“全部”，在其中找到“MIN”函数，在弹出的如图 8-10 所示的“函数参数”对话框中，选择 Number1 所对应的数据区域(G3:G18)，单击“确定”按钮，即可在 D21 单元格中显示出 BMI 的最小值。

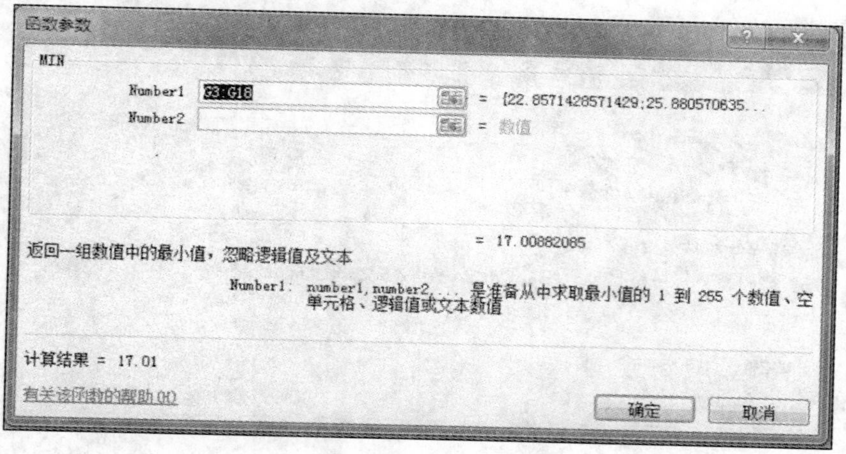

图 8-10

(2) 运用函数判断“BMI 值”列中的每个值分别对应的类型时，在 H3 单元格中输入函数“=IF(G3<18.5,”偏离正常”,IF(G3>=24,”偏离正常”,”正常范围”))”并按回车键，将鼠标移动到 H3 单元格的右下角，按住鼠标左键不放向下拖动进行数据的自动填充，即可判断出“类型”列中其他的类型值。

(3) 运用函数计算类型为“正常范围”的人数及正常范围的 BMI 平均值时，先选中 D22 单元格，在【公式】功能区的【函数库】分组中，单击“插入函数”按钮，弹出“插入函数”对话框，“选择类别”下拉列表框选择“全部”，在其中找到“COUNTIF”函数，在弹出的如图 8-11 所示的“函数参数”对话框中，选择 Range 所对应的数据区域(H3:H18)，Criteria 所对应的值输入“正常范围”，单击“确定”按钮，即可在 D22 单元格中显示类型为“正常范围”的人数。

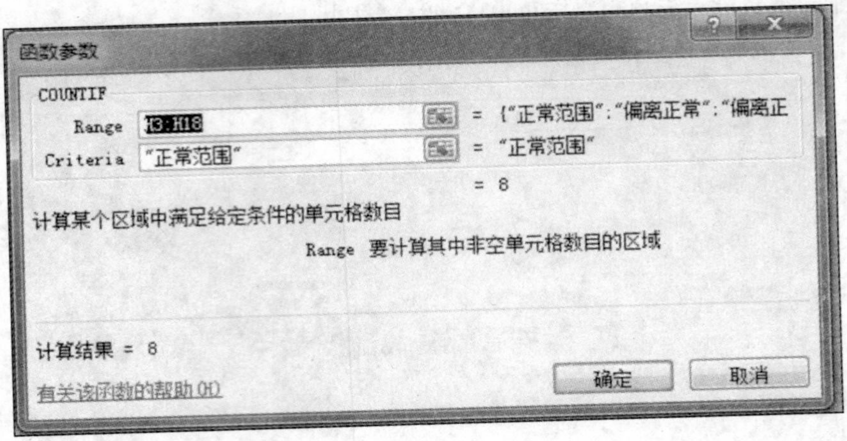

函数参数

COUNTIF

Range H3:H18 = {"正常范围":"偏离正常":"偏离正

Criteria "正常范围" = "正常范围"

= 8

计算某个区域中满足给定条件的单元格数目

Range 要计算其中非空单元格数目的区域

计算结果 = 8

有关该函数的帮助(H) 确定 取消

图 8-11

再选中 D23 单元格,在【公式】功能区的【函数库】分组中,单击"插入函数"按钮,弹出"插入函数"对话框,"选择类别"下拉列表框选择"全部",在其中找到"SUMIF"函数,在弹出的如图 8-12 所示的"函数参数"对话框中,选择 Range 所对应的数据区域(H3:H18),Criteria 所对应的值输入"正常范围",Sum_range 所对应的数据区域(G3:G18),单击"确定"按钮,将显示在 D23 单元格中的结果除以"正常范围"的人数(D22),即可在 D23 显示正常范围的 BMI 平均值。

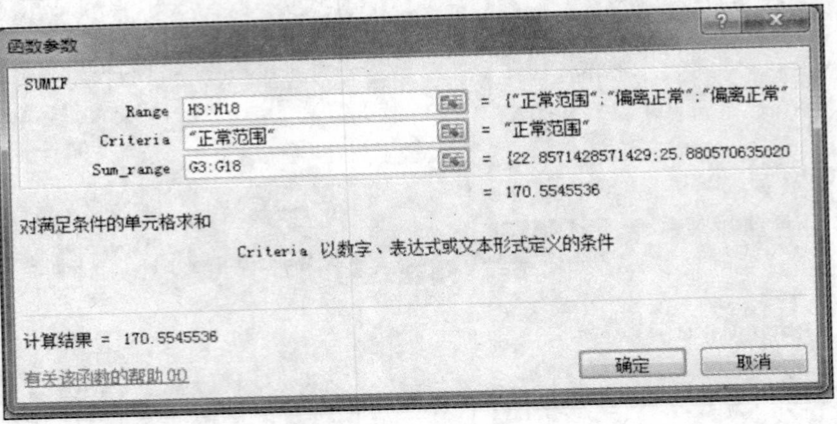

函数参数

SUMIF

Range H3:H18 = {"正常范围":"偏离正常":"偏离正常"

Criteria "正常范围" = "正常范围"

Sum_range G3:G18 = {22.8571428571429;25.880570635020

= 170.5545536

对满足条件的单元格求和

Criteria 以数字、表达式或文本形式定义的条件

计算结果 = 170.5545536

有关该函数的帮助(H) 确定 取消

图 8-12

最后的效果如图 8-13 所示。

二、数据清单的操作步骤

1. 数据排序

鼠标左键拖动选中 sheet1 工作表中的"某公司计算机产品月销售统计表",在【开始】功能区的【剪贴板】分组中,单击"复制"按钮,再到 sheet2 表中单击"粘贴"按钮,将"某公司计算机产品月销售统计表"复制到 sheet2 中。选中该表中任意位置处,在【数据】功能区的【排序和筛选】分组中,单击"排序"按钮,在弹出的如图 8-14 所示对话框"排序"中,设置"主要关键字"为"类别","次要关键字"为"品牌","排序依据"为"数值","次序"为"升序",勾选"数据包

含标题”，单击“确定”按钮，则完成数据排序功能。

	A	B	C	D	E	F	G	H
1	某公司员工身体质量状况表							
2	姓名	部门	性别	身高	体重	年龄	BMI值	类型
3	刘亮	生产部	男	1.75	70	32	22.86	正常范围
4	黄晓	业务部	男	1.78	82	30	25.88	偏离正常
5	李正强	生产部	男	1.76	75	40	24.21	偏离正常
6	文武	管理部	男	1.8	77	43	23.77	正常范围
7	王树涛	品质部	男	1.72	85	35	28.73	偏离正常
8	张娟	生产部	女	1.65	60	35	22.04	正常范围
9	郑玉	管理部	女	1.58	45	38	18.03	偏离正常
10	孙相英	业务部	女	1.63	50	28	18.82	正常范围
11	魏兰	业务部	女	1.67	55	26	19.72	正常范围
12	崔实	生产部	男	1.7	65	25	22.49	正常范围
13	施阳	工程部	男	1.73	76	33	25.39	偏离正常
14	胡林	工程部	女	1.62	52	40	19.81	正常范围
15	钱力	生产部	男	1.78	80	34	25.25	偏离正常
16	赵言如	品质部	女	1.66	58	36	21.05	正常范围
17	许珍	品质部	女	1.59	43	30	17.01	偏离正常
18	杨昌建	工程部	男	1.82	80	35	24.15	偏离正常
19								
20	最大BMI			28.73				
21	最小BMI			17.01				
22	正常范围人数			8				
23	正常范围的BMI平均值			21.31932				

图 8-13

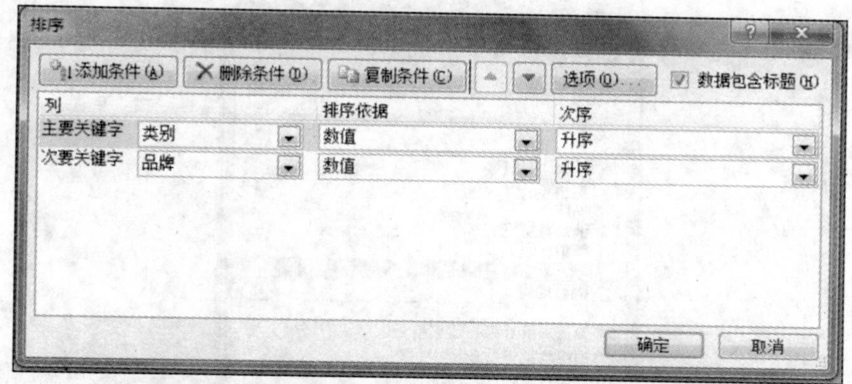

图 8-14

2. 数据筛选

(1) 鼠标左键拖动选中 sheet2 工作表中的“某公司计算机产品月销售统计表”，在【开始】功能区的【剪贴板】分组中，单击“复制”按钮，再到 sheet3 表中单击“粘贴”按钮，将“某公司计算机产品月销售统计表”复制到 sheet3 中。在【数据】功能区的【排序和筛选】分组中，单击“筛选”按钮执行命令，自动筛选箭头会出现在筛选清单中列标的右边，单击“品牌”的自动筛选箭头选择“联想”复选框，则筛选出品牌为“联想”的记录。

(2) 在【数据】功能区的【排序和筛选】分组中，单击“高级”按钮，在弹出的如图 8-15 所示的“高级筛选”对话框中，设置“方式”为“将筛选结果复制到其他位置”，鼠标选中“列表区域”（$A$2:$G$18），“条件区域”（$A$21:$G$23），“复制到”（$A$25），单击“确定”按钮，则在 A25:G33 区域内可显示类别为“笔记本计算机”或销售地点为“计算机城”的记录。

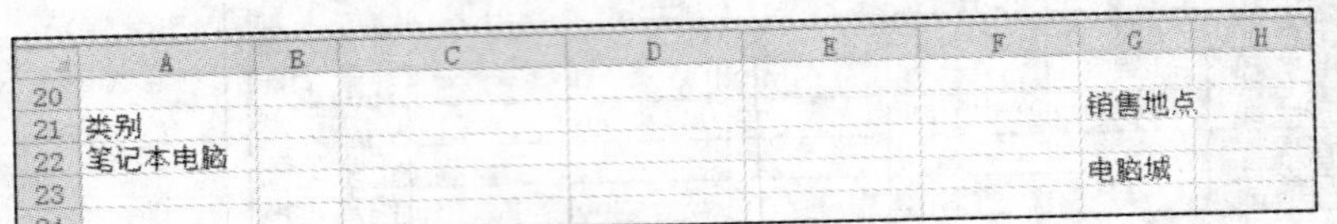

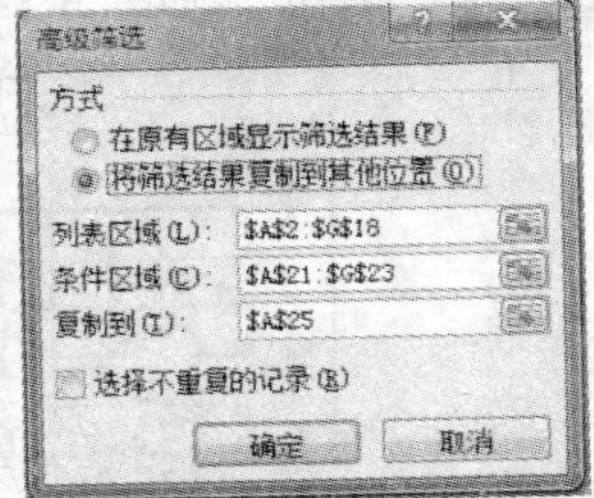

图 8-15

3. 数据分类汇总

鼠标左键拖动选中 sheet2 工作表中的“某公司计算机产品月销售统计表”,在【开始】功能区的【剪贴板】分组中,单击“复制”按钮,再到 sheet4 表中单击“粘贴”按钮,将“某公司计算机产品月销售统计表”复制到 sheet4 中。选中 sheet4 工作表“某公司计算机产品月销售统计表”中的任意位置处,在【数据】功能区的【分级显示】分组中,单击“分类汇总”按钮,在弹出的如图 8-16 所示的“分类汇总”对话框中,设置“分类字段”为类别,“汇总方式”为求和,选定“销售数量(台)”、“金额(元)”复选框为汇总项,单击“确定”按钮,则可在“某公司计算机产品月销售统计表”中显示分类汇总后的结果。

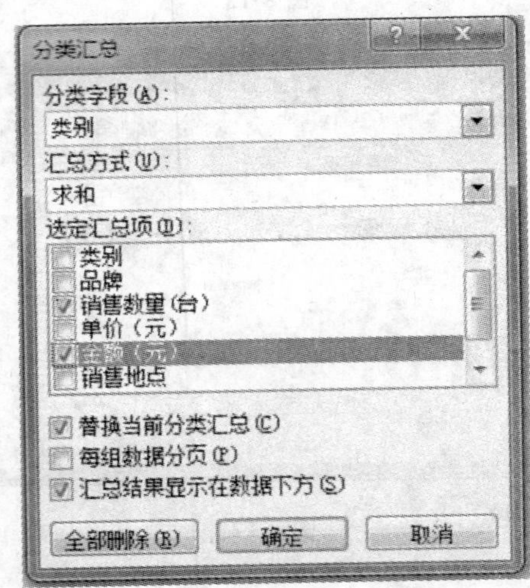

图 8-16

4. 数据透视表

鼠标左键拖动选中 sheet2 工作表中的“某公司计算机产品月销售统计表”,在【开始】功能区的【剪贴板】分组中,单击“复制”按钮,再到 sheet5 表中单击“粘贴”按钮,将“某公司计算机产品月销售统计表”复制到 sheet5 中。再选中 sheet5 工作表“某公司计算机产品月销售统计表”中的任意位置处,在【插入】功能区的【表格】分组中,单击“数据透视表”按钮,在弹出如图8-17所示的“创建数据透视表”对话框中,设置“选择表/区域”为“Sheet5! $A$2:$G$18”,“选择放置数据透视表的位置”为现有工作表中的“位置”,用鼠标左键选取 sheet6 工作表中的 A1 单元格,作为建立数据透视表的起始单元格。

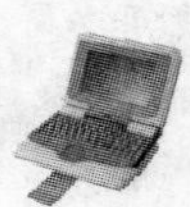

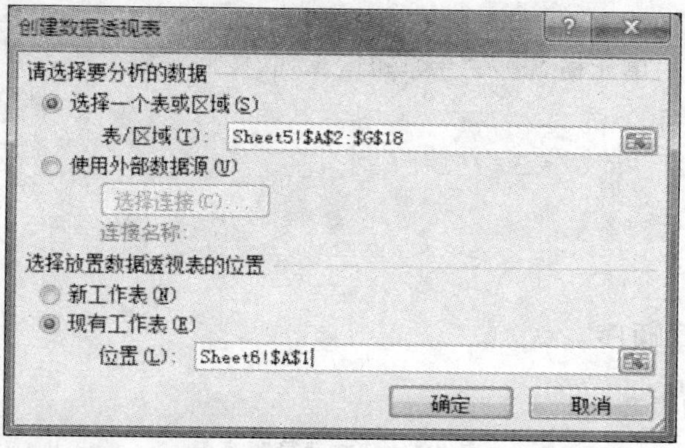

创建数据透视表
请选择要分析的数据
选择一个表或区域(S)
表/区域(T): Sheet5!$A$2:$G$18
使用外部数据源(U)
选择连接(C)...
连接名称:
选择放置数据透视表的位置
新工作表(N)
现有工作表(E)
位置(L): Sheet6!$A$1
确定
取消

图 8-17

在如图 8-18 所示的“数据透视表字段列表”中，勾选中“类别”、“销售员”、“品牌”、“金额（元）”复选框，并用鼠标左键拖动的方式分别把他们放在“报表筛选”、“行标签”、“列标签”、“数值”这四个区域内，布局完毕后的效果即为数据透视表。

数据透视表字段列表
选择要添加到报表的字段:
类别
品牌
销售数量(台)
单价（元）
金额（元）
销售地点
销售员
在以下区域间拖动字段:
报表筛选
列标签
类别
品牌
行标签
数值
销售员
求和项:金...
推迟布局更新
更新

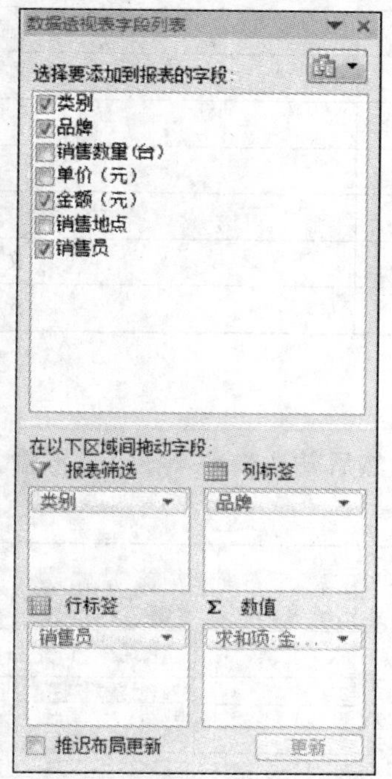

图 8-18

8.4　知识要点

一、公式的概念

1. 公式

由 =号、运算对象、运算符组成的一个序列

2. 直接输入

选定要输入函数的单元格，键入“=”和运算列，按回车键。

3. 公式中的运算符

(1) 算术运算符：%、^、*、/、+、-。

(2) 文本运算符：&。

(3) 比较运算符：=、>、<、>=、<=、<>。

二、公式的运算顺序

公式运算顺序如表 8-1 所示。

表 8-1 公式运算顺序表

运算符(优先级从高到低)	说　明
:	区域运算符
(单个空格)	交叉运算符
,	联合运算符
-	负号
%	百分比
^	乘幂
* 和/	乘和除
+和-	加和减
&	文本运算符
=,>,<,>=,<=,<>	比较运算符

三、输入公式

选择要输入公式的单元格，然后输入“=(等号)”，再输入公式内容之后按 Enter 键，如图 8-19 所示。

SUMIF　　=C4*D4

	A	B	C	D	E	F	G	H	I	J	K
1	某公司电脑产品月销售统计表										
2	类别	品牌	销售数量	单价	金额	销售地点	销售员	经理	经理提成	销售员提成	
3									5%	2%	
4	平板电脑	苹果	12	3450	=C4*D4	数码世界	刘亮	徐天			
5	平板电脑	联想	6	2700		电脑城	黄晓	许明			
6	平板电脑	三星	2	3350		电脑家园	李正强	钱景			
7	台式电脑	联想	18	5300		电脑城	文武	许明			
8	台式电脑	戴尔	10	5200		电脑家园	李正强	钱景			
9	台式电脑	惠普	12	4600		数码世界	张娟	徐天			
10	台式电脑	华硕	6	4200		电脑家园	郑玉	钱景			
11	台式电脑	宏基	4	4300		数码世界	张娟	徐天			
12	笔记本电脑	联想	22	5400		电脑城	魏兰	许明			
13	笔记本电脑	华硕	8	4000		电脑家园	郑玉	钱景			
14	笔记本电脑	戴尔	12	5000		电脑家园	李正强	钱景			
15	笔记本电脑	惠普	14	4200		数码世界	张娟	徐天			
16	超级本	联想	4	4200		电脑城	黄晓	许明			
17	超级本	华硕	1	3300		电脑家园	郑玉	钱景			
18	一体机	联想	3	6500		电脑城	黄晓	许明			
19	一体机	华硕	1	4800		电脑家园	郑玉	钱景			
20											

图 8-19

四、编辑公式

(1) 单击包含待编辑公式的单元格。

(2) 在编辑栏中,对公式进行修改。

(3) 按 Enter 键或单击编辑栏中的"√"。

五、用拖动法复制公式

利用填充柄(即运用鼠标拖动的方法,具体实现以下步骤)。

(1) 选中要复制的单元格,将鼠标指向该单元格的填充柄,指针变为"+"形状,如图8-20所示。

(2) 按住鼠标左键不放进行拖动,将鼠标拖过的单元格将被填充公式,显示出计算结果,如图 8-21 所示。

E4 =C4*D4

	A	B	C	D	E	F	G	H	I	J	K
1	某公司电脑产品月销售统计表										
2	类别	品牌	销售数量	单价	金额	销售地点	销售员	经理	经理提成	销售员提成	
3									5%	2%	
4	平板电脑	苹果	12	3450	41400	数码世界	刘亮	徐天			
5	平板电脑	联想	6	2700		电脑城	黄晓	许明			
6	平板电脑	三星	2	3350		电脑家园	李正强	钱景			
7	台式电脑	联想	18	5300		电脑城	文武	许明			
8	台式电脑	戴尔	10	5200		电脑家园	李正强	钱景			
9	台式电脑	惠普	12	4600		数码世界	张娟	徐天			
10	台式电脑	华硕	6	4200		电脑家园	郑玉	钱景			
11	台式电脑	宏基	4	4300		数码世界	张娟	徐天			
12	笔记本电脑	联想	22	5400		电脑城	魏兰	许明			
13	笔记本电脑	华硕	8	4000		电脑家园	郑玉	钱景			
14	笔记本电脑	戴尔	12	5000		电脑家园	李正强	钱景			
15	笔记本电脑	惠普	14	4200		数码世界	张娟	徐天			
16	超级本	联想	4	4200		电脑城	黄晓	许明			
17	超级本	华硕	1	3300		电脑家园	郑玉	钱景			
18	一体机	联想	3	6500		电脑城	黄晓	许明			
19	一体机	华硕	1	4800		电脑家园	郑玉	钱景			
20											

图 8-20

E4 =C4*D4

	A	B	C	D	E	F	G	H	I	J	K
1	某公司电脑产品月销售统计表										
2	类别	品牌	销售数量	单价	金额	销售地点	销售员	经理	经理提成	销售员提成	
3									5%	2%	
4	平板电脑	苹果	12	3450	41400	数码世界	刘亮	徐天			
5	平板电脑	联想	6	2700	16200	电脑城	黄晓	许明			
6	平板电脑	三星	2	3350	6700	电脑家园	李正强	钱景			
7	台式电脑	联想	18	5300	95400	电脑城	文武	许明			
8	台式电脑	戴尔	10	5200	52000	电脑家园	李正强	钱景			
9	台式电脑	惠普	12	4600	55200	数码世界	张娟	徐天			
10	台式电脑	华硕	6	4200	25200	电脑家园	郑玉	钱景			
11	台式电脑	宏基	4	4300	17200	数码世界	张娟	徐天			
12	笔记本电脑	联想	22	5400	118800	电脑城	魏兰	许明			
13	笔记本电脑	华硕	8	4000	32000	电脑家园	郑玉	钱景			
14	笔记本电脑	戴尔	12	5000	60000	电脑家园	李正强	钱景			
15	笔记本电脑	惠普	14	4200	58800	数码世界	张娟	徐天			
16	超级本	联想	4	4200	16800	电脑城	黄晓	许明			
17	超级本	华硕	1	3300	3300	电脑家园	郑玉	钱景			
18	一体机	联想	3	6500	19500	电脑城	黄晓	许明			
19	一体机	华硕	1	4800	4800	电脑家园	郑玉	钱景			
20											

图 8-21

六、单元格的引用方式

1. 相对引用

当把一个含相对引用地址的公式复制到一个新位置时,公式中的单元格地址会随之改变,如图 8-22 所示。

E5 | =C5*D5

	A	B	C	D	E	F	G	H	I	J	K
1	某公司电脑产品月销售统计表										
2	类别	品牌	销售数量	单价	金额	销售地点	销售员	经理	经理提成	销售员提成	
3									5%	2%	
4	平板电脑	苹果	12	3450	41400	数码世界	刘亮	徐天			
5	平板电脑	联想	6	2700	16200	电脑城	黄晓	许明			
6	平板电脑	三星	2	3350		(Ctrl)	李正强	钱景			
7	台式电脑	联想	18	5300		电脑城	文武	许明			
8	台式电脑	戴尔	10	5200		电脑家园	李正强	钱景			
9	台式电脑	惠普	12	4600		数码世界	张娟	徐天			
10	台式电脑	华硕	6	4200		电脑家园	郑玉	钱景			
11	台式电脑	宏基	4	4300		数码世界	张娟	徐天			
12	笔记本电脑	联想	22	5400		电脑城	魏兰	许明			
13	笔记本电脑	华硕	8	4000		电脑家园	郑玉	钱景			
14	笔记本电脑	戴尔	12	5000		电脑家园	李正强	钱景			
15	笔记本电脑	惠普	14	4200		数码世界	张娟	徐天			
16	超级本	联想	4	4200		电脑城	黄晓	许明			
17	超级本	华硕	1	3300		电脑家园	郑玉	钱景			
18	一体机	联想	3	6500		电脑城	黄晓	许明			
19	一体机	华硕	1	4800		电脑家园	郑玉	钱景			
20											

图 8-22

2. 绝对引用

被引用单元格是指定的,无论将公式粘贴到哪一个单元格,公式中所引用的数据地址均不会改变。

当复制公式时,如不需要单元格的地址发生改变,就须使用绝对引用。绝对引用是在地址的行号和列标前需加一个"$"符号。

3. 混合引用

引用的单元格的行和列一个是相对的,一个是绝对的。

绝对引用和混合引用的用法如图 8-23、图 8-24 所示。

SUMIF | =$E4*$I$3

	A	B	C	D	E	F	G	H	I	J	K
1	某公司电脑产品月销售统计表										
2	类别	品牌	销售数量	单价	金额	销售地点	销售员	经理	经理提成	销售员提成	
3									5%	2%	
4	平板电脑	苹果	12	3450	41400	数码世界	刘亮	徐天	=$E4*$I$3		
5	平板电脑	联想	6	2700	16200	电脑城	黄晓	许明			
6	平板电脑	三星	2	3350	6700	电脑家园	李正强	钱景			
7	台式电脑	联想	18	5300	95400	电脑城	文武	许明			
8	台式电脑	戴尔	10	5200	52000	电脑家园	李正强	钱景			
9	台式电脑	惠普	12	4600	55200	数码世界	张娟	徐天			
10	台式电脑	华硕	6	4200	25200	电脑家园	郑玉	钱景			
11	台式电脑	宏基	4	4300	17200	数码世界	张娟	徐天			
12	笔记本电脑	联想	22	5400	118800	电脑城	魏兰	许明			
13	笔记本电脑	华硕	8	4000	32000	电脑家园	郑玉	钱景			
14	笔记本电脑	戴尔	12	5000	60000	电脑家园	李正强	钱景			
15	笔记本电脑	惠普	14	4200	58800	数码世界	张娟	徐天			
16	超级本	联想	4	4200	16800	电脑城	黄晓	许明			
17	超级本	华硕	1	3300	3300	电脑家园	郑玉	钱景			
18	一体机	联想	3	6500	19500	电脑城	黄晓	许明			
19	一体机	华硕	1	4800	4800	电脑家园	郑玉	钱景			
20											

图 8-23

I4 f_x =$E4*$I$3

	A	B	C	D	E	F	G	H	I	J	K
1	某公司电脑产品月销售统计表										
2–3	类别	品牌	销售数量	单价	金额	销售地点	销售员	经理	经理提成	销售员提成	
									5%	2%	
4	平板电脑	苹果	12	3450	41400	数码世界	刘亮	徐天	2070		
5	平板电脑	联想	6	2700	16200	电脑城	黄晓	许明	810		
6	平板电脑	三星	2	3350	6700	电脑家园	李正强	钱景	335		
7	台式电脑	联想	18	5300	95400	电脑城	文武	许明	4770		
8	台式电脑	戴尔	10	5200	52000	电脑家园	李正强	钱景	2600		
9	台式电脑	惠普	12	4600	55200	数码世界	张娟	徐天	2760		
10	台式电脑	华硕	6	4200	25200	电脑家园	郑玉	钱景	1260		
11	台式电脑	宏基	4	4300	17200	数码世界	张娟	徐天	860		
12	笔记本电脑	联想	22	5400	118800	电脑城	魏兰	许明	5940		
13	笔记本电脑	华硕	8	4000	32000	电脑家园	郑玉	钱景	1600		
14	笔记本电脑	戴尔	12	5000	60000	电脑家园	李正强	钱景	3000		
15	笔记本电脑	惠普	14	4200	58800	数码世界	张娟	徐天	2940		
16	超级本	联想	4	4200	16800	电脑城	黄晓	许明	840		
17	超级本	华硕	1	3300	3300	电脑家园	郑玉	钱景	165		
18	一体机	联想	3	6500	19500	电脑城	黄晓	许明	975		
19	一体机	华硕	1	4800	4800	电脑家园	郑玉	钱景	240		
20											

图 8-24

利用填充柄可算出"经理提成"列其他的数据结果。

由于用上面的方法，即将 I4 单元格设置公式为"＝＄E4＊＄I＄3"时，不便于在 J 列计算数据时利用填充柄。若将 I4 单元格设置公式改为"＝＄E4＊I＄3"时，不需重新在 J4 单元格设置公式，即可利用填充柄一次性算出结果，如图 8-25 所示。

I4 f_x =$E4*I$3

	A	B	C	D	E	F	G	H	I	J	K
1	某公司电脑产品月销售统计表										
2–3	类别	品牌	销售数量	单价	金额	销售地点	销售员	经理	经理提成	销售员提成	
									5%	2%	
4	平板电脑	苹果	12	3450	41400	数码世界	刘亮	徐天	2070	828	
5	平板电脑	联想	6	2700	16200	电脑城	黄晓	许明	810	324	
6	平板电脑	三星	2	3350	6700	电脑家园	李正强	钱景	335	134	
7	台式电脑	联想	18	5300	95400	电脑城	文武	许明	4770	1908	
8	台式电脑	戴尔	10	5200	52000	电脑家园	李正强	钱景	2600	1040	
9	台式电脑	惠普	12	4600	55200	数码世界	张娟	徐天	2760	1104	
10	台式电脑	华硕	6	4200	25200	电脑家园	郑玉	钱景	1260	504	
11	台式电脑	宏基	4	4300	17200	数码世界	张娟	徐天	860	344	
12	笔记本电脑	联想	22	5400	118800	电脑城	魏兰	许明	5940	2376	
13	笔记本电脑	华硕	8	4000	32000	电脑家园	郑玉	钱景	1600	640	
14	笔记本电脑	戴尔	12	5000	60000	电脑家园	李正强	钱景	3000	1200	
15	笔记本电脑	惠普	14	4200	58800	数码世界	张娟	徐天	2940	1176	
16	超级本	联想	4	4200	16800	电脑城	黄晓	许明	840	336	
17	超级本	华硕	1	3300	3300	电脑家园	郑玉	钱景	165	66	
18	一体机	联想	3	6500	19500	电脑城	黄晓	许明	975	390	
19	一体机	华硕	1	4800	4800	电脑家园	郑玉	钱景	240	96	
20											

图 8-25

七、函数的概念

(1) 函数的形式：＝函数名(参数 1,参数 2...)。

(2) 函数的参数：常量、单元格引用、区域。

(3) 常用的函数如表 8-2 所示。

表 8-2　常用的函数表

函数名称	功能说明	基本语法格式
SUM	求和函数,求各参数的累加和	SUM(参数 1,参数 2,…)
AVERAGE	算数平均值函数,求各参数的算数平均值	AVERAGE(参数 1,参数 2,…)
MAX	最大值函数,求各参数中的最大值	MAX(参数 1,参数 2,…)
MIN	最小值函数,求各参数中的最小值	MIN(参数 1,参数 2,…)
COUNT	求各参数中数值型数据的个数	COUNT(参数 1,参数 2,…)
SIN	求正弦函数	SIN(弧度数)
IF	若“逻辑表达式”的值为真,函数值为“表达式 1”的值,否则为“表达式 2”的值	IF(逻辑表达式,表达式 1,表达式样 2)
COUNTIF	统计“条件数据区”中满足给定“条件”的单元格的个数	COUNTIF(条件数据区,“条件”)
SUMIF	在“条件数据区”查找满足“条件”的单元格,计算满足条件的单元格对应于“求和数据区”中数据的累加和	SUMIF(条件数据区,“条件”,求和数据区)
RANK	数据排序,求某一数值在一列数值中的相对于其他数值的排位	RANK(要查找排名的数字,一组数据的引用,排序方式)

八、函数的使用

在【公式】功能区的【函数库】分组中,单击“插入函数”按钮,弹出如图 8-26 所示的“插入函数”,选择某个需要的函数后,单击“确定”按钮,弹出如图 8-27 所示的“函数参数”对话框,

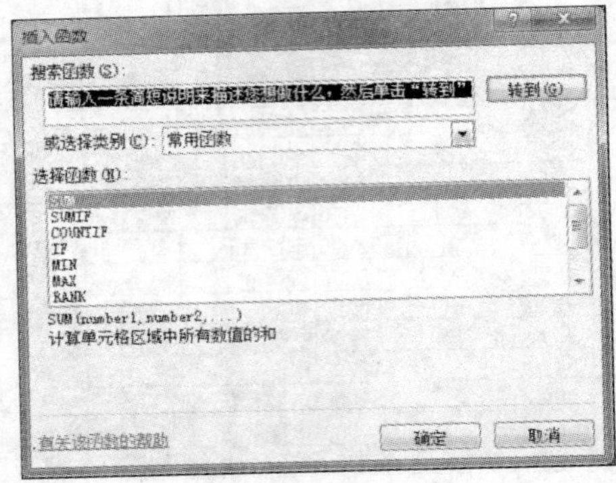

图 8-26

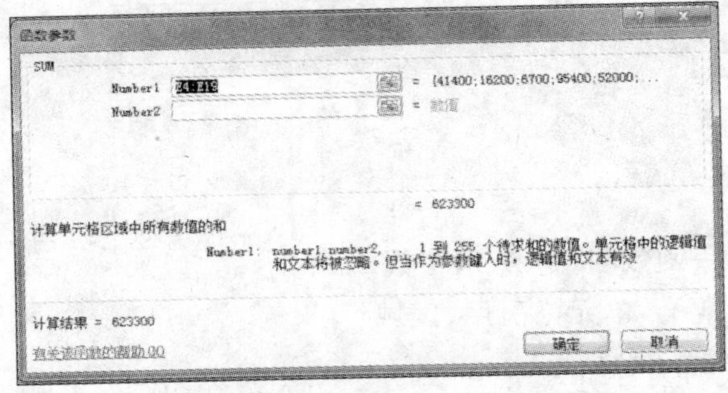

图 8-27

在其中输入或用鼠标左键在表中选择参数所对应的数据区域，单击"确定"按钮，即可在放置结果的单元格内显示出结果值。

九、数据的排序

为了方便数据查询，需要将数据清单加以整理，排序是最为有效的方法。排序方法主要有用按钮排序和关键字排序两种。

1. 按钮排序

升序排序 A↓Z 和降序排序 Z↓A 。

2. 关键字排序

选择单元格，在【数据】功能区的【排序和筛选】分组中，单击"排序"按钮，在弹出的"排序"对话框中，选择主要和次要关键字，确定排序依据和排序次序，单击"确定"按钮，如图 8-28 所示。

	A	B	C	D	E	F	G	H	I	J	K
1	学号	姓名	性别	专业	院系	语文	数学	英语	计算机	总成绩	平均成绩
2	X02	张娟	女	化学	理学院	70	87	95	78	330	82.5
3	X04	孙瑞英	女	化学	理学院	85	76	96	76	333	83.25
4	X01	刘燕	男	数学与应用数学	理学院	78	86	87	77	328	82
5	X08	赵玉	女	数学与应用数学	理学院	87	69	92	88	336	84
6	X06	杨晓建	男	物理学	理学院	84	88	89	98	359	89.75
7	X07	赵青如	女	物理学	理学院	90	96	95	97	378	94.5
8	X03	魏阳	男	信息与计算科学	理学院	95	82	85	79	341	85.25
9	X05	黄晓	男	信息与计算科学	理学院	89	90	90	97	366	91.5
10	X09	李正强	男	编辑出版学	文学院	68	96	77	95	336	84
11	X14	崔宁	男	编辑出版学	文学院	90	96	88	80	354	88.5
12	X10	文斌	男	汉语言文学	文学院	75	73	66	84	298	74.5
13	X13	许玲	女	汉语言文学	文学院	77	89	83	96	345	86.25
14	X11	魏兰	女	外国语言文学	文学院	86	75	78	85	324	81
15	X16	钱力	男	外国语言文学	文学院	88	85	87	90	350	87.5
16	X12	胡林	女	新闻传播	文学院	74	86	76	89	325	81.25
17	X15	王树清	男	新闻传播	文学院	76	88	75	90	329	82.25

图 8-28

十、数据的筛选

数据的筛选有两种形式分别为自动筛选和高级筛选，它们的作用在于可隐藏不满足条件的记录，仅查看符合条件的记录，减少查找范围。其中自动筛选适用于简单条件的筛选，高级筛选适用于多个条件的筛选。

1. 自动筛选

在【数据】功能区的【排序和筛选】分组中，单击"筛选"按钮，自动筛选箭头会出现在筛选清单中列标的右边。单击自动筛选箭头将显示该列中所有可见项目清单，选择一个项

目,或者选择“数字筛选”设定一个区间范围,可以立即隐藏所有不含选定值的行,如图8-29所示。

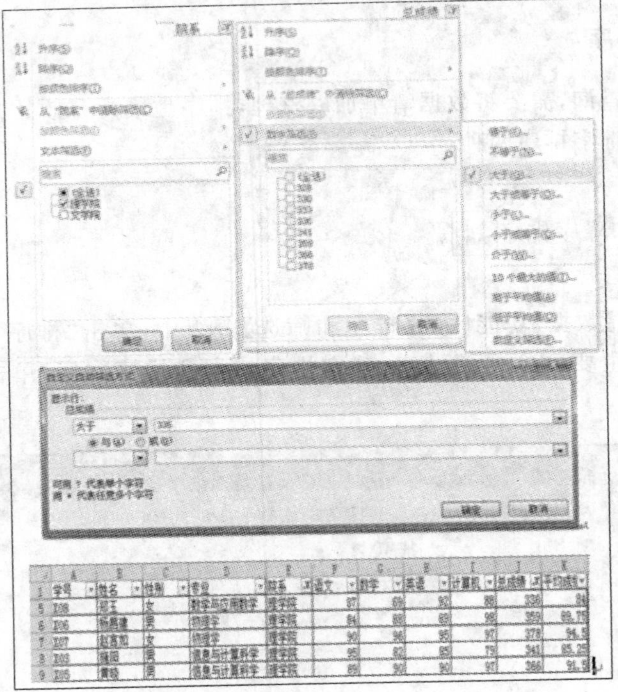

图 8-29

2. 高级筛选

必须先建立一个条件区域,用来编辑筛选条件,其中条件区域的第一行是所有作为筛选条件的字段名,这些字段名要与数据清单中的字段名完全一样。条件区域的其他行输入筛选条件,并列关系的条件应出现在同一行内,选择关系的条件不能出现在同一行内。条件区域与数据清单区域不能连接,要用空行分隔,如图8-30所示。

高级筛选

方式

在原有区域显示筛选结果(F)

将筛选结果复制到其他位置(O)

列表区域(L):

条件区域(C): $A$20:$L$21

复制到(T):

选择不重复的记录(R)

确定 取消

	A	B	C	D	E	F	G	H	I	J	K	L
1	学号	姓名	性别	专业	院系	语文	数学	英语	计算机	总成绩	平均成绩	排名
5	Z08	招王	女	数学与应用数学	理学院	87	69	92	88	336	84	8
6	Z06	杨昌建	男	物理学	理学院	84	88	89	98	359	89.75	3
7	Z07	赵宫如	女	物理学	理学院	90	96	95	97	378	94.5	1
8	Z03	强阳	男	信息与计算科学	理学院	95	82	85	79	341	85.25	7
9	Z05	黄晓	男	信息与计算科学	理学院	89	90	90	97	366	91.5	2
18												
19												
20	院系											排名
21	理学院											<10

图 8-30

十一、数据的合并计算

合并计算是指以通过合并计算的方法来汇总一个或多个源区中的数据。数据合并计算的步骤如下。

(1) 选欲填数据区域左上角的单元格。

（2）在【数据】功能区的【数据工具】分组中，单击“合并计算”按钮。

（3）引用位置：单击鼠标选择参与合并计算的单元格，单击“添加”，单击“确定”（若选择的数据范围不是连续的，则将源数据区域内的列字段名删除后再引用位置）。

（4）标签位置：选择数据时若包含了标志（列字段名或最左列数据），则按分类进行合并。

如图 8-31 所示。

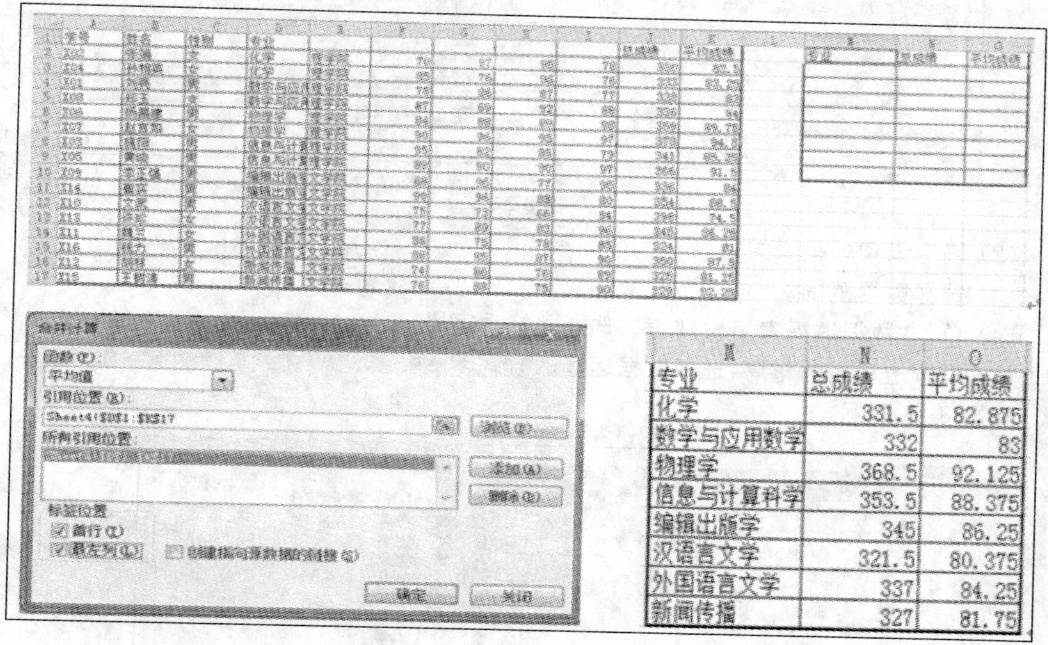

M	N	O
专业	总成绩	平均成绩
化学	331.5	82.875
数学与应用数学	332	83
物理学	368.5	92.125
信息与计算科学	353.5	88.375
编辑出版学	345	86.25
汉语言文学	321.5	80.375
外国语言文学	337	84.25
新闻传播	327	81.75

图 8-31

十二、数据的分类汇总

数据分类汇总的步骤如下。

（1）对需要分类汇总的清单进行排序。

（2）在数据清单中选择任意单元格。

（3）在【数据】功能区的【分级显示】分组中，单击“分类汇总”按钮。

（4）选择分类字段，确定汇总方式，选择参与计算的汇总列，单击“确定”按钮。

注：分类汇总中若有多个分散项目，先将它们排序再进行分类汇总操作。分类汇总有三个层级，第一层级只包含总项目，第二层级包含总项目及各数据按类别得到的分项目，第三层级包含总项目、各数据按类别得到的分项目和各数据的分类明细。

如图 8-32 所示。

十三、数据透视表的建立

数据透视表是一种特殊形式的表，能从一个数据清单的特定字段中概括出有关的信息，是快速汇总大量数据的交互式表格。

（1）在【插入】功能区的【表格】分组中，单击“数据透视表”按钮。

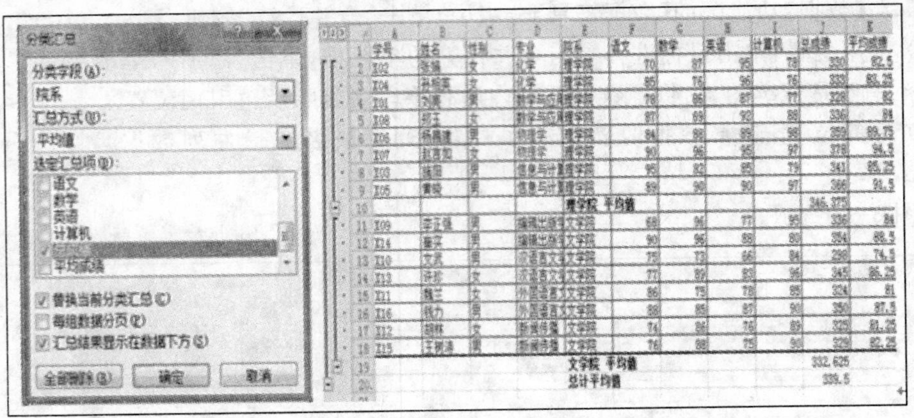

图 8-32

(2) 确定创建的报表类型。

(3) 选择数据范围。

(4) 单击"数据透视表字段列表",选择并拖动字段。

(5) 设置透视表的布局,选择数据运算的方式。

如图 8-33 所示。

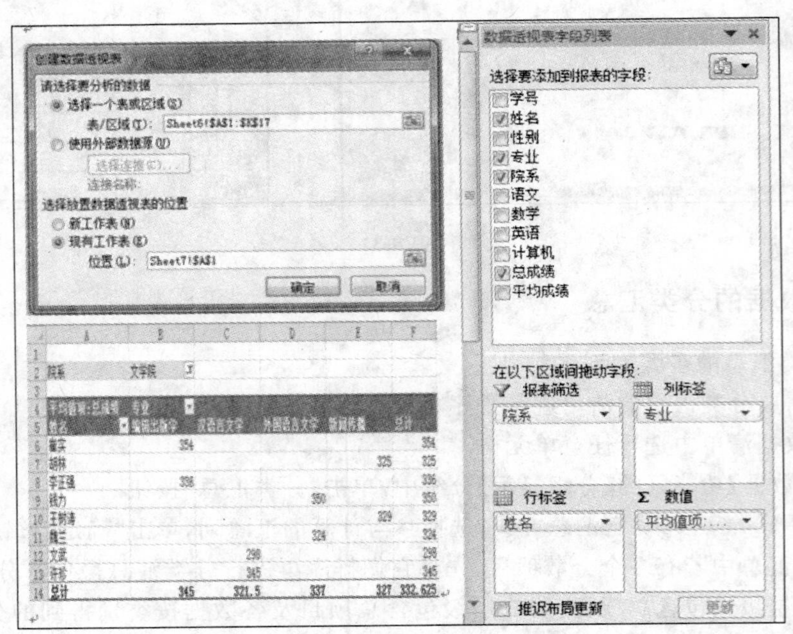

图 8-33

8.5 实训操作

一、公式与函数

在工作簿 8.5.1.xlsx 中 Excel 2010 表格"学生成绩统计表"如图 8-34 所示,按照操作要

求完成下列操作并以该文件名“成绩统计表.xlsx”保存文件。

	A	B	C	D	E	F	G	H	I	J
1					学生成绩统计表					
2	学号	姓名	班级	语文	数学	英语	计算机	总成绩	平均成绩	成绩排名
3	X01	刘亮	一班	78	86	57	77			
4	X05	黄晓	一班	89	90	90	97			
5	X09	李正强	二班	68	96	77	95			
6	X10	文武	二班	75	63	66	54			
7	X15	王树涛	二班	76	88	75	90			
8	X02	张娟	一班	70	87	95	78			
9	X08	郑玉	二班	87	69	92	88			
10	X04	孙相英	一班	85	76	96	76			
11	X11	魏兰	二班	86	75	78	85			
12	X14	崔实	二班	90	96	88	80			
13	X03	施阳	一班	95	82	85	79			
14	X12	胡林	二班	74	86	76	89			
15	X16	钱力	二班	88	85	87	90			
16	X07	赵言如	一班	90	96	95	97			
17	X13	许珍	二班	77	89	83	96			
18	X06	杨昌建	一班	84	88	89	98			
19										
20	最高总分									
21	最低总分									
22	一班学生人数									
23	一班平均成绩									

图 8-34　机器的组成

操作要求如下。

1. 公式使用

使用公式计算表格中的“总成绩”列、“平均成绩”列。

2. 函数运用

(1) 运用函数在 C3 单元格计算表格中的最高总分、在 D3 单元格计算最低总分(利用 MAX 与 MIN 函数)。

(2) 运用函数判断求出“成绩排名”列中学生的总分排名(利用 RANK 函数)。

(3) 分别在 C22、C23 单元格里运用函数计算“一班学生”的人数及平均成绩(利用 COUNTIF 与 SUMIF 函数)。

最后的效果如图 8-35 所示。

	A	B	C	D	E	F	G	H	I	J
1					学生成绩统计表					
2	学号	姓名	班级	语文	数学	英语	计算机	总成绩	平均成绩	成绩排名
3	X01	刘亮	一班	78	86	57	77	298	74.5	15
4	X05	黄晓	一班	89	90	90	97	366	91.5	2
5	X09	李正强	二班	68	96	77	95	336	84	8
6	X10	文武	二班	75	63	66	54	258	64.5	16
7	X15	王树涛	二班	76	88	75	90	329	82.25	12
8	X02	张娟	一班	70	87	95	78	330	82.5	11
9	X08	郑玉	二班	87	69	92	88	336	84	8
10	X04	孙相英	一班	85	76	96	76	333	83.25	10
11	X11	魏兰	二班	86	75	78	85	324	81	14
12	X14	崔实	二班	90	96	88	80	354	88.5	4
13	X03	施阳	一班	95	82	85	79	341	85.25	7
14	X12	胡林	二班	74	86	76	89	325	81.25	13
15	X16	钱力	二班	88	85	87	90	350	87.5	5
16	X07	赵言如	一班	90	96	95	97	378	94.5	1
17	X13	许珍	二班	77	89	83	96	345	86.25	6
18	X06	杨昌建	一班	84	88	89	98	359	89.75	3
19										
20	最高总分		378							
21	最低总分		258							
22	一班学生人数		7							
23	一班平均成绩		343.5714							

图 8-35

二、数据清单的操作

在工作簿 8.5.2.xlsx 中 Excel 2010 表格“五大洲主要国家基本情况统计表”作为工作簿中的 sheet1,如图 8-36 所示,按照操作要求完成下列操作并以“国家基本情况统计表”保存文件。

	A	B	C	D	E	F	G
1	五大洲主要国家基本情况统计表						
2	国名	洲名	陆地面积（万平方千米）	人口总数（万人）	人口密度（人/平方千米）	主要气候类型	经济水平
3	中国	亚洲	960	132800	138	温带季风	发展中国家
4	日本	亚洲	38	12700	334	温带季风	发达国家
5	韩国	亚洲	10	5000	500	温带季风	发达国家
6	法国	欧洲	63	6559	104	温带海洋	发达国家
7	英国	欧洲	24	6320	263	温带海洋	发达国家
8	德国	欧洲	36	8023	222	温带大陆	发达国家
9	南非	非洲	123	5177	42	热带草原	发达国家
10	埃及	非洲	100	9200	92	热带沙漠	发展中国家
11	美国	美洲	937	31858	34	温带大陆	发达国家
12	加拿大	美洲	998	3467	3.5	温带大陆	发达国家
13	巴西	美洲	851	19100	22	热带草原	发展中国家
14	澳大利亚	大洋洲	769	2327	3	热带沙漠	发达国家
15	新西兰	大洋洲	27	447	16.5	温带海洋	发达国家

图 8-36

操作要求如下。

1. 数据排序

将 sheet1 工作表中的“五大洲主要国家基本情况统计表”复制到 sheet2,使用 sheet2 工作表中的数据,以“洲名”为主要关键字,以“国名”为次要关键字,以递减的方式排序,效果如图 8-37 所示。

	A	B	C	D	E	F	G
1	五大洲主要国家基本情况统计表						
2	国名	洲名	陆地面积（万平方千米）	人口总数（万人）	人口密度（人/平方千米）	主要气候类型	经济水平
3	中国	亚洲	960	132800	138	温带季风	发展中国家
4	日本	亚洲	38	12700	334	温带季风	发达国家
5	韩国	亚洲	10	5000	500	温带季风	发达国家
6	英国	欧洲	24	6320	263	温带海洋	发达国家
7	法国	欧洲	63	6559	104	温带海洋	发达国家
8	德国	欧洲	36	8023	222	温带大陆	发达国家
9	美国	美洲	937	31858	34	温带大陆	发达国家
10	加拿大	美洲	998	3467	3.5	温带大陆	发达国家
11	巴西	美洲	851	19100	22	热带草原	发展中国家
12	南非	非洲	123	5177	42	热带草原	发达国家
13	埃及	非洲	100	9200	92	热带沙漠	发展中国家
14	新西兰	大洋洲	27	447	16.5	温带海洋	发达国家
15	澳大利亚	大洋洲	769	2327	3	热带沙漠	发达国家

图 8-37

2. 数据筛选

(1) 将 sheet2 工作表中的“五大洲主要国家基本情况统计表”复制到 sheet3,使用 sheet3 工作表中的数据,筛选出主要气候类型为“温带季风”和“温带大陆”的记录,效果如图 8-38 所示。

	A	B	C	D	E	F	G
1	五大洲主要国家基本情况统计表						
2	国名	洲名	陆地面积（万平方千米	人口总数（万人）	人口密度（人/平方千米	主要气候类	经济水平
3	中国	亚洲	960	132800	138	温带季风	发展中国家
4	日本	亚洲	38	12700	334	温带季风	发达国家
5	韩国	亚洲	10	5000	500	温带季风	发达国家
8	德国	欧洲	36	8023	222	温带大陆	发达国家
9	美国	美洲	937	31858	34	温带大陆	发达国家
10	加拿大	美洲	998	3467	3.5	温带大陆	发达国家

图 8-38

(2) 使用 sheet3 工作表中的数据，运用高级筛选的方式筛选出洲名为“亚洲”或经济水平为“发展中国家”的记录，效果如图 8-39 所示。

	A	B	C	D	E	F	G
21							
22	国名	洲名	陆地面积（万平方千米）	人口总数（万人）	人口密度（人/平方千米）	主要气候类型	经济水平
23	中国	亚洲	960	132800	138	温带季风	发展中国家
24	日本	亚洲	38	12700	334	温带季风	发达国家
25	韩国	亚洲	10	5000	500	温带季风	发达国家
26	巴西	美洲	851	19100	22	热带草原	发展中国家
27	埃及	非洲	100	9200	92	热带沙漠	发展中国家
28							

图 8-39

3. 数据分类汇总

将 sheet2 工作表中的“五大洲主要国家基本情况统计表”复制到 sheet4，使用 sheet4 工作表中的数据，以“主要气候类型”为分类字段，以“国名”为汇总项进行“计数”的分类汇总，效果如图 8-40 所示。

	A	B	C	D	E	F	G
1	五大洲主要国家基本情况统计表						
2	国名	洲名	陆地面积（万平方千米）	人口总数（万人）	人口密度（人/平方千米）	主要气候类型	经济水平
3	中国	亚洲	960	132800	138	温带季风	发展中国家
4	日本	亚洲	38	12700	334	温带季风	发达国家
5	韩国	亚洲	10	5000	500	温带季风	发达国家
6	3					温带季风 计数	
7	英国	欧洲	24	6320	263	温带海洋	发达国家
8	法国	欧洲	63	6559	104	温带海洋	发达国家
9	新西兰	大洋洲	27	447	16.5	温带海洋	发达国家
10	3					温带海洋 计数	
11	德国	欧洲	36	8023	222	温带大陆	发达国家
12	美国	美洲	937	31858	34	温带大陆	发达国家
13	加拿大	美洲	998	3467	3.5	温带大陆	发达国家
14	3					温带大陆 计数	
15	埃及	非洲	100	9200	92	热带沙漠	发展中国家
16	澳大利亚	大洋洲	769	2327	3	热带沙漠	发达国家
17	2					热带沙漠 计数	
18	巴西	美洲	851	19100	22	热带草原	发展中国家
19	南非	非洲	123	5177	42	热带草原	发达国家
20	2					热带草原 计数	
21	13					总计数	

图 8-40

4. 数据透视表

将 sheet2 工作表中的“五大洲主要国家基本情况统计表”复制到 sheet5，使用 sheet5 工作表中的数据，以“经济水平”为报表筛选项，以“洲名”为行标签，以“国名”为列标签，以“人口密度”为求平均值项，从 sheet6 工作表中的 A1 单元格起，建立数据透视表，效果如图 8-41 所示。

	A	B	C	D	E
1	经济水平	发展中国家			
2					
3	平均值项：人口密度（人/平方千米）	列标签			
4	行标签	埃及	巴西	中国	总计
5	非洲	92			92
6	美洲		22		22
7	亚洲			138	138
8	**总计**	**92**	**22**	**138**	**84**

图 8-41

8.6　综合训练

一、公式与函数

在工作簿 8.6.xlsx 的名称为“公式与函数”表中 Excel 2010 表格“某公司部分计算机硬件销售情况表”如图 8-42 所示，按照操作要求完成下列操作并以“计算机硬件销售.xlsx”保存文件。

	A	B	C	D	E	F	G	H	I
1									
2		某公司部分电脑硬件销售情况表							
3		销售点	产品类别	季度	销售量(台)	销售金额(元)	上年同期销售额(元)	较上年同期增长率	销量排名
4		电脑城	CPU	1	555	310852	305100		
5		电脑城	CPU	2	378	211680	226780		
6		电脑城	CPU	3	675	378125	364650		
7		电脑城	CPU	4	528	295682	256775		
8		电脑城	硬盘	1	696	424564	421349		
9		电脑城	硬盘	2	663	404435	401220		
10		电脑城	硬盘	3	930	567376	585441		
11		电脑城	硬盘	4	792	483121	479906		
12		电脑城	内存	1	960	182422	179207		
13		电脑城	内存	2	798	151624	162432		
14		电脑城	内存	3	1161	220590	217375		
15		电脑城	内存	4	720	136832	133617		
16		电脑家园	CPU	1	456	250845	247630		
17		电脑家园	CPU	2	405	222750	219535		
18		电脑家园	CPU	3	495	272233	284221		
19		电脑家园	CPU	4	426	234331	231116		
20		电脑家园	硬盘	1	561	336678	333463		
21		电脑家园	硬盘	2	492	295229	292014		
22		电脑家园	硬盘	3	585	351058	347843		
23		电脑家园	硬盘	4	495	297467	298794		
24		电脑家园	内存	1	672	124320	125432		
25		电脑家园	内存	2	693	128205	124990		
26		电脑家园	内存	3	825	152625	149410		
27		电脑家园	内存	4	702	129870	126655		
28		数码世界	CPU	1	663	384540	381325		
29		数码世界	CPU	2	558	323640	320425		
30		数码世界	CPU	3	831	481980	467655		
31		数码世界	硬盘	1	888	550560	506544		
32		数码世界	CPU	4	672	389760	386545		
33		数码世界	硬盘	2	801	496620	493405		
34		数码世界	硬盘	3	975	604554	604987		
35		数码世界	硬盘	4	936	580320	577105		
36		数码世界	内存	1	1002	190380	187165		
37		数码世界	内存	2	909	172710	169495		
38		数码世界	内存	3	1158	220369	223543		
39		数码世界	内存	4	978	185820	182605		
40									
41		销售金额最多							
42		销售金额最少							
43		销售量大于900的个数							
44		销售量大于900的销售金额总和							

图 8-42

操作要求如下。

1.公式使用

使用公式计算表格中的“较上年同期增长率”列(“较上年同期增长率”=(“销售金额”-“上年同期销售额”)/“上年同期销售额”)。

2.函数运用

(1) 运用函数计算表格中的最多和最少的销售金额(利用 MAX 与 MIN 函数)。

(2) 运用函数判断求出“销量排名”列中计算机硬件销售量的排名(利用 RANK 函数)。

(3) 运用函数计算销售量大于 900 的个数和销售量大于 900 的销售金额总和(利用 COUNTIF 与 SUMIF 函数)。

最后的效果如图 8-43 所示。

	A	B	C	D	E	F	G	H	I	J
1										
2		某公司部分电脑硬件销售情况表								
3		销售点	产品类别	季度	销售量(台)	销售金额(元)	上年同期销售额(元)	较上年同期增长率	销量排名	
4		电脑城	CPU	1	555	310852	305100	1.89%	28	
5		电脑城	CPU	2	378	211680	226780	-6.66%	36	
6		电脑城	CPU	3	675	378125	364650	3.70%	20	
7		电脑城	CPU	4	528	295682	256775	15.15%	29	
8		电脑城	硬盘	1	696	424564	421349	0.76%	18	
9		电脑城	硬盘	2	663	404435	401220	0.80%	23	
10		电脑城	硬盘	3	930	567376	585441	-3.09%	8	
11		电脑城	硬盘	4	792	483121	479906	0.67%	15	
12		电脑城	内存	1	960	182422	179207	1.79%	6	
13		电脑城	内存	2	798	151624	162432	-6.65%	14	
14		电脑城	内存	3	1161	220590	217375	1.48%	1	
15		电脑城	内存	4	720	136832	133617	2.41%	16	
16		电脑家园	CPU	1	456	250845	247630	1.30%	33	
17		电脑家园	CPU	2	405	222750	219535	1.46%	35	
18		电脑家园	CPU	3	495	272233	284221	-4.22%	30	
19		电脑家园	CPU	4	426	234331	231116	1.39%	34	
20		电脑家园	硬盘	1	561	336678	333463	0.96%	26	
21		电脑家园	硬盘	2	492	295229	292014	1.10%	32	
22		电脑家园	硬盘	3	585	351058	347843	0.92%	25	
23		电脑家园	硬盘	4	495	297467	298794	-0.44%	30	
24		电脑家园	内存	1	672	124320	125432	-0.89%	21	
25		电脑家园	内存	2	693	128205	124990	2.57%	19	
26		电脑家园	内存	3	825	152625	149410	2.15%	12	
27		电脑家园	内存	4	702	129870	126655	2.54%	17	
28		数码世界	CPU	1	663	384540	381325	0.84%	23	
29		数码世界	CPU	2	558	323640	320425	1.00%	27	
30		数码世界	CPU	3	831	481980	467655	3.06%	11	
31		数码世界	硬盘	1	888	550560	506544	8.69%	10	
32		数码世界	CPU	4	672	389760	386545	0.83%	21	
33		数码世界	硬盘	2	801	496620	493405	0.65%	13	
34		数码世界	硬盘	3	975	604554	604987	-0.07%	5	
35		数码世界	硬盘	4	936	580320	577105	0.56%	7	
36		数码世界	内存	1	1002	190380	187165	1.72%	3	
37		数码世界	内存	2	909	172710	169495	1.90%	9	
38		数码世界	内存	3	1158	220369	223543	-1.42%	2	
39		数码世界	内存	4	978	185820	182605	1.76%	4	
40										
41	销售金额最多			604554						
42	销售金额最少			124320						
43	销售量大于900的个数			9						
44	销售量大于900的销售金额总和			2924541						
45										

图 8-43

二、Excel 2010 工作表的基本操作

在工作簿 8.6.xlsx 中将第 1 题完成的表格的一部分，如图 8-44 所示，复制到工作簿中的第 2 张表格并重命名为“Excel 2010 基本操作”。根据操作要求完成以下表格操作，并保存于“计算机硬件销售.xlsx”文件中。

操作要求如下。

(1) 将“Excel 2010 基本操作”工作表中的第 32 行(即数码世界第 4 季度销售的 CPU 数据行)移至第 31 行(即数码世界第 1 季度销售的硬盘数据行)前；在工作表中的“销售点”列前插入“序号”列；将表格标题“某公司部分计算机硬件销售情况表”所在行设置行高为“25”。

(2) 将表格中的标题文字“某公司部分计算机硬件销售情况表”合并居中(B2～J2)，并将标题文字格式设置为字体“黑体”，字号“18”，“红色”，标题所在单元格底纹图案为“黄色”，图案样式为“12.5%灰色”；将“销售量(台)”列数据内容所在单元格格式为数值类型，“销售金额(元)”、“上年同期销售额(元)”列数据内容所在单元格格式为数字分类为“货币”、符号为“¥”，小数点位数为“0”。将“较上年同期增长率”列数据内容所在单元格格式为“百分比类型”，保留 2 位小数，表格中的后五列设置为“右对齐”。

(3) 利用条件格式将表格中销售金额最多的 10 项的单元格设置为“绿填充色”，深绿色文本，将 B3:J39 区域设置为自动套用格式“表样式浅色 14”，将“季度”一列设置单元格样式为“自定义样式”，格式为“粗体”，颜色为“蓝色”，底纹为“黄色”，将表格边框线设置为“橙色单实线”。

(4) 将“某公司部分计算机硬件销售情况表”标题所在单元格区域(B2:J2)定义名称为“标题”,为 G34,单元格添加批注“销售金额最多”。

(5) 将“Excel 2010 基本操作”工作表保存于“计算机硬件销售. xlsx”文件中。

最后的效果如图 8-45 所示。

某公司部分电脑硬件销售情况表

销售点	产品类别	季度	销售量(台)	销售金额（元）	上年同期销售额（元）	较上年同期增长率	销量排名
电脑城	CPU	1	555	310852	305100	1.89%	28
电脑城	CPU	2	378	211680	226780	-6.66%	36
电脑城	CPU	3	675	378125	364650	3.70%	20
电脑城	CPU	4	528	295682	256775	15.15%	29
电脑城	硬盘	1	696	424564	421349	0.76%	18
电脑城	硬盘	2	663	404435	401220	0.80%	23
电脑城	硬盘	3	930	567376	585441	-3.09%	8
电脑城	硬盘	4	792	483121	479906	0.67%	15
电脑城	内存	1	960	182422	179207	1.79%	6
电脑城	内存	2	798	151624	162432	-6.65%	14
电脑城	内存	3	1161	220590	217375	1.48%	1
电脑城	内存	4	720	136832	133617	2.41%	16
电脑家园	CPU	1	456	250845	247630	1.30%	33
电脑家园	CPU	2	405	222750	219535	1.46%	35
电脑家园	CPU	3	495	272233	284221	-4.22%	30
电脑家园	CPU	4	426	234331	231116	1.39%	34
电脑家园	硬盘	1	561	336678	333463	0.96%	26
电脑家园	硬盘	2	492	295229	292014	1.10%	32
电脑家园	硬盘	3	585	351058	347843	0.92%	25
电脑家园	硬盘	4	495	297467	298794	-0.44%	30
电脑家园	内存	1	672	124320	125432	-0.89%	21
电脑家园	内存	2	693	128205	124990	2.57%	19
电脑家园	内存	3	825	152625	149410	2.15%	12
电脑家园	内存	4	702	129870	126655	2.54%	17
数码世界	CPU	1	663	384540	381325	0.84%	23
数码世界	CPU	2	558	323640	320425	1.00%	27
数码世界	CPU	3	831	481980	467655	3.06%	11
数码世界	硬盘	1	888	550560	506544	8.69%	10
数码世界	CPU	4	672	389760	386545	0.83%	21
数码世界	硬盘	2	801	496620	493405	0.65%	13
数码世界	硬盘	3	975	604554	604987	-0.07%	5
数码世界	硬盘	4	936	580320	577105	0.56%	7
数码世界	内存	1	1002	190380	187165	1.72%	3
数码世界	内存	2	909	172710	169495	1.90%	9
数码世界	内存	3	1158	220369	223543	-1.42%	2
数码世界	内存	4	978	185820	182605	1.76%	4

图 8-44

某公司部分电脑硬件销售情况表

序号	销售点	产品类别	季度	销售量(台)	销售金额（元）	上年同期销售额（元）	较上年同期增长率	销量排名
1	电脑城	CPU	1	555	¥310,852	¥305,100	1.89%	28
2	电脑城	CPU	2	378	¥211,680	¥226,780	-6.66%	36
3	电脑城	CPU	3	675	¥378,125	¥364,650	3.70%	20
4	电脑城	CPU	4	528	¥295,682	¥256,775	15.15%	29
5	电脑城	硬盘	1	696	¥424,564	¥421,349	0.76%	18
6	电脑城	硬盘	2	663	¥404,435	¥401,220	0.80%	23
7	电脑城	硬盘	3	930	¥567,376	¥585,441	-3.09%	8
8	电脑城	硬盘	4	792	¥483,121	¥479,906	0.67%	15
9	电脑城	内存	1	960	¥182,422	¥179,207	1.79%	6
10	电脑城	内存	2	798	¥151,624	¥162,432	-6.65%	14
11	电脑城	内存	3	1161	¥220,590	¥217,375	1.48%	1
12	电脑城	内存	4	720	¥136,832	¥133,617	2.41%	16
13	电脑家园	CPU	1	456	¥250,845	¥247,630	1.30%	33
14	电脑家园	CPU	2	405	¥222,750	¥219,535	1.46%	35
15	电脑家园	CPU	3	495	¥272,233	¥284,221	-4.22%	30
16	电脑家园	CPU	4	426	¥234,331	¥231,116	1.39%	34
17	电脑家园	硬盘	1	561	¥336,678	¥333,463	0.96%	26
18	电脑家园	硬盘	2	492	¥295,229	¥292,014	1.10%	32
19	电脑家园	硬盘	3	585	¥351,058	¥347,843	0.92%	25
20	电脑家园	硬盘	4	495	¥297,467	¥298,794	-0.44%	30
21	电脑家园	内存	1	672	¥124,320	¥125,432	-0.89%	21
22	电脑家园	内存	2	693	¥128,205	¥124,990	2.57%	19
23	电脑家园	内存	3	825	¥152,625	¥149,410	2.15%	12
24	电脑家园	内存	4	702	¥129,870	¥126,655	2.54%	17
25	数码世界	CPU	1	663	¥384,540	¥381,325	0.84%	23
26	数码世界	CPU	2	558	¥323,640	¥320,425	1.00%	27
27	数码世界	CPU	3	831	¥481,980	¥467,655	3.06%	11
28	数码世界	CPU	4	672	¥389,760	¥386,545	0.83%	21
29	数码世界	硬盘	1	888	¥550,560	¥506,544	8.69%	10
30	数码世界	硬盘	2	801	¥496,620	¥493,405	0.65%	13
31	数码世界	硬盘	3	975	¥604,554	¥604,987	-0.07%	5
32	数码世界	硬盘	4	936	¥580,320	¥577,105	0.56%	7
33	数码世界	内存	1	1002	¥190,380	¥187,165	1.72%	3
34	数码世界	内存	2	909	¥172,710	¥169,495	1.90%	9
35	数码世界	内存	3	1158	¥220,369	¥223,543	-1.42%	2
36	数码世界	内存	4	978	¥185,820	¥182,605	1.76%	4

图 8-45

三、数据清单的操作

在工作簿 8.6.xlsx 中如图 8-45 所示的表格复制为新建的名称为 sheet1 的表格，按照操作要求完成下列操作并保存于“计算机硬件销售.xlsx”文件中。

操作要求如下。

1. 数据排序

将 sheet1 工作表中的“某公司部分计算机硬件销售情况表”复制到新建的 sheet2 工作表，使用 sheet2 工作表中的数据，以“销售点”为主要关键字，以“季度”为次要关键字，以递增的方式排序，效果如图 8-46 所示。

某公司部分电脑硬件销售情况表

序号	销售点	产品类别	季度	销售量(台)	销售金额(元)	上年同期销售额(元)	较上年同期增长率	销量排名
1	电脑城	CPU	1	555	¥310,852	¥305,100	1.89%	28
5	电脑城	硬盘	1	696	¥424,564	¥421,349	0.76%	18
9	电脑城	内存	1	960	¥182,422	¥179,207	1.79%	6
2	电脑城	CPU	2	378	¥211,680	¥226,780	-6.66%	36
6	电脑城	硬盘	2	663	¥404,435	¥401,220	0.80%	23
10	电脑城	内存	2	798	¥151,624	¥162,432	-6.65%	14
3	电脑城	CPU	3	675	¥378,125	¥364,650	3.70%	20
7	电脑城	硬盘	3	930	¥567,376	¥585,441	-3.09%	8
11	电脑城	内存	3	1161	¥220,590	¥217,375	1.48%	1
4	电脑城	CPU	4	528	¥295,682	¥256,775	15.15%	29
8	电脑城	硬盘	4	792	¥483,121	¥479,906	0.67%	15
12	电脑城	内存	4	720	¥136,832	¥133,617	2.41%	16
13	电脑家园	CPU	1	456	¥250,845	¥247,630	1.30%	33
17	电脑家园	硬盘	1	561	¥336,678	¥333,463	0.96%	26
21	电脑家园	内存	1	672	¥124,320	¥125,432	-0.89%	21
14	电脑家园	CPU	2	405	¥222,750	¥219,535	1.46%	35
18	电脑家园	硬盘	2	492	¥295,229	¥292,014	1.10%	32
22	电脑家园	内存	2	693	¥128,205	¥124,990	2.57%	19
15	电脑家园	CPU	3	495	¥272,233	¥284,221	-4.22%	30
19	电脑家园	硬盘	3	585	¥351,058	¥347,843	0.92%	25
23	电脑家园	内存	3	825	¥152,625	¥149,410	2.15%	12
16	电脑家园	CPU	4	426	¥234,331	¥231,116	1.39%	34
20	电脑家园	硬盘	4	495	¥297,467	¥298,794	-0.44%	30
24	电脑家园	内存	4	702	¥129,870	¥126,655	2.54%	17
25	数码世界	CPU	1	663	¥384,540	¥381,325	0.84%	23
29	数码世界	硬盘	1	888	¥550,560	¥506,544	8.69%	10
33	数码世界	内存	1	1002	¥190,380	¥187,165	1.72%	3
26	数码世界	CPU	2	558	¥323,640	¥320,425	1.00%	27
30	数码世界	硬盘	2	801	¥496,620	¥493,405	0.65%	13
34	数码世界	内存	2	909	¥172,710	¥169,495	1.90%	9
27	数码世界	CPU	3	831	¥481,980	¥467,655	3.06%	11
31	数码世界	硬盘	3	975	¥604,554	¥604,987	-0.07%	5
35	数码世界	内存	3	1158	¥220,369	¥223,543	-1.42%	2
28	数码世界	CPU	4	672	¥389,760	¥386,545	0.83%	21
32	数码世界	硬盘	4	936	¥580,320	¥577,105	0.56%	7
36	数码世界	内存	4	978	¥185,820	¥182,605	1.76%	4

图 8-46

2. 数据筛选

（1）将 sheet2 工作表中的“某公司部分计算机硬件销售情况表”复制到新建的 sheet3 工作表，使用 sheet3 工作表中的数据，筛选出第 1 季度中销售量大于 900 的记录，效果如图 8-47 所示。

某公司部分电脑硬件销售情况表

序号	销售点	产品类别	季度	销售量(台)	销售金额(元)	上年同期销售额(元)	较上年同期增长率	销量排名
9	电脑城	内存	1	960	¥182,422	¥179,207	1.79%	6
33	数码世界	内存	1	1002	¥190,380	¥187,165	1.72%	3

图 8-47

（2）使用 sheet3 工作表中的数据，运用高级筛选的方式筛选出第 1 季度下的计算机硬件且销量排名在前十位的记录，效果如图 8-48 所示。

季度								销量排名
1								<=10
序号	销售点	产品类别	季度	销售量(台)	销售金额(元)	上年同期销售额(元)	较上年同期增长率	销量排名
9	电脑城	内存	1	960	¥182,422	¥179,207	1.79%	6
29	数码世界	硬盘	1	888	¥550,560	¥506,544	8.69%	10
33	数码世界	内存	1	1002	¥190,380	¥187,165	1.72%	3

图 8-48

3. 数据分类汇总

将 sheet2 工作表中的“某公司部分计算机硬件销售情况表”复制到新建的 sheet4 工作表,使用 sheet4 工作表中的数据,以“销售点”为分类字段,以“销售金额”和“上年同期销售额”为汇总项进行“求和”的分类汇总,效果如图 8-49 所示。

某公司部分电脑硬件销售情况表

序号	销售点	产品类别	季度	销售量(台)	销售金额(元)	上年同期销售额(元)	较上年同期增长率	销量排名
1	电脑城	CPU	1	555	¥310,852	¥305,100	1.89%	28
5	电脑城	硬盘	1	696	¥424,564	¥421,349	0.76%	18
9	电脑城	内存	1	960	¥182,422	¥179,207	1.79%	6
2	电脑城	CPU	2	378	¥211,680	¥226,780	-6.66%	36
6	电脑城	硬盘	2	663	¥404,435	¥401,220	0.80%	23
10	电脑城	内存	2	798	¥151,624	¥162,432	-6.65%	14
3	电脑城	CPU	3	675	¥378,125	¥364,650	3.70%	20
7	电脑城	硬盘	3	930	¥567,376	¥585,441	-3.09%	8
11	电脑城	内存	3	1161	¥220,590	¥217,375	1.48%	1
4	电脑城	CPU	4	528	¥295,682	¥256,775	15.15%	29
8	电脑城	硬盘	4	792	¥483,121	¥479,906	0.67%	15
12	电脑城	内存	4	720	¥136,832	¥133,617	2.41%	16
电脑城 汇总					¥3,767,303	¥3,733,852		
13	电脑家园	CPU	1	456	¥250,845	¥247,630	1.30%	33
17	电脑家园	硬盘	1	561	¥336,678	¥333,463	0.96%	26
21	电脑家园	内存	1	672	¥124,320	¥125,432	-0.89%	21
14	电脑家园	CPU	2	405	¥222,750	¥219,535	1.46%	35
18	电脑家园	硬盘	2	492	¥295,229	¥292,014	1.10%	32
22	电脑家园	内存	2	693	¥128,205	¥124,990	2.57%	19
15	电脑家园	CPU	3	495	¥272,233	¥284,221	-4.22%	30
19	电脑家园	硬盘	3	585	¥351,058	¥347,843	0.92%	25
23	电脑家园	内存	3	825	¥152,625	¥149,410	2.15%	12
16	电脑家园	CPU	4	426	¥234,331	¥231,116	1.39%	34
20	电脑家园	硬盘	4	495	¥297,467	¥298,794	-0.44%	30
24	电脑家园	内存	4	702	¥129,870	¥126,655	2.54%	17
电脑家园 汇总					¥2,795,611	¥2,781,103		
25	数码世界	CPU	1	663	¥384,540	¥381,325	0.84%	23
29	数码世界	硬盘	1	888	¥550,560	¥506,544	8.69%	10
33	数码世界	内存	1	1002	¥190,380	¥187,165	1.72%	3
26	数码世界	CPU	2	558	¥323,640	¥320,425	1.00%	27
30	数码世界	硬盘	2	801	¥496,620	¥493,405	0.65%	13
34	数码世界	内存	2	909	¥172,710	¥169,495	1.90%	9
27	数码世界	CPU	3	831	¥481,980	¥467,655	3.06%	11
31	数码世界	硬盘	3	975	¥604,554	¥604,987	-0.07%	5
35	数码世界	内存	3	1158	¥220,369	¥223,543	-1.42%	2
28	数码世界	CPU	4	672	¥389,760	¥386,545	0.83%	21
32	数码世界	硬盘	4	936	¥580,320	¥577,105	0.56%	7
36	数码世界	内存	4	978	¥185,820	¥182,605	1.76%	4
数码世界 汇总					¥4,581,253	¥4,500,799		
总计					¥11,144,167	¥11,015,754		

图 8-49

4. 数据透视表

将 sheet2 工作表中的“某公司部分计算机硬件销售情况表”复制到新建的 sheet5 工作表,使用 sheet5 工作表中的数据,以“产品类别”为报表筛选项,以“销售点”为行标签,以“季度”为列标签,以“销售金额”为求和项,从新建的 sheet6 工作表中的 A1 单元格起,建立数据透视表,效果如图 8-50 所示。

	A	B	C	D	E	F	G
1	产品类别	CPU					
2							
3	求和项:销售金额（元）	季度					
4	销售点	1	2	3	4	总计	
5	电脑城	310852	211680	378125	295682	1196339	
6	电脑家园	250845	222750	272233	234331	980159	
7	数码世界	384540	323640	481980	389760	1579920	
8	总计	946237	758070	1132338	919773	3756418	
9							
10							

图 8-50

四、Excel 2010 图表的操作

在工作簿 8.6.xlsx 中根据要求，以图 8-49 所示的分类汇总返回第 2 个层次所得到的如图 8-51 所示的表来完成图表的操作，并以“计算机硬件销售.xlsx”保存文件。

	A	B	C	D	E	F	G	H	I	J
1										
2		某公司部分电脑硬件销售情况表								
3		序号	销售点	产品类别	季度	销售量(台)	销售金额（元）	上年同期销售额（元）	较上年同期增长率	销量排名
16			电脑城 汇总				¥3,767,303	¥3,733,852		
29			电脑家园 汇总				¥2,795,611	¥2,781,103		
42			数码世界 汇总				¥4,581,253	¥4,500,799		
43			总计				¥11,144,167	¥11,015,754		

图 8-51

操作要求如下。

(1) 将分类汇总表复制于新建的 sheet7 工作表，使用分类汇总得第 2 个层级所得到的汇总表，选取其中的“销售点”、“销售金额”、“上年同期销售额”三列数据内容（“总计”行除外）建立“簇状柱形图”（系列产生在“列”）。

(2) 将图表的标题设置为“某公司计算机硬件销售点的销售情况图”，字号为“16”，“加粗”。为图表添加 X 轴标题为“销售点”，Y 轴标题为“销售额”，字号为“10”，“加粗”。设置 Y 轴刻度最小值为“2,000,000”，最大值为“5,000,000”，主要刻度单位为“500,000”，X 轴交叉于“2,000,000”，设置图例位置为“靠上方”，字号为“8”。

(3) 设置图表无主要网格线，将图表插入到“计算机硬件销售.xlsx”文件中 sheet7 表格的 B46:H62 单元格区域内，并保存在“计算机硬件销售.xlsx”文件中。

最后的效果如图 8-52 所示。

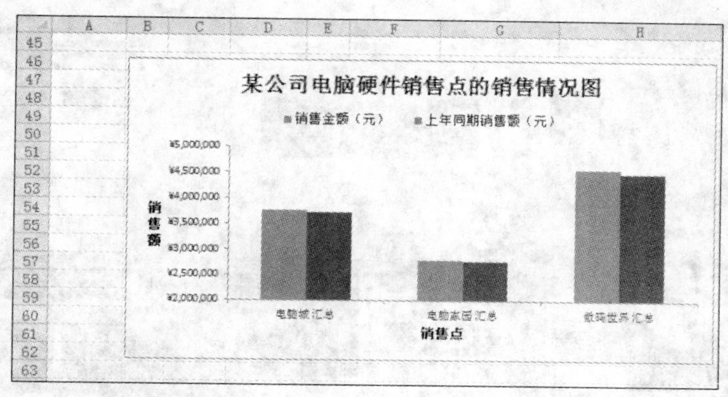

图 8-52

第 9 章 PowerPoint 2010 演示文稿

9.1 制作简单演示文稿

一、实训目的

(1) 创建空白演示文稿；

(2) 幻灯片基本制作(文本、图片、艺术字、剪贴画等插入及其格式化)；

(3) 母版的设置；

(4) 掌握幻灯片软件的基本操作方法，利用 PowerPoint 2010 软件制作简单的幻灯片。

二、实训内容

利用"演示文稿 1"文件夹内提供的素材，制作"乌镇旅游"演示文稿，并以"乌镇旅游.pptx"文件名保存。制作"乌镇旅游"演示文稿的要求如下。

1. 新建空白演示文稿

第 1 页幻灯片版式为"空白"，再插入 5 页幻灯片，版式为"标题和内容"。所有幻灯片设置设计主题"暗香扑面"，在母版中加入图片"游江南.png"。

2. 合理排版幻灯片

设置第 1 页幻灯片背景图片为"演示文稿素材 1\水墨.jpg"，插入艺术字"乌镇旅游"和"——烟花三月下江南"。第 2～6 页幻灯片标题为"乌镇简介"、"游玩线路"、"最佳旅游时间"……，文本内容在文件"演示文稿素材 1\乌镇旅游.txt"中，分别插入"乌镇简介"、"游玩线路"……的图片，并合理排版幻灯片，如图 9-1 所示。

图 9-1 实训 1"乌镇旅游"效果图

3. 设置超链接

在第 7 页上插入 5 张“乌镇简介”、“游玩线路”、“最佳旅游时间”……的图片，分别链接到对应的幻灯片，在 2～6 页设置动作按钮返回第 7 页，如图 9-2 所示。

图 9-2 第 7 页效果图

三、操作步骤

1. 新建空白演示文稿

1）新建空白演示文稿

打开“Microsoft PowerPoint 2010”，选择【文件】选项卡下的“新建”命令，双击“空白演示文稿”，创建一个新的演示文稿文件，如图 9-3 所示。

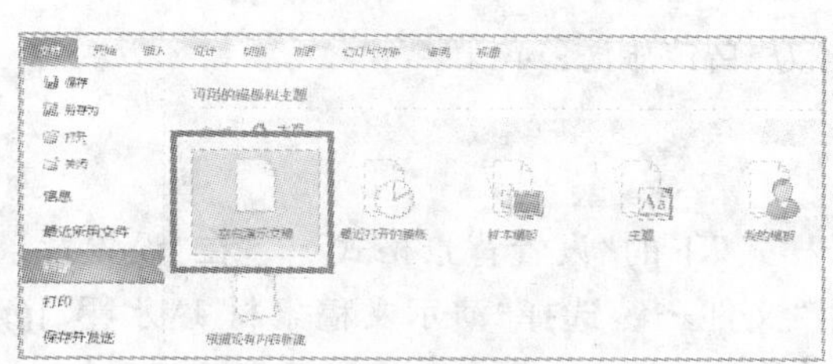

图 9-3 新建空白演示文稿

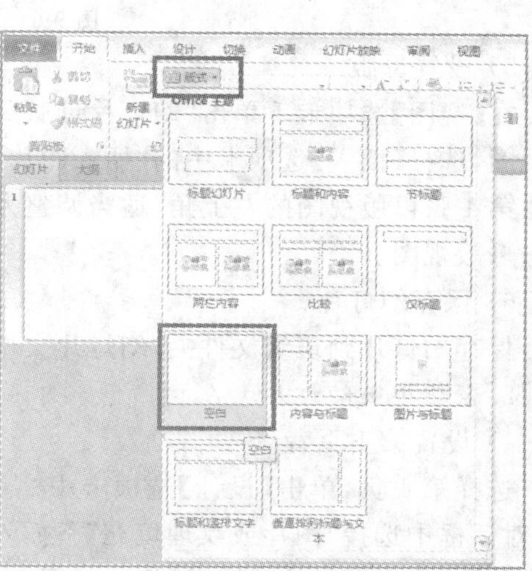

图 9-4 “空白”版式

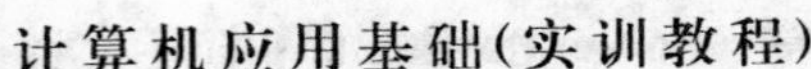

2）第 1 页的版式设置

在【开始】选项卡中单击“版式”，选择 Office 主题其中的“空白”，如图 9-4 所示。

3）第 2～6 页的版式设置

单击【开始】选项卡中的“新建幻灯片”，选择 Office 主题其中的“标题和内容”，共插入 5 张“标题和内容”幻灯片，插入第 7 页采用第 1 页版式，如图 9-5 所示。

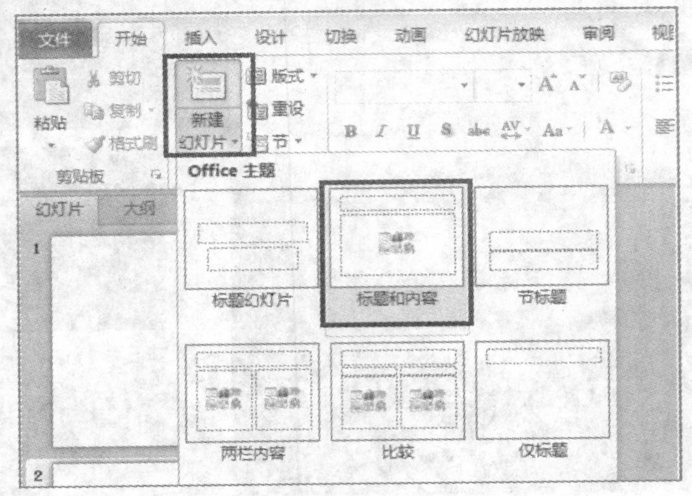

图 9-5 “标题和内容”版式

4）设置设计主题

在【设计】选项卡下选择主题“暗香扑面”，如图 9-6 所示。

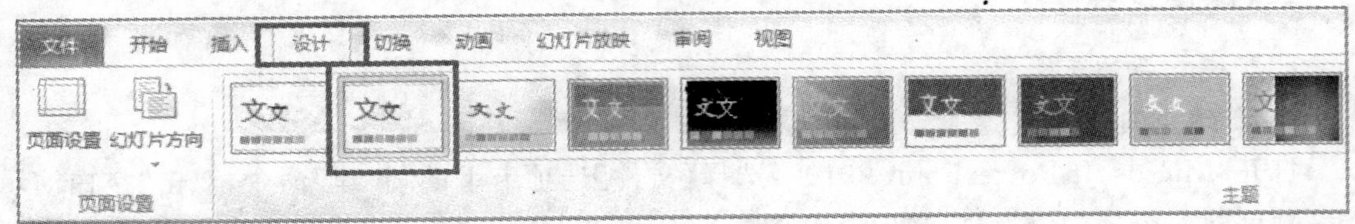

图 9-6 “暗香扑面”设计

5）设置母版

在【视图】选项卡下单击“幻灯片母版”，如图 9-7 所示，单击左侧大纲视图中的第一张母版视图，选择【插入】选项卡中的“插入图片”，选择“演示文稿素材 1\游江南. png”，将图片放置在第 1 张母版视图的左上角，适当调整大小，最后单击【幻灯片母版】下的“关闭母版视图”退出母版视图。

6）保存幻灯片

保存幻灯片到班级文件夹，幻灯片文件名为“乌镇旅游. pptx”

2. 合理排版幻灯片

1）设置第 1 页背景

选择第 1 页，单击【设计】选项卡中“背景样式”下的“设置背景格式…”，在“设置背景格式”对话框中选择“图片或纹理填充”下插入自“文件…”，选择“演示文稿素材 1\水墨. jpg”，然后关闭“设置背景格式”对话框。如图 9-8 所示。

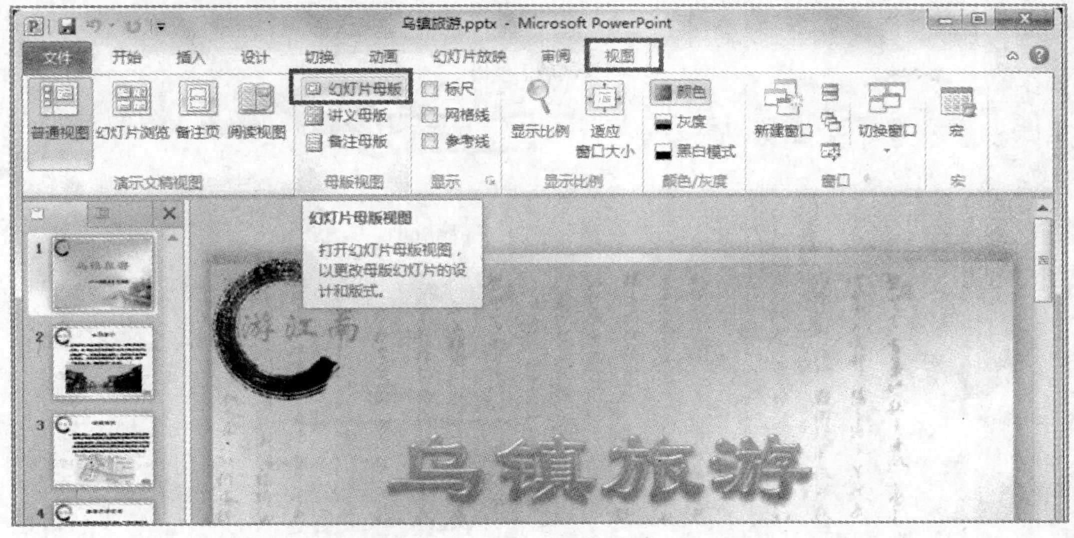

图 9-7　幻灯片母版

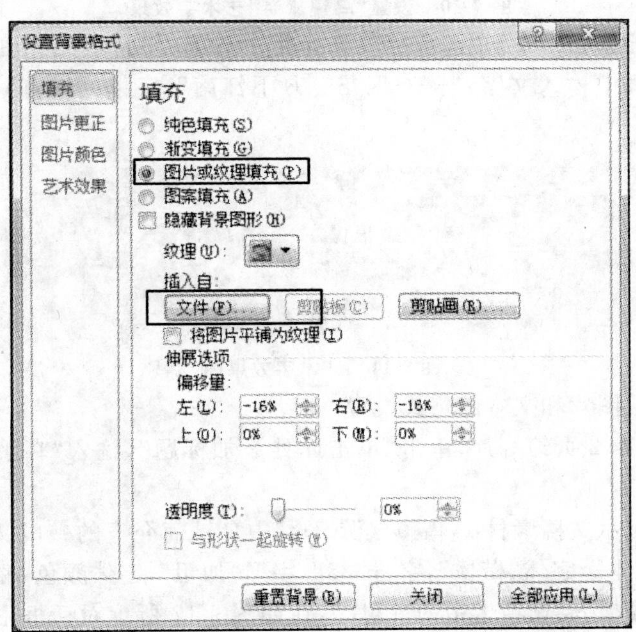

图 9-8　设置背景格式

2）在第 1 页中加入艺术字

(1) 单击【插入】选项卡中的“艺术字”，选择第 5 行第 3 列“填充—茶色，强调文字颜色 2，暖色粗糙棱台”，在文字编辑框中输入文字：“乌镇旅游”，字体：“隶书”，字号：“96”，如图 9-9 所示。在【绘图工具—格式】选项卡【艺术字样式】组中单击“文本效果”下的“转换”中的“跟随路径——上弯弧”如图 9-10 所示。

图 9-9　艺术字“乌镇旅游”

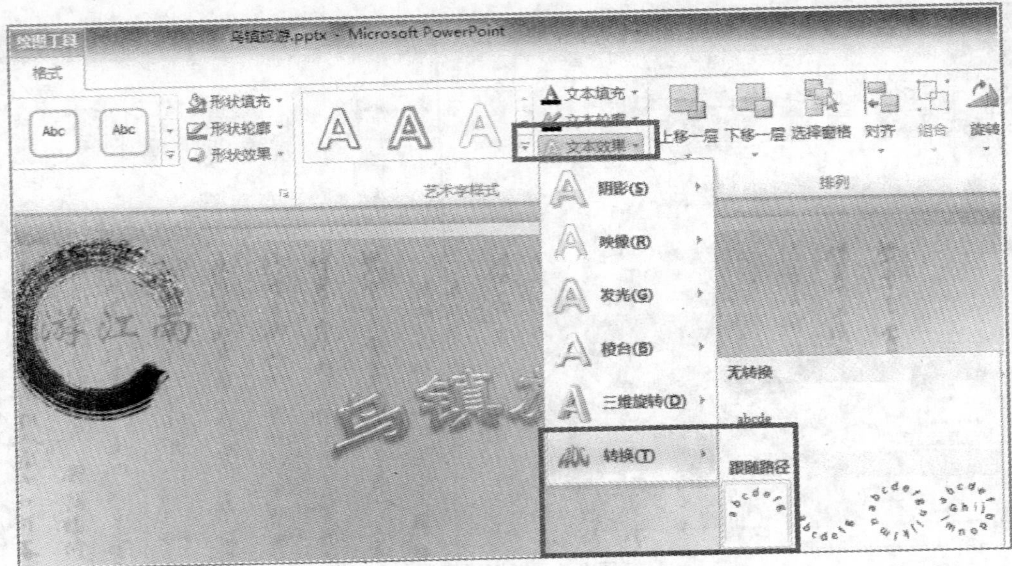

图 9-10　设置"乌镇旅游"艺术字效果

(2) 单击【插入】选项卡中的"艺术字",选择第 1 行第 1 列"填充—白色,文本 2,轮廓背景 2",在文字编辑框中输入文字:"——烟花三月下江南",字体:"楷体",字号:"32"。如图 9-11 所示。

图 9-11　艺术字效果图

3) 第 2 页标题、图片和文本的格式设置

(1) 标题:选择第 2 页幻灯片,单击"单击此处添加标题",输入"乌镇简介",字体"华文隶书",字号"44"。

(2) 文本:将"演示文稿素材 1\乌镇旅游. txt"中乌镇简介下的一段文字进行复制,粘贴到"单击此处添加文本",字体"楷体",字号"28",字形"加粗",字体颜色"深蓝"。

(3) 图片:选择【插入】选项卡中的"图片",在如图 9-12 所示对话框中选择图片"演示文稿素材 1\乌镇简介. jpg"。

(4) 调整标题、图片、文字的位置及图片大小完成排版。

4) 完成 3～6 页的幻灯片排版

同第三步操作完成排版,第 3 页标题"游玩路线",第 4 页标题"最佳旅游时间",第 5 页标题"乌镇住宿",第 6 页标题"乌镇活动",页面字体与第 2 页标题和文本格式相同,标题字体"华文隶书",字号"44",文本字体"楷体",字号"28",字形"加粗",字体颜色"深蓝"。文本内容均来自"演示文稿素材 1\乌镇旅游. txt"。图片在"演示文稿素材 1"文件夹中找到相应图片加入即可。

图 9-12　插入图片

3. 设置第 2～7 页的超链接及动作按钮

1）第 7 页中插入图片

选择第 7 页，单击【插入】选项卡中的“图片”，选择图片“演示文稿素材 1\乌镇简介.jpg”。

2）设置第 7 页的超链接

（1）单击图片“乌镇简介”后，选择【插入】选项卡中的“超链接”，在如图 9-13 所示的“插入超链接”对话框中选择“本文档中的位置”下的“2. 乌镇简介”后，单击“确定”即可。

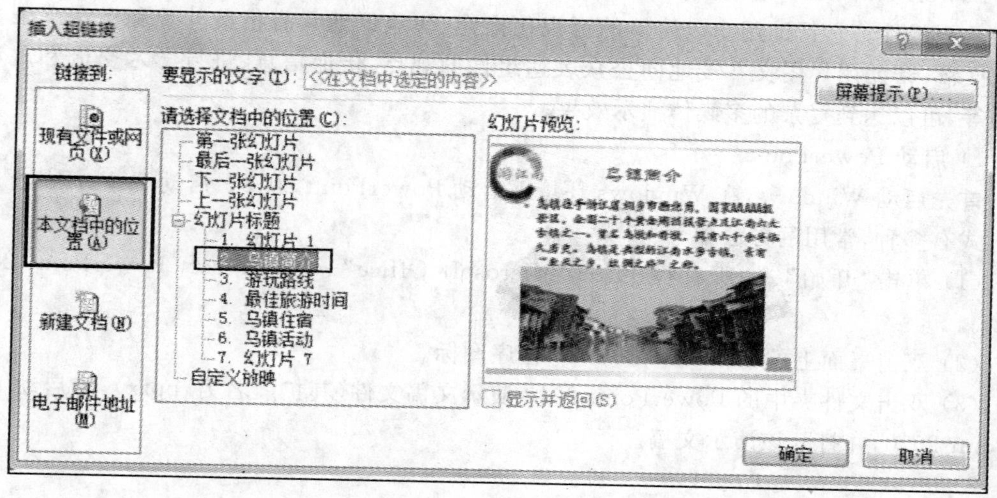

图 9-13　设置超链接

（2）同(1)的方法加入图片“游玩线路”、“最佳旅游时间”、“乌镇住宿”、“乌镇活动”，并为每张图片设置相应幻灯片的超链接。

3）设置 2～6 页动作按钮

（1）单击第 2 页幻灯片，单击【插入】选项卡下的“艺术字”，选其样式中的第 1 行第 2 列

“填充—无，轮廓—强调文字颜色 2”，在右下角插入艺术字“返回尾页”，字号“24”，字体“宋体”，如图 9-14 所示。

(2) 选择艺术字“返回尾页”，在【插入】选项卡中选择“动作”，如图 9-15 所示，选择“单击鼠标”下的“超链接到”中的“最后一张幻灯片”。

(3) 按照①～②的方法为 3～6 页加入同样的动作按钮，并链接到第 7 页，也就是最后一张幻灯片。

图 9-14　效果图

图 9-15　“返回尾页”动作按钮设置

四、知识要点

1. PowerPoint 2010 概述

PowerPoint 2010 是微软公司推出的幻灯片制作与播放软件，是 Office 2010 办公软件中的重要组件。它帮助用户以简单的可视化操作，快速创建具有精美外观和极富感染力的演示文稿，帮助用户图文并茂地向公众表达组件的观点、传递信息、进行学术交流和展示新产品等，可以达到复杂的多媒体演示效果。

1) 启动 PowerPoint

首先启动 Windows，在 Windows 环境下启动 PowerPoint 2010。启动 PowerPoint 2010 的方式有多种，常用的方法如下：

(1) 单击“开始”→“所有程序”→“Microsoft Office”→“Microsoft PowerPoint 2010”命令。

(2) 双击桌面上的 PowerPoint 2010 程序图标。

(3) 双击文件夹中的 PowerPoint 2010 演示文稿文件(其扩展名为.pptx)，将启动 PowerPoint 2010，并打开该演示文稿。

2) PowerPoint 2010 窗口

正在编辑的演示文稿 PowerPoint 2010 窗口如图 9-16 所示，工作界面有快速访问工具栏、标题栏、选项卡、功能区、幻灯片/大纲浏览窗口、幻灯片窗口、备注窗口、状态栏、视图按钮、显示比例按钮等部分组成。

3) 退出 PowerPoint 2010

退出 PowerPoint 2010 最简单的方法是单击 PowerPoint 2010 窗口右上角的“关闭”按

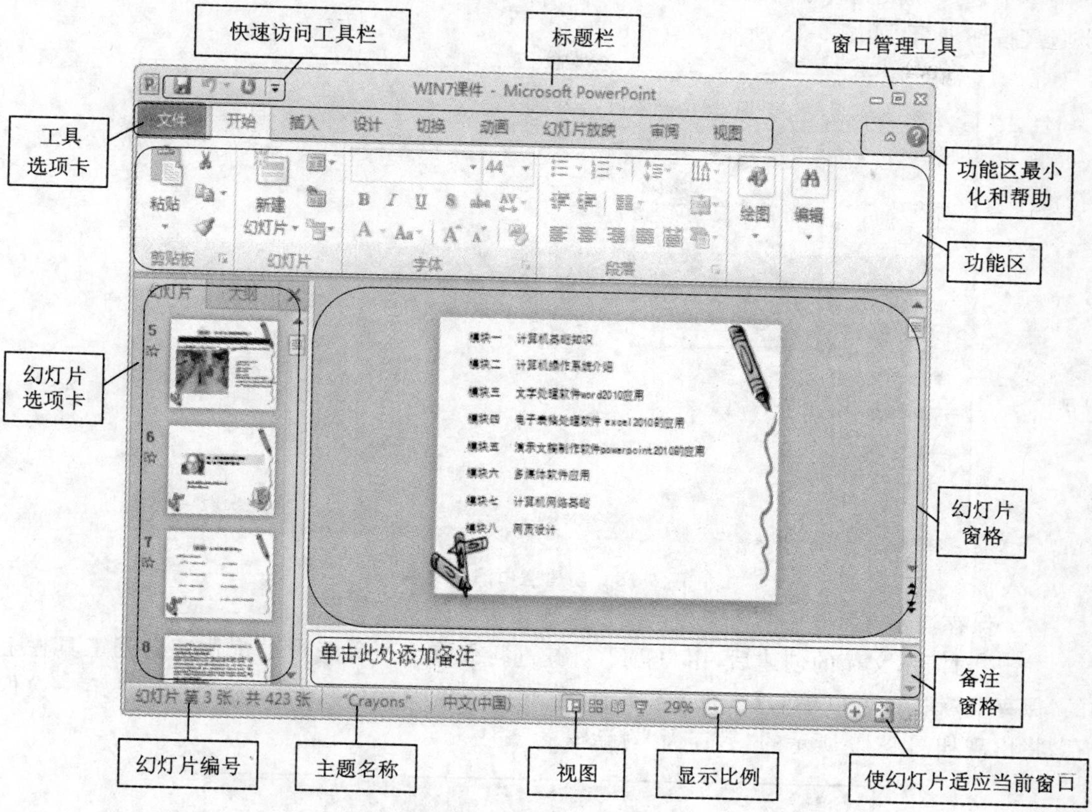

快速访问工具栏
标题栏
窗口管理工具
工具选项卡
功能区最小化和帮助
功能区
幻灯片选项卡
幻灯片窗格
备注窗格
幻灯片编号
主题名称
视图
显示比例
使幻灯片适应当前窗口

图 9-16　PowerPoint 窗口

钮。也可以用如下方式之一退出。

（1）双击窗口快速访问工具栏左端的控制菜单图标。

（2）单击【文件】选项卡“退出”命令。

（3）按组合键 Alt＋F4。

退出时系统会弹出对话框，要求用户确认是否保存对演示文稿的编辑工作，如图 9-17 所示。选择“保存”则存盘退出，选择“不保存”则退出但不存盘。

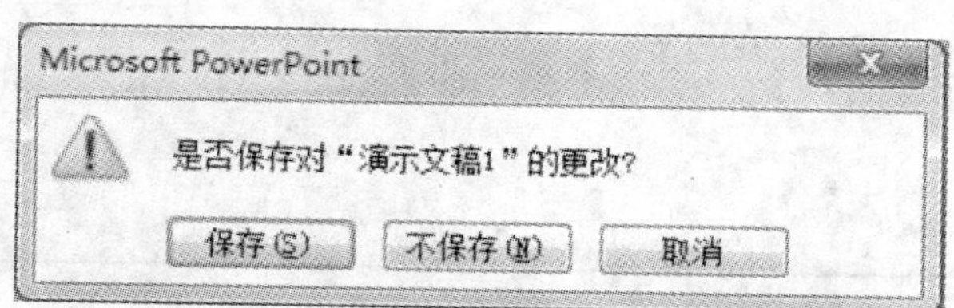

图 9-17　退出对话框

2. 演示文稿的创建、打开、关闭和保存。

1）创建空白演示文稿

创建空白演示文稿有两种方法，第一种是启动 PowerPoint 2010 时自动创建一个空白演示文稿。第二种方法是在 PowerPoint 2010 已经启动的情况下，单击【文件】选项卡，在出现的菜单中选择“新建”命令,在右侧“可用的模板和主题”中选择“空白演示文稿”,单击右侧的“创建”按钮即可,如图 9-18 所示。

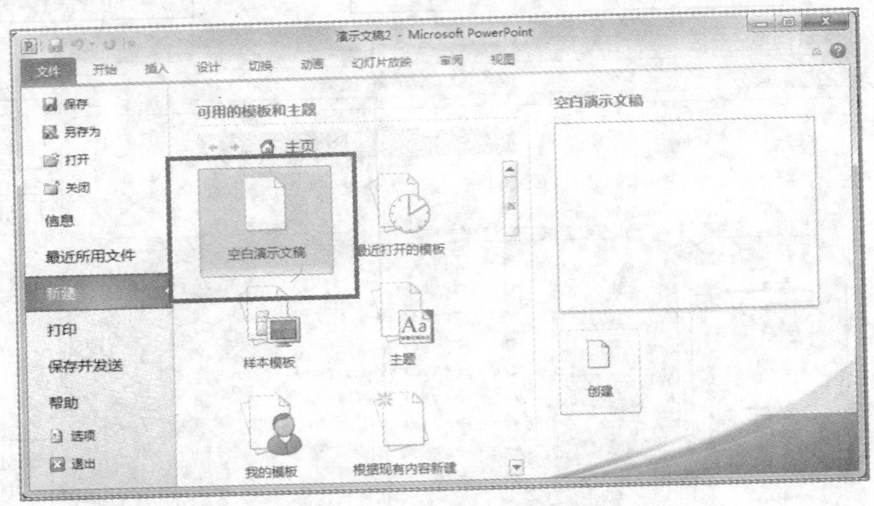

图 9-18 创建空白演示文稿

2）保存演示文稿

完成对演示文稿的创建后,用户需要对其进行保存。可以通过单击快速访问工具栏上的“保存”按钮,也可以单击【文件】选项卡,在下拉菜单中选择“保存”命令。若是第一次保存,将出现如图 9-19 所示的“另存为”对话框。

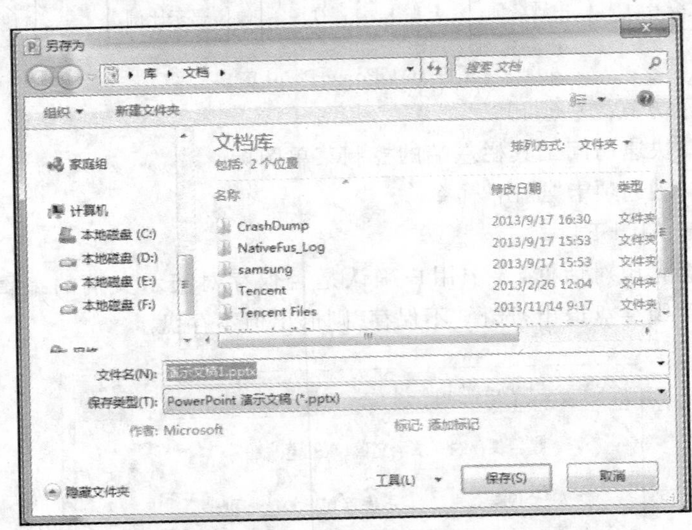

图 9-19 “另存为”对话框

3）打开和关闭演示文稿

（1）打开演示文稿。

单击【文件】选项卡,选择“打开”命令,在弹出的“打开”对话框中选择要打开的演示文稿,然后单击“打开”按钮即可。或者在计算机文件夹中找到演示文稿的文件,双击打开该演示文稿。

(2) 关闭演示文稿。

完成了对演示文稿的编辑和保存后,需要关闭演示文稿。单击【文件】选项卡,在打开的“文件”菜单中选择“关闭”命令。或者单击 PowerPoint 2010 窗口右上角的“关闭”按钮,关闭演示文稿并退出 PowerPoint 2010。

4) PowerPoint 2010 的四种视图

①普通视图;②幻灯片浏览;③阅读视图;④幻灯片放映。

3. 演示文稿视图的使用,幻灯片基本操作(版式、插入、移动、复制和删除)。

1) PowerPoint 2010 的版式设置

版式是演示文稿上标题、文本、图片和图表等内容的布局形式。调出 PowerPoint 2010 版式的方法是:单击【开始】选项卡中的“版式”命令,从图 9-20 所示的选项中,选择幻灯片中需要的版式。

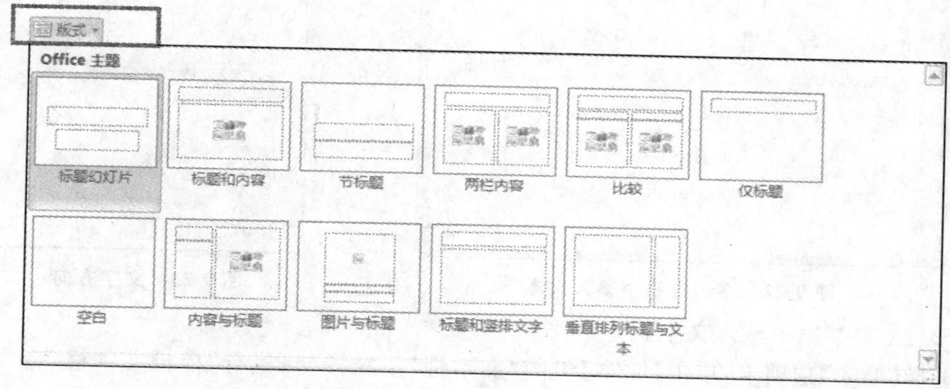

图 9-20 版式选项

2) 幻灯片的插入

直接选择【开始】选项卡,单击“新建幻灯片”按钮,选择幻灯片的版式,插入新的幻灯片。

3) 幻灯片的移动

在演示文稿中,可以移动幻灯片调整一张或者多张幻灯片的顺序。用户可以直接在“幻灯片浏览窗口”中选中需要调整的幻灯片,然后拖拽鼠标,修改其在演示文稿中的位置。

4) 复制幻灯片

用户可以从“幻灯片浏览窗口”中选择需要的幻灯片,在【开始】选项卡的【剪贴板】组中选择“复制”命令,然后在目标位置,同样在【剪贴板】组中选择“粘贴”命令。

5) 删除幻灯片

如果创建的幻灯片过多,也可以将其删除。用户可以从“幻灯片浏览窗口”中选择要删除的幻灯片,然后右击鼠标,选择右键菜单中的“删除幻灯片”命令,如图 9-21 所示。

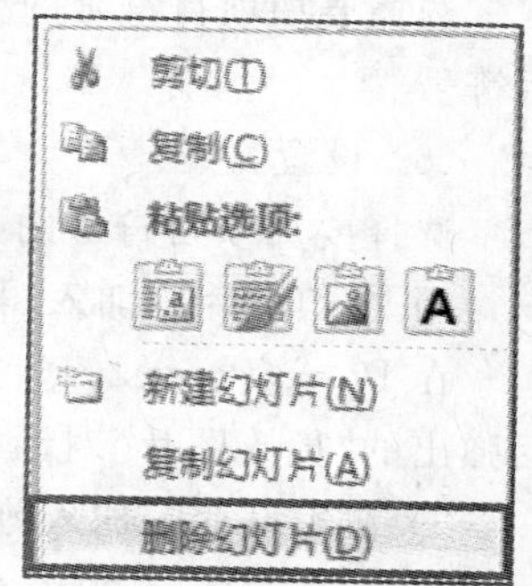

图 9-21 删除幻灯片

4. 幻灯片基本制作(文本、图片、艺术字、剪贴画、表格等插入及其格式化)。

1) 在幻灯片中加入文本

在演示文稿中添加文本,一种是在占位符中直接输入文本,另一种是在演示文稿中插入文本框,在文本框中输入文本。

(1) 在占位符中输入文本。

占位符,即演示文稿中带有虚线边缘的框。将光标置于占位符的上方单击,选择该占位符,然后输入文本内容即可,如图 9-22 所示。

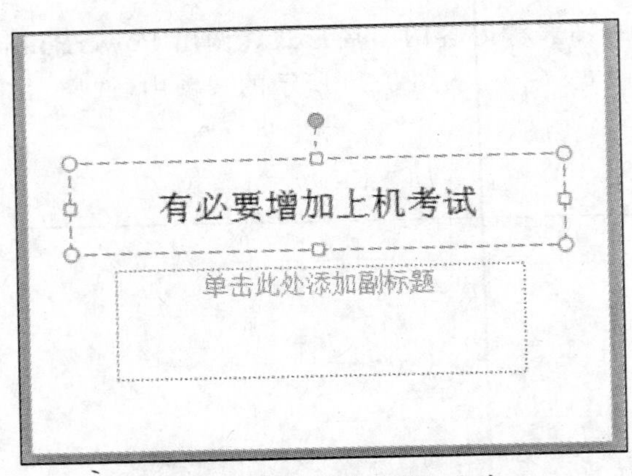

图 9-22 在占位符中输入文本

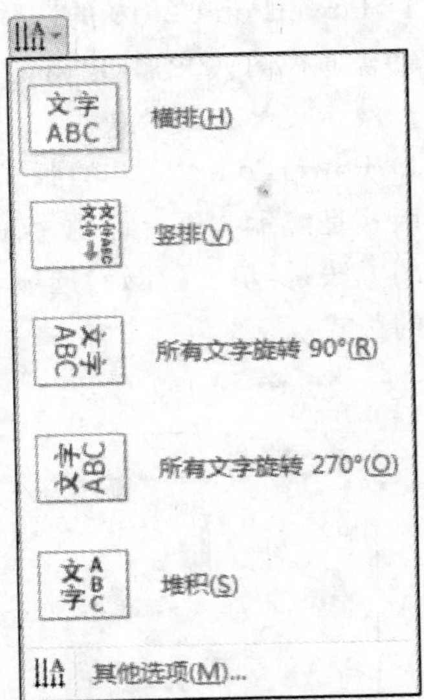

图 9-23 文字方向

(2) 在文本框中输入文本。

选择【插入】选项卡,单击【文本】组的“文本框”下拉按钮,执行“横排文本框”命令,在演示文稿中拖动鼠标绘制一个横排文本框,然后输入文字即可。

(3) 设置文本格式。

选择占位符或文本框,在【开始】选项卡下,单击【字体】组中的“字体”、“字号”、“字体颜色”等按钮对字体格式进行设置。

(4) 更改文字方向。

在选择占位符或文本框后,单击“文字方向”下拉按钮,如图 9-23 所示,选择所需选项即可。

(5) 添加项目符号。

选择要加项目符号的文本内容,单击【段落】组内的“项目符号”下拉按钮,选择需要的项目符号

(6) 设置行距。

选择要加项目符号的文本内容,单击【段落】组内的“行距”按钮,设置所需行距即可。

2) 在幻灯片中加入图片

在 PowerPoint 2010 中选择【插入】选项卡,然后单击在【图像】组中的“图片”按钮,在随后弹出的“插入图片”对话框中选择图片,将其插入到幻灯片中。

3) 在幻灯片中加入剪贴画

在 PowerPoint 2010 中选择【插入】选项卡,然后单击在【图像】组中的“剪贴画”按钮,在随后弹出的“剪贴画”对话框中搜索所需的剪贴画,将其插入到幻灯片中。

4）在幻灯片中加入艺术字

选中要添加艺术字的幻灯片，单击【插入】选项卡【文本】组中的“艺术字”按钮，在“艺术字式样”下拉按钮中选取所需式样，在随后出现的如图 9-24 所示艺术字输入框中将文字添加上即可。

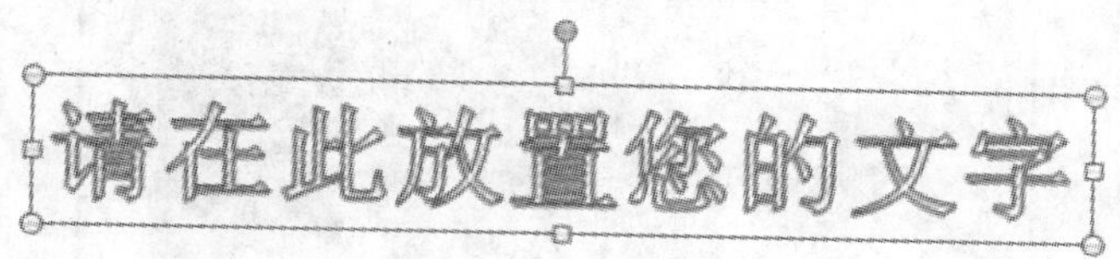

图 9-24 艺术字输入框

5. 演示文稿主题选用、幻灯片背景和母版的设置

1）演示文稿主题的应用

选择需要应用主题的幻灯片，选择【设计】选项卡，单击【主题】组中的“其他”下拉按钮，在如图 9-25 所示的“所有主题”列表中选择要应用的主题。

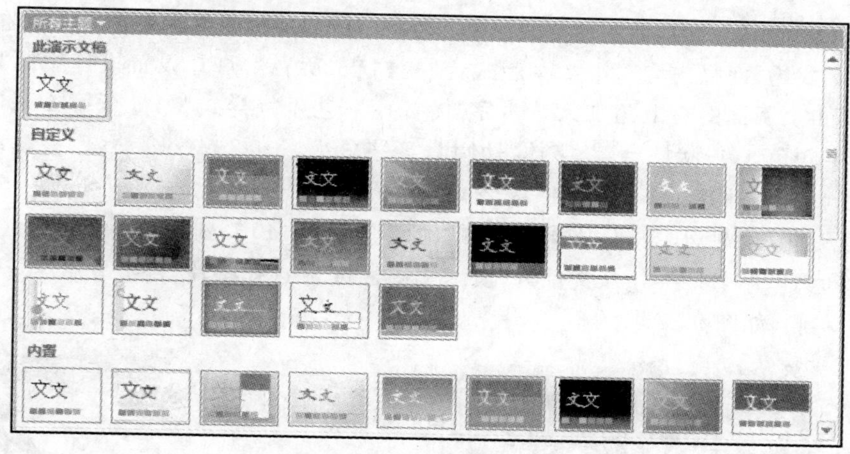

图 9-25 幻灯片所有主题

2）幻灯片背景的设置

修改幻灯片背景色的方法是：单击【设计】选项卡中【背景】组中“背景样式”下拉箭头，如图 9-26 所示，选择其中一种背景色即可。

3）母版的设置

幻灯片母版是指控制该演示文稿中所有幻灯片上输入的标题和文本的格式与类型。要设置幻灯片的母版，可以选择【视图】选项卡，单击【母版视图】组中的“幻灯片母版”按钮，进入“幻灯片母版”视图。

在该母版中包含了幻灯片中所有的版式，用户可以选择需要的应用到文稿中的一个或者多个幻灯片版式，也可以对其进行各项格式设置，还可以插入图片、图表以及 SmartArt 图形等。

五、实训操作

利用“演示文稿素材 3”文件夹内提供的素材，制作“鲁迅故居”演示文稿，并以“鲁迅故

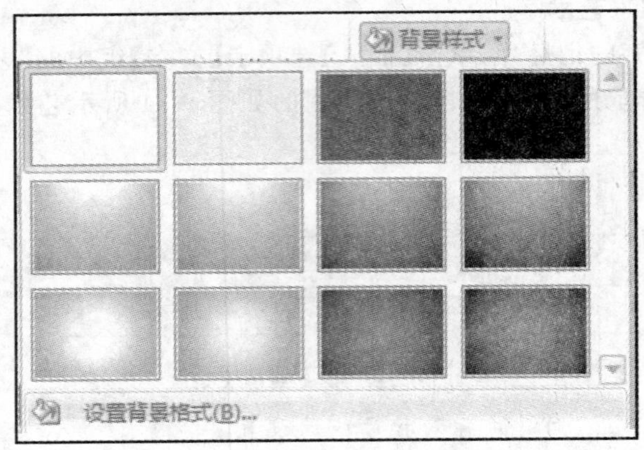

图 9-26　幻灯片背景样式

居.pptx”文件名保存。制作“鲁迅故居”演示文稿的操作要求如下。

1. 新建空白演示文稿

第 1 页幻灯片版式为“标题幻灯片”，再插入 6 页幻灯片，第 2 页版式为“标题和内容”，第 3～6 页版式为“两栏内容”，第 7 页版式为“空白”。所有幻灯片设置设计主题“奥斯汀”，在母版中第 1 页版面的右上角加入艺术字“游江南”，艺术字样式“第 5 行第 4 列(填充—橙色，强调文字颜色 3，粉状棱台)”，字体“幼圆”，字号“36”。

2. 合理排版幻灯片

(1) 第 1 页：标题为“鲁迅故居”，字体“幼圆”，字号“40”，副标题为“游绍兴鲁迅纪念馆”，字体“幼圆”，字号“28”。从文件夹“演示文稿素材 3”选择图片“鲁迅故居.jpg”加入到第 1 页幻灯片左侧，如图 9-27 所示。

图 9-27　效果图

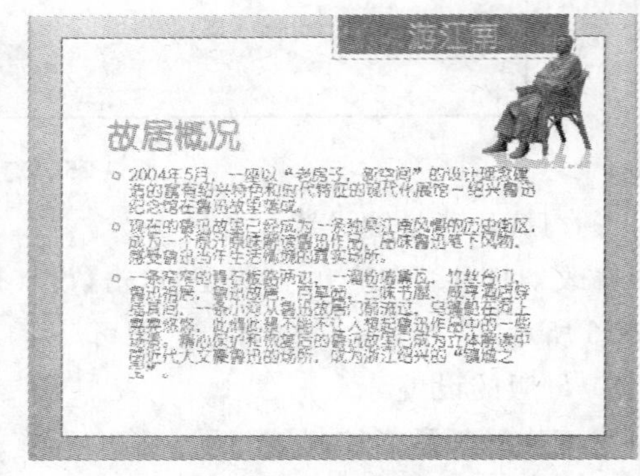

图 9-28　效果图

(2) 第 2 页：标题为“故居概况”，字体“幼圆”，字号“40”，字符效果“加粗”，文字阴影。文本文字来自文件夹“演示文稿 3”下“鲁迅故居.txt”中关于故居概况的文字，字体“幼圆”，字号“20”，在第 2 页幻灯片右上角加入图片“演示文稿素材 3\故居概况.jpg”，如图 9-28 所示。

(3) 第 3 页：标题为“地理位置”，字体“幼圆”，字号“40”，字符效果“加粗”，文字阴影。在两栏对象中的右侧占位符中添加文本，文字来自文件夹“演示文稿 3”下“鲁迅故居.txt”中关于地理位置的文字，字体“幼圆”，字号“20”。两栏对象中的左侧占位符中添加图片“演示

文稿素材 3\地理位置.jpg”，如图 9-29 所示。

(4) 第 4～6 页：分别加入“绍兴鲁迅纪念馆”、“三味书屋”、“咸亨酒店”的文字和图片，文字内容和图片均来自文件夹“演示文稿素材 3”，标题、文本和图片要求与第 3 页相同。

(5) 第 7 页：加入艺术字“鲁迅精神长存”，艺术字样式“第 5 行第 3 列(填充-褐色，强调文字颜色 2，暖色粗糙棱台)”，字体“华文行楷”，字号“54”。再分别从文件夹“演示文稿素材 3”加入 5 张图片：故居概况 2.jpg、地理位置.jpg、绍兴鲁迅纪念馆.jpg、三味书屋.jpg、咸亨酒店.jpg，如图 9-30 所示。

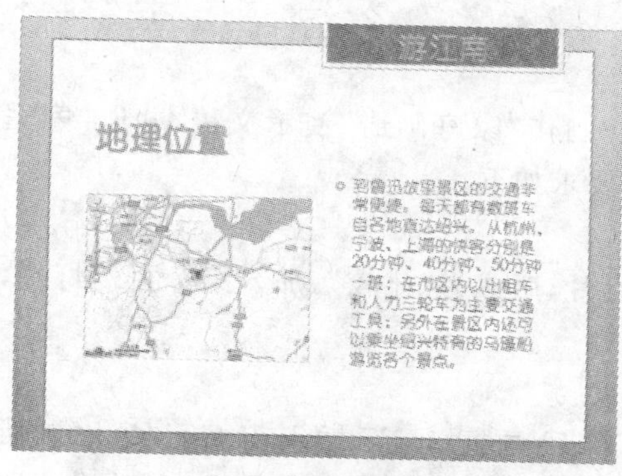

图 9-29　效果图

图 9-30　效果图

3. 设置超链接

(1) 第 7 页上插入的 5 张图片“故居概况”、“地理位置”、“绍兴鲁迅纪念馆”、“三味书屋”、“咸亨酒店”，分别链接到对应的幻灯片。

(2) 在 2～6 页设置动作按钮返回第 7 页：加入艺术字“返回尾页”，艺术字样式“第 1 行第 5 列(填充-橙色，强调文字颜色 3，轮廓-文本 2)”，字体“幼圆”，字号“36”。

设置完后，整个幻灯片效果如图 9-31 所示。

图 9-31　效果图

9.2 制作家庭画册

一、实训目的

1. 掌握幻灯片中表格和超链接的插入；

2. 掌握演示文稿放映设计(动画设计、放映方式、切换效果)。

二、实训内容

利用“演示文稿素材 2”文件夹内提供的素材，制作“家庭画册”演示文稿，并以“家庭画册. pptx”文件名保存。制作“家庭画册”演示文稿要求如下。

1. 新建空白演示文稿

第 1 页幻灯片版式为“空白”，再插入 5 页幻灯片，版式为“比较”，加入第 7 页幻灯片，版式为“标题和内容”。

2. 合理排版幻灯片

设置第 1 页幻灯片背景图片为“演示文稿素材 2\画框. jpg”，插入艺术字“家庭画册”。第 2～6 页幻灯片标题为“童年的我”、“邮票收藏”、“家乡风光”、“我的宠物”、“我的爱车”，分别插入对应的图片和文字，图片和文字来自“演示文稿素材 2”文件夹，并合理排版幻灯片，如图 9-32 所示。

图 9-32 “家庭画册”效果图

3. 插入表格和设置超链接

第 7 页版式为“标题和内容”，标题为“画册目录”，在内容占位符中加入 6 行 2 列表格，在表格中输入如图 9-33 的文字。将表格中文字“童年的我”、“邮票收藏”、“家乡风光”、“我的宠物”、“我的爱车”分别超链接到其对应的幻灯片。在 2～6 页加入艺术字“返回目录”，并为艺术字“返回目录”设置超链接到第 7 页。

画册目录

时间	内容
1990-1995	童年的我
1995-2000	邮票收藏
2000-2005	家乡风光
2005-2010	我的宠物
2010-2015	我的爱车

图 9-33　第 7 页效果图

4. 设置动画

第 1 页动画效果。艺术字“家庭画册”：进入效果，切入，自顶部。开始时间：上一动画之后。

第 2 页动画效果。标题文字动画效果：进入效果，向内溶解。开始时间：上一动画之后。左图动画效果：进入效果，弹跳。右图动画效果：进入效果，飞入，自右侧。开始时间：上一动画之后。左右文本动画效果均为：进入效果，盒状，缩小。开始时间：上一动画之后。

第 3～6 页标题和图片动画效果设置同第 2 页。

5. 设置切换效果和放映方式

所有幻灯片切换效果为“随机线条”，换片方式为设置自动换片时间：“5 秒钟”。放映方式为“演讲者放映(全屏幕)”。

三、操作步骤

1. 新建空白演示文稿

1）新建空白演示文稿

打开“Microsoft PowerPoint 2010”，选择【文件】选项卡下的“新建”命令，双击“空白演示文稿”，创建一个新的演示文稿文件。

2）第 1 页的版式

在【开始】选项卡中单击“版式”，选择 Office 主题其中的“空白”

3）第 2～6 页的版式

单击【开始】选项卡中的“新建幻灯片”，选择 Office 主题其中的“比较”，共插入 5 张“比较”幻灯片，如图 9-34 所示。

4）第 7 页的版式

在第 6 页幻灯片后，单击【开始】选项卡中的“新建幻灯片”，选择 Office 主题其中的“标题和内容”，插入 1 张“标题和内容”幻灯片，如图 9-35 所示。

5）保存

保存幻灯片文件为“家庭画册.pptx”。

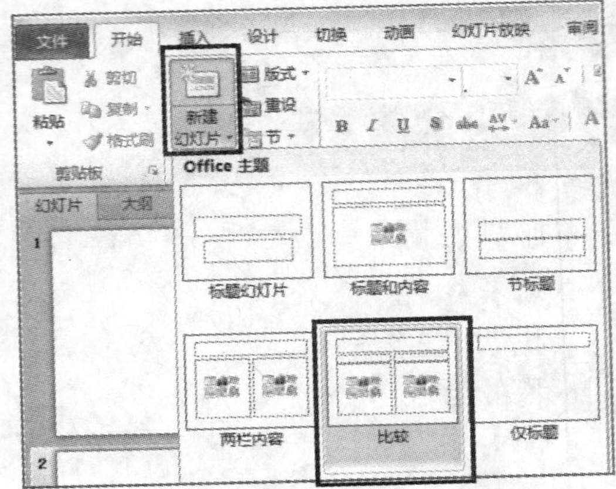

图 9-34 “比较”版式

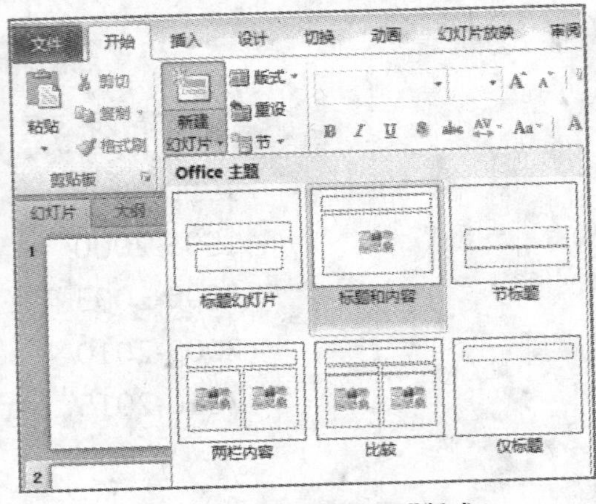

图 9-35 “内容和标题”版式

2.合理排版幻灯片

1）设置第 1 页背景

选择第 1 页，单击【设计】选项卡中“背景样式”下的“设置背景格式…”，在“设置背景格式”对话框中选择“图片或纹理填充”下插入自“文件…”，选择“演示文稿素材 2\画框.jpg”，然后关闭“设置背景格式”对话框。如图 9-36 所示。

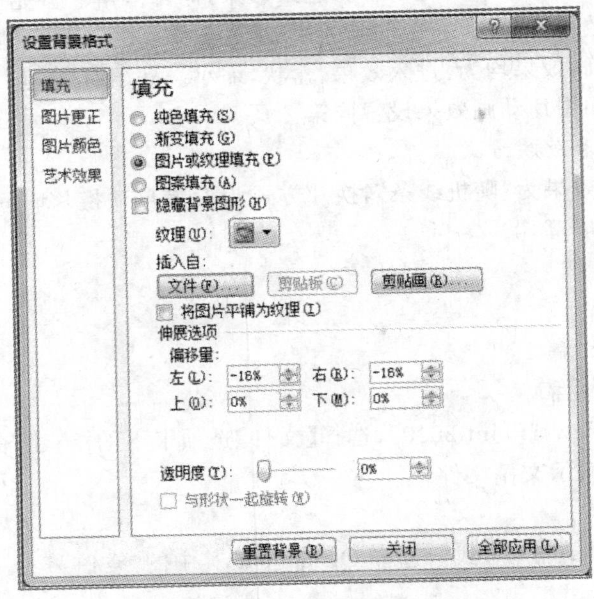

图 9-36 设置背景格式

2）在第 1 页中加入艺术字

单击【插入】选项卡中的“艺术字”，选择第 5 行第 3 列“填充—红色，强调文字颜色 2，暖色粗糙棱台”，在文字编辑框中输入文字“家庭画册”，字体“华文琥珀”，字号“88”，如图 9-37 所示。

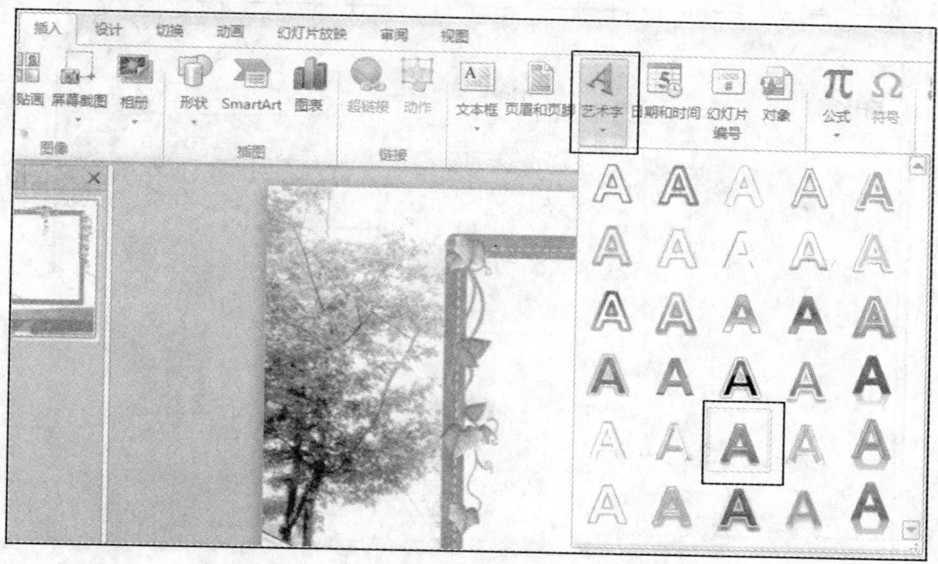

图 9-37 插入艺术字

3）第 2 页的标题、图片和文本操作

（1）标题：选择第 2 页幻灯片，单击“单击此处添加标题”，输入“童年的我”，字体“隶书”，字号“60”，字形“加粗”，“文字阴影”，字体颜色“深红”。

（2）文本：将“演示文稿素材 2\家庭画册.txt”中童年的我下的第一句话“童年是春风中漂亮的小花。”进行复制，粘贴到左上文字占位符“单击此处添加文本”，第二句话“童年是银河中灿烂的星光。”复制粘贴至右上的文字占位符。字体“楷体”，字号“25”，字形“加粗”，“文字阴影”，字体颜色“紫色”，如图 9-38 所示。

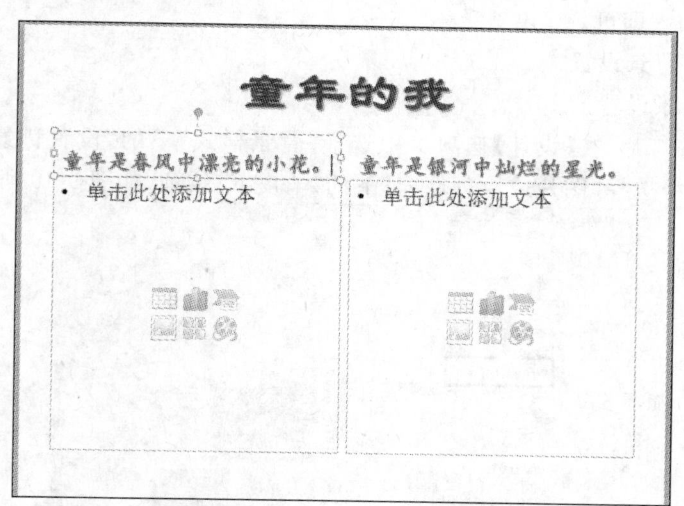

图 9-38 第 2 页添加文字

（3）图片：选择左下的文字占位符“单击此处添加文本”，单击占位符中的“插入来自文件的图片”按钮，加入图片“演示文稿素材 2\童年 1.jpg”，如图 9-39 所示。再选择右下的文字占位符“单击此处添加文本”，加入图片“演示文稿素材 2\童年 2.jpg”。

图 9-39　插入图片

(4) 调整标题、图片、文字的位置及图片大小完成排版。

4) 同上一步操作,完成 3～6 页的幻灯片排版

第 3 页标题"邮票收藏",第 4 页标题"家乡风光",第 5 页标题"我的宠物",第 6 页标题"我的爱车",文字格式与第 2 页相同,标题字体:"隶书",字号"60",字形"加粗","文字阴影",字体颜色"深红"。文本字体"楷体",字号"25",字形"加粗","文字阴影",字体颜色"紫色"。文本内容均来自"演示文稿素材 2\家庭画册.txt"。图片:在"演示文稿素材 2"文件夹中找到相应图片加入即可。

5) 第 2～7 页背景设置

(1) 第 2 页背景设置。

选择第 2 页幻灯片,在【设计】选项卡中选择"背景样式"下的"设置背景格式",在"设置背景格式"对话框中选择"图片或纹理填充"下的"羊皮纸"纹理,如图 9-40 所示。

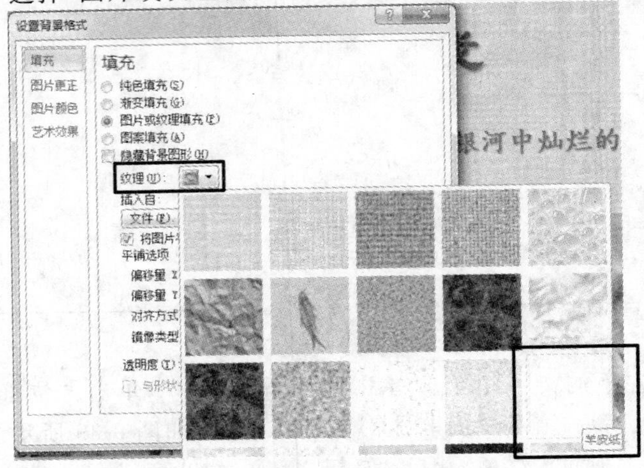

图 9-40　设置第 2 页背景格式

（2）第 3 页背景设置。

选择第 3 页幻灯片，在【设计】选项卡中选择“背景样式”下的“设置背景格式”，在“设置背景格式”对话框中选择“渐变填充”下的“预设颜色：麦浪滚滚”，如图 9-41 所示。

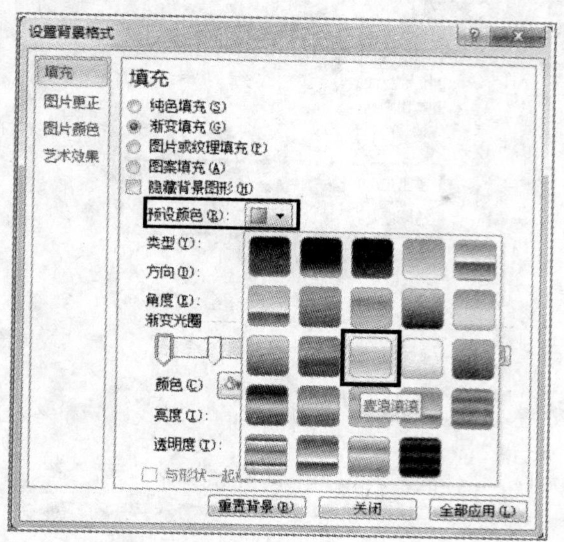

图 9-41　设置第 3 页背景格式

（3）第 4 页背景设置。

选择第 4 页幻灯片，在【设计】选项卡中选择“背景样式”下的“设置背景格式”，在“设置背景格式”对话框中选择“图案填充”下的“50％”，前景色“蓝色，强调文字颜色 1”，背景色“白色，背景 1”，如图 9-42 所示。

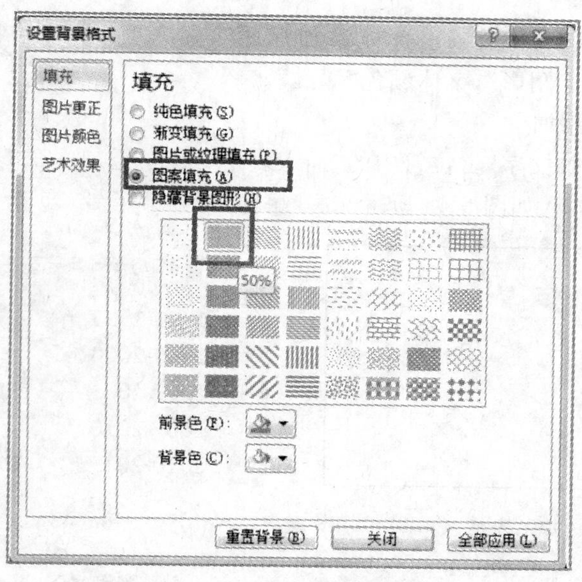

图 9-42　设置第 4 页背景格式

（4）第 5 页背景设置。

选择第 5 页幻灯片，在【设计】选项卡中选择“背景样式”下的“设置背景格式”，在“设置背景格式”对话框中选择“纯色填充”下颜色的“紫色”，透明度“80%”，如图 9-43 所示。

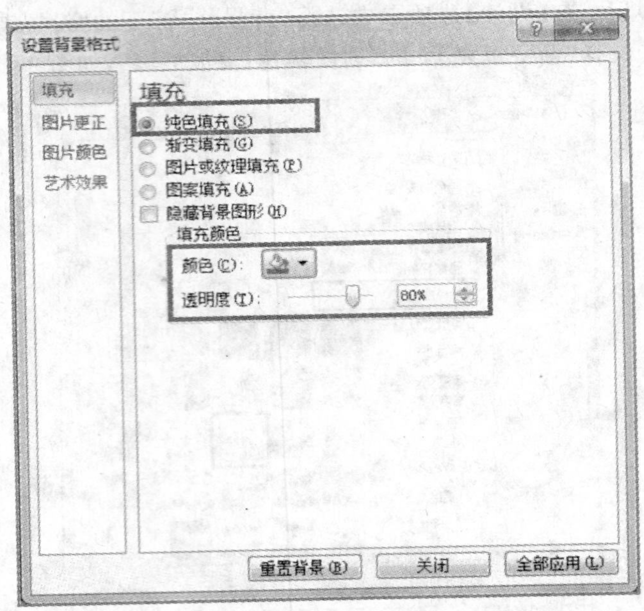

图 9-43　设置第 5 页背景格式

(5) 第 6 页和第 7 页背景设置。

第 6 页背景同第④ 步操作，背景色为“纯色填充:蓝色”，透明度“80%”；第 7 页背景色为“纯色填充:橙色”，透明度“80%”。

3. 添加表格和设置超链接

1) 第 7 页标题设置

选择第 7 页幻灯片，单击“单击此处添加标题”，输入“画册目录”，字体“隶书”，字号“60”，字形“加粗”，“文字阴影”，字体颜色“深红”。

2) 第 7 页表格的添加

选择“单击此处添加文字”占位符中的“插入表格”按钮，添加一个 6 行 2 列的表格，如图 9-44 所示。在表格中输入如图 9-45 所示文字，字体“宋体”，字号“36”。

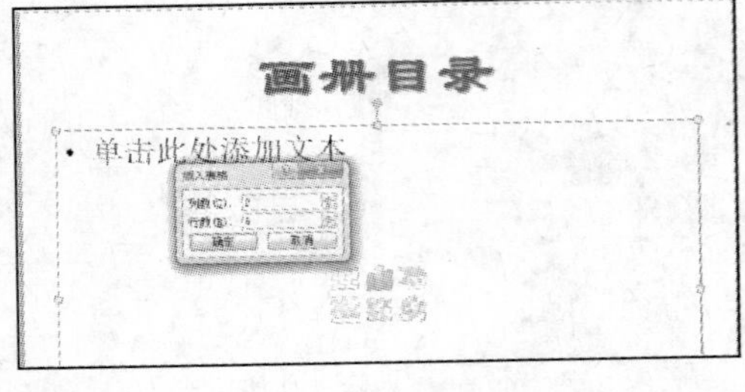

图 9-44　加入表格

时间	内容
1990-1995	童年的我
1995-2000	邮票收藏
2000-2005	家乡风光
2005-2010	我的宠物
2010-2015	我的爱车

图 9-45　表格内容

3) 设置超链接

选中表格第二行文字“童年的我”，在【插入】选项卡下选择“超链接”，在如图 9-46 所示的“插入超链接”对话框中选择“本文档中的位置”下的“2. 童年的我”后，单击“确定”即可。同样为“邮票收藏”、“家乡风光”、“我的宠物”、“我的爱车”分别超链接到其对应的幻灯片。

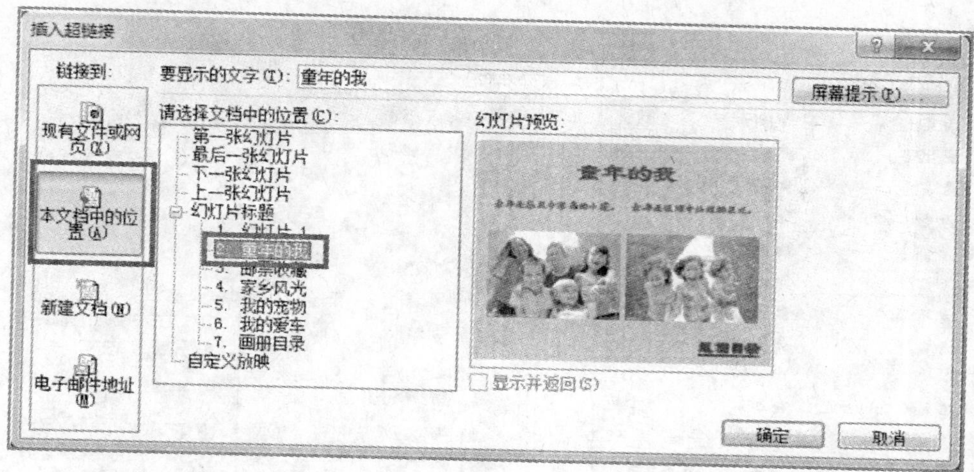

图 9-46　设置超链接

4）加入艺术字

(1) 第 2～6 页加入艺术字“返回目录”，超链接至最末页。在第 2 页右下角加入艺术字“返回目录”，艺术字样式：第 1 行第 1 列“填充，茶色，文本 2，轮廓—背景 2”，字体“隶书”，字号“36”。

(2) 选择艺术字“返回目录”，同第三步操作，将“返回目录”超链接至第 7 页。同样方法为第 3～6 页右下角均加入艺术字“返回目录”，艺术字样式、字体、字号、超链接设置同第 2 页。

4. 设置动画

1）第 1 页动画设置

选择艺术字“家庭画册”，单击【动画】选项卡中“更多进入效果”，如图 9-47 所示。在“更改进入效果”对话框中选择“切入”如图 9-48 所示，再单击动画效果下的“自顶部”，如图 9-49 所示。继续单击【动画】选项卡上“计时”区中的“开始”中的“上一动画之后”，如图 9-50 所示。

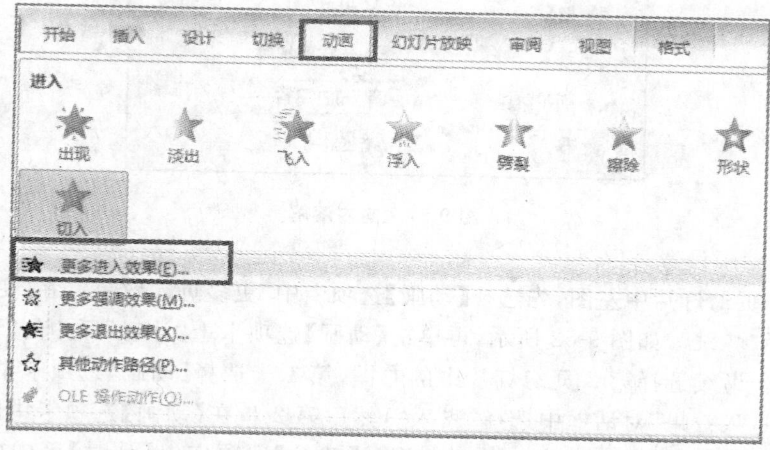

图 9-47　更多进入效果

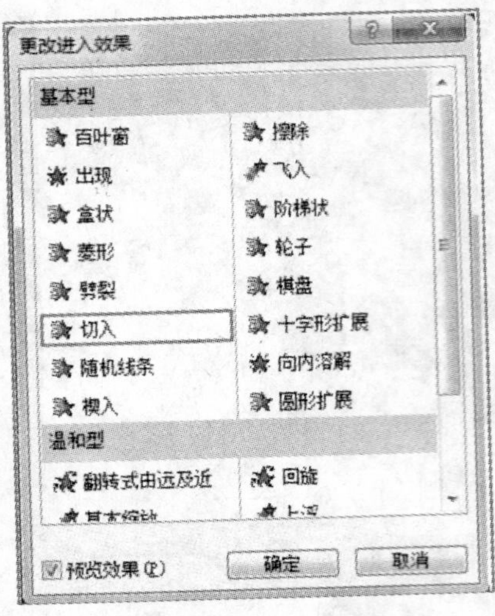

图 9-48　切入效果

图 9-49　效果选项

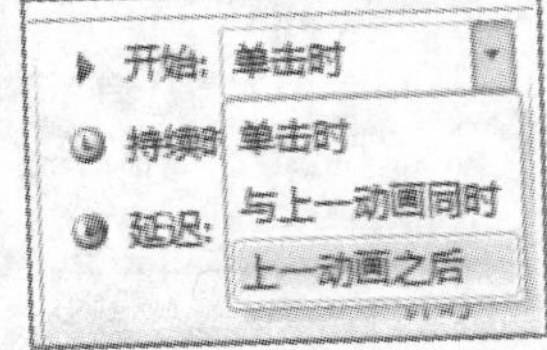

图 9-50　开始时间

2）第 2 页动画设置

(1) 标题文字动画设置。

选择第 2 页幻灯片中标题文字“童年的我”，选择【动画】选项卡中“更多进入效果”，在“更改进入效果”对话框中选择“向内溶解”如图 9-51 所示。继续单击【动画】选项卡上“计时”区中的“开始”中的“上一动画之后”，如图 9-50 所示。

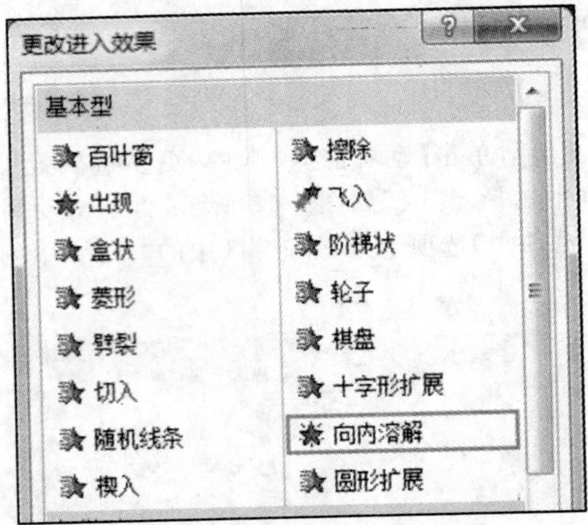

图 9-51　向内溶解

(2) 图片动画设置。

选择第 2 页幻灯片中左图，先选择【动画】选项卡中“更多进入效果”，在“更改进入效果”对话框中选择“弹跳”，如图 9-52 所示，再单击【动画】选项卡上“计时”区中的“开始”中的“上一动画之后”。继续选择第 2 页幻灯片中的右图，第 1 步选择【动画】选项卡中“更多进入效果”，在“更改进入效果”对话框中选择“飞入”，然后第 2 步在【动画】选项卡中的“效果选项”中选择“自右侧”，如图 9-53 所示。第 3 步单击【动画】选项卡上【计时】区中的“开始”中的“上一动画之后”。

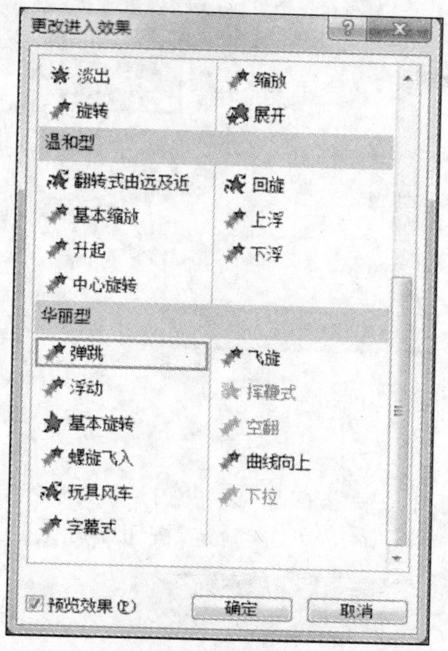

图 9-52 弹跳

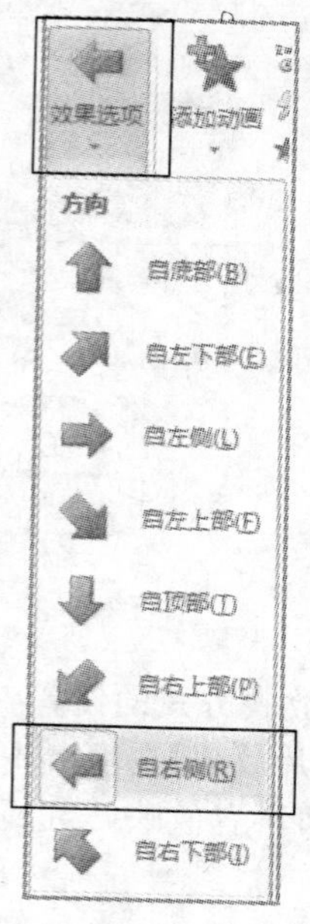

图 9-53 图片效果选项

(3) 文本动画设置。

选择第 2 页幻灯片中左上文本"童年是春风中漂亮的小花。",第 1 步选择【动画】选项卡中"更多进入效果",在"更改进入效果"对话框中选择"盒状",如图 9-54 所示。第 2 步在【动画】选项卡中的"效果选项"中选择"缩小",如图 9-55 所示。第 3 步单击【动画】选项卡上【计时】区中的"开始"中的"上一动画之后"。第 2 页右上文本动画效果同左上文本相同设置。

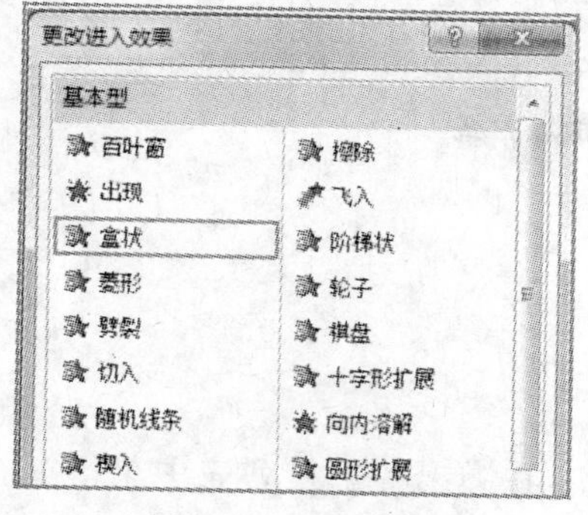

图 9-54 盒状效果

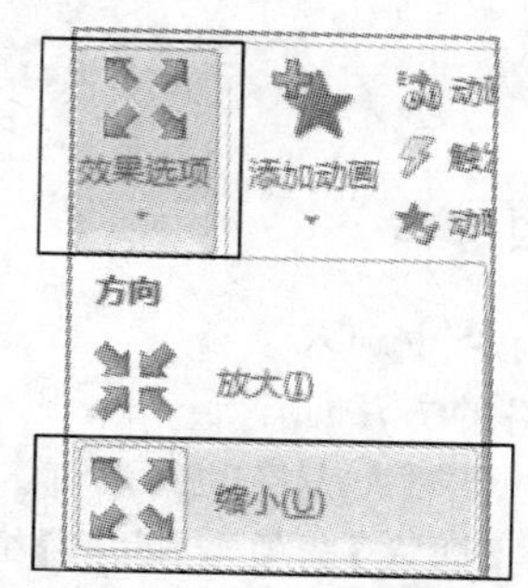

图 9-55 文本效果选项

3) 第 3～6 页动画设置

同第二步中的操作步骤,为第 3～6 页的标题、图片及文本加入动画效果设置。

5. 设置切换效果和放映方式

1) 切换效果设置

选择【切换】选项卡中"随机线条"选项,如图 9-56 所示。在【切换】选项卡右侧【计时】区域中"换片方式:设置自动换片时间:"中输入时间"00:05.00",将幻灯片自动切换时间设置为 5 秒钟,最后单击【切换】选项卡中的"全部应用"完成设置,如图 9-57 所示。

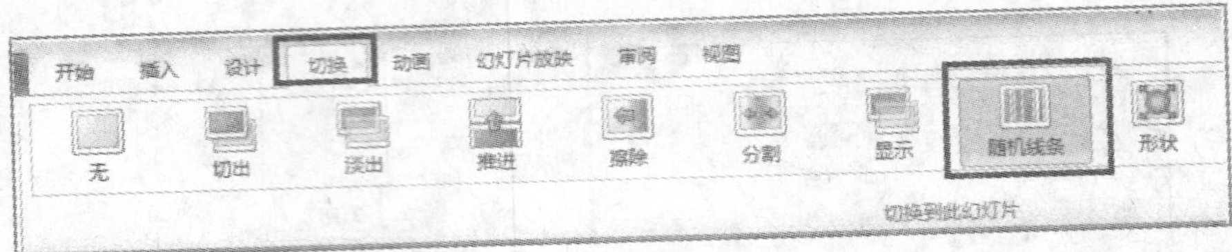

图 9-56　切换效果

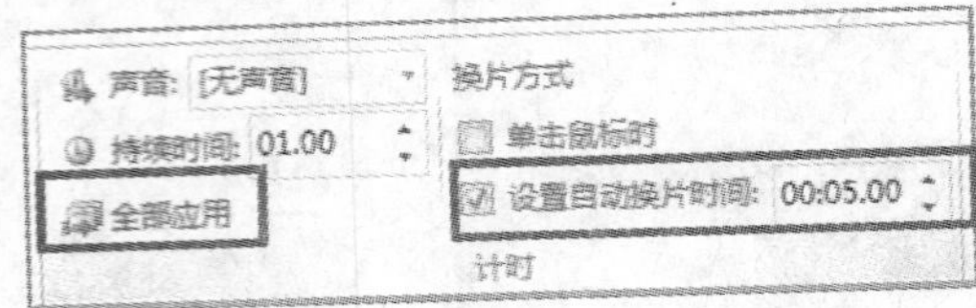

图 9-57　换片方式

2）幻灯片放映方式的设置

选择【幻灯片放映】选项卡中“设置幻灯片放映”，打开“设置放映方式”对话框，选择“放映类型”中的“演讲者放映(全屏幕)”，如图 9-58 所示，单击“确定”按钮即可完成设置。

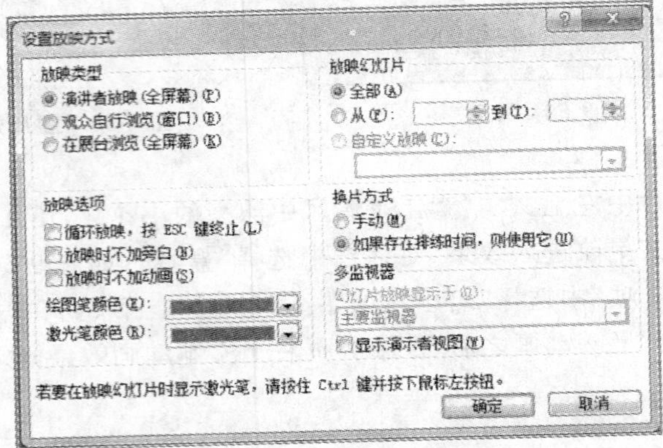

图 9-58　设置放映方式

四、知识要点

1. 在幻灯片中加入表格

创建表格的方法如下。

（1）选择要插入表格的幻灯片。

（2）单击【插入】选项卡【表格】组“表格”按钮，在弹出的下拉列表中单击“插入表格”命令，在如图 9-59 的对话框中，输入要插入表格的行数和列数。

（3）单击“确定”按钮，生成如图 9-60 所示的表格在幻灯片中。

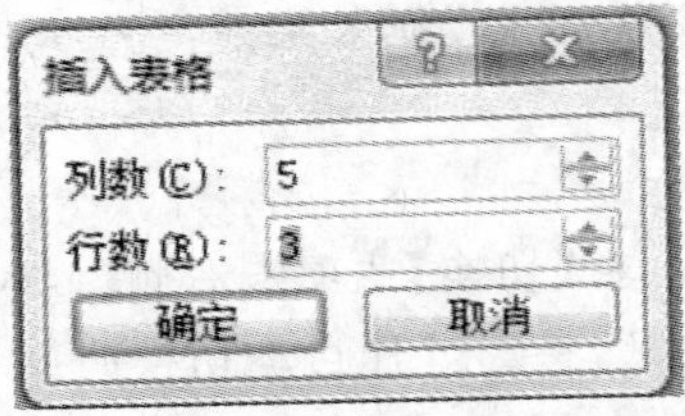

图 9-59　输入表格行数和列数

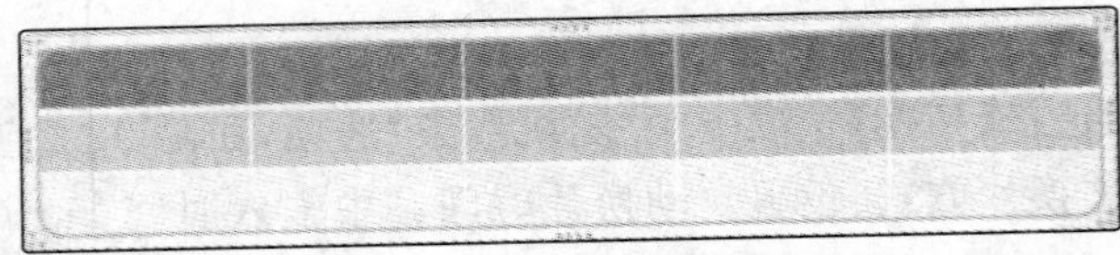

图 9-60　幻灯片中的表格

2. 为对象加入超链接

在幻灯片放映过程中，完成从某张幻灯片迅速切换到另一种幻灯片中的操作，可以通过“超链接”的功能来完成。设置超链接的对象，可以是文本、图片、艺术字等对象。

1）设置超链接

以图片为例，设置超链接的方式如下。

单击幻灯片中的图片“乌镇简介”后，选择【插入】选项卡中的“超链接”，在如图 9-61 所示的“插入超链接”对话框中选择“本文档中的位置”下的“2. 乌镇简介”后，单击“确定”即可完成图片“乌镇简介”到相应幻灯片的链接。

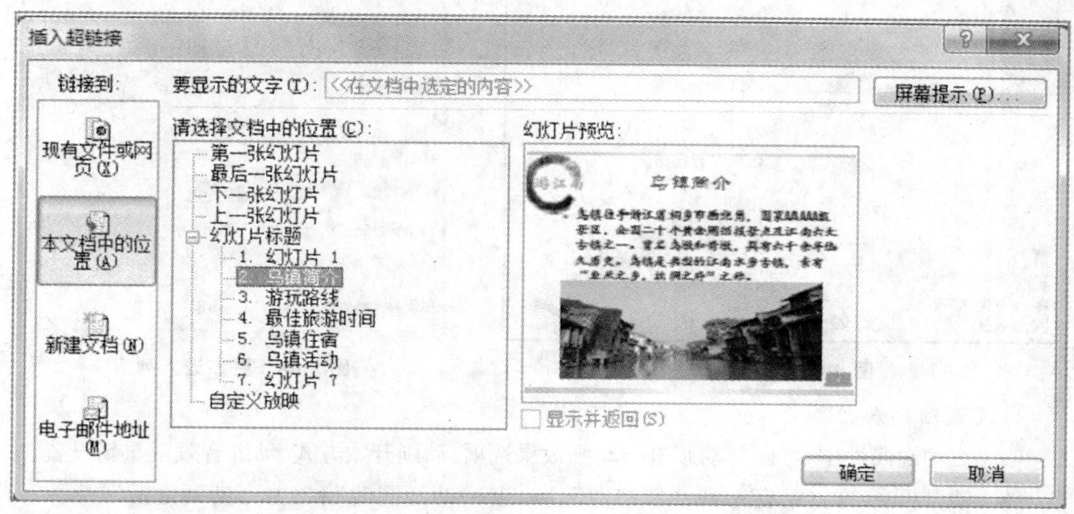

图 9-61　设置超链接

2）超链接的取消

对于在幻灯片中不满意的超链接或者想要改变超链接位置，我们只需要选中链接，然后右键单击，在快捷菜单中选中“取消超链接”即可，如图 9-62 所示。

图 9-62　取消超链接

3. 幻灯片的动画设置

幻灯片中的动画有四类：“进入”动画、“强调”动画、“退出”动画和“动作路径”动画。

以“进入”动画为例，设置的方式如下。

（1）在幻灯片中选择需要设置动画效果的对象，在【动画】选项卡中单击动画样式列表右下角的“其他”按钮，出现如图 9-63 所示的各种动画效果的下拉列表。

（2）在“进入”类中选择一种动画效果，例如“飞入”。

（3）如对所列动画效果仍不满意，还可以单击动画样式下拉列表下方“更多进入效果”命令，打开如图 9-64 所示对话框，其中列出更多动画效果供选择，选择其中一种效果即可。

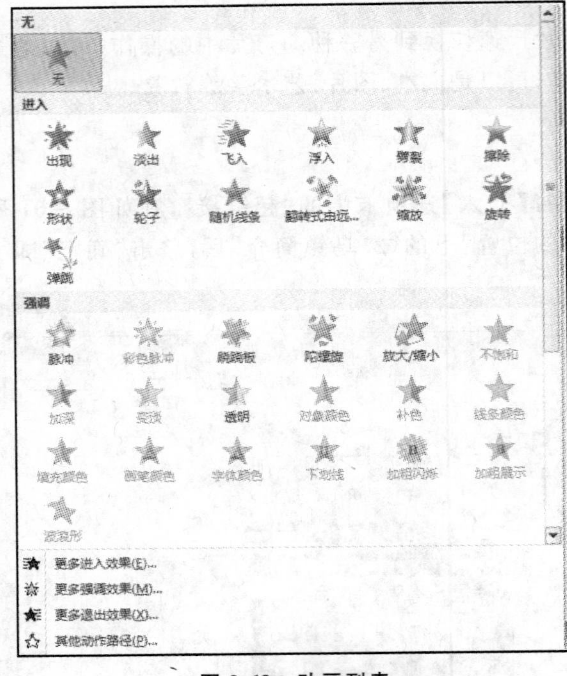

图 9-63　动画列表

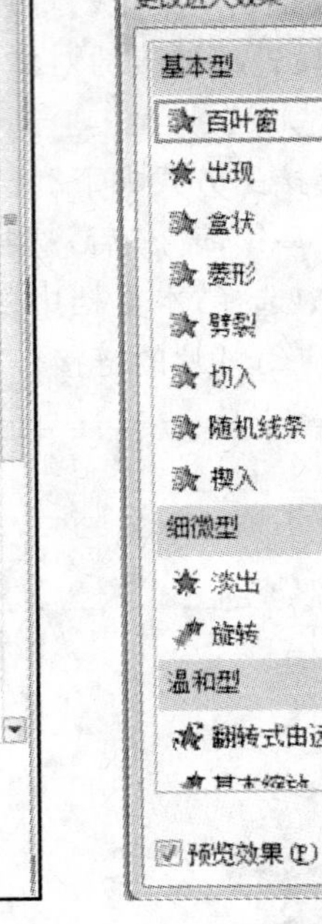

图 9-64　更多进入列表

4. 设置动画属性

(1) 在动画属性中,可以对动画进行动画效果选项、动画开始方式、动画音效等重新设置。

(2) 动画开始的方式有三种:"单击时"、"与上一动画同时"和"上一动画之后"。

5. 调整动画的播放顺序

给对象添加动画效果后,对象旁边出现该动画播放顺序的序号,幻灯片按设置动画的顺序播放动画。对多个对象设置动画后,如果对原来的播放顺序做修改,可以调整对象的动画播放顺序,方法如下。

单击【动画】选项卡【高级动画】组的"动画窗格"按钮,调出动画窗格,如图 9-65 所示。动画窗格显示所有的动画对象,它右侧的数字表示该动画播放的顺序。选择动画对象,单击底部的"↑"或"↓"来改变其播放顺序。

图 9-65　调整动画顺序

6. 演示文稿的放映方式

在演示文稿中，单击【幻灯片放映】选项卡【设置】组的“设置幻灯片放映”按钮，出现“设置放映方式”对话框，如图 9-66 所示。在“放映类型”中，可以选择“演讲者放映（全屏幕）”、“观众自行浏览（窗口）”、“在展台浏览（全屏幕）”三种方式之一。若选择“在展台浏览（全屏幕）”方式，则自动采用循环放映，按 Esc 键才终止放映。

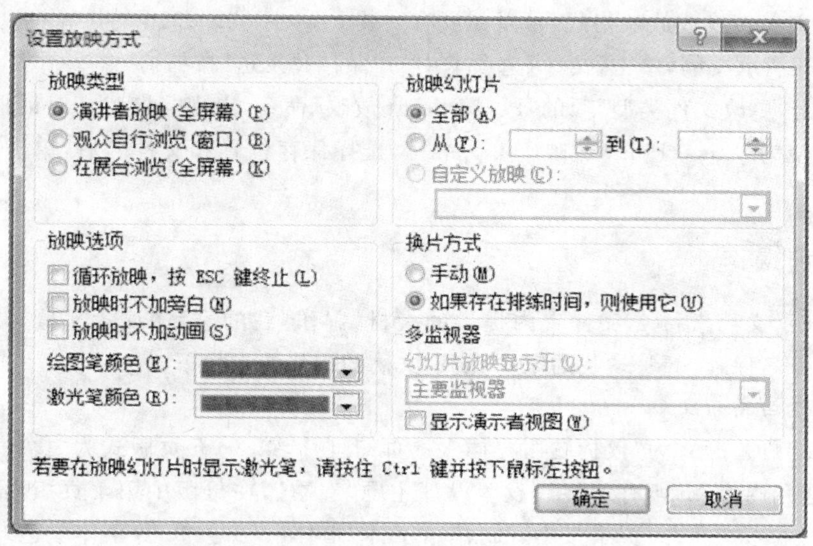

图 9-66 设置放映方式

7. 演示文稿的切换效果

设置幻灯片切换的方式如下。

(1) 打开演示文稿，选择要设置切换效果的幻灯片。在【切换】选项卡【切换到此幻灯片】组中单击切换效果列表右下角的“其他”按钮，弹出各类切换效果，如图 9-67 所示。选择一种切换效果即可。

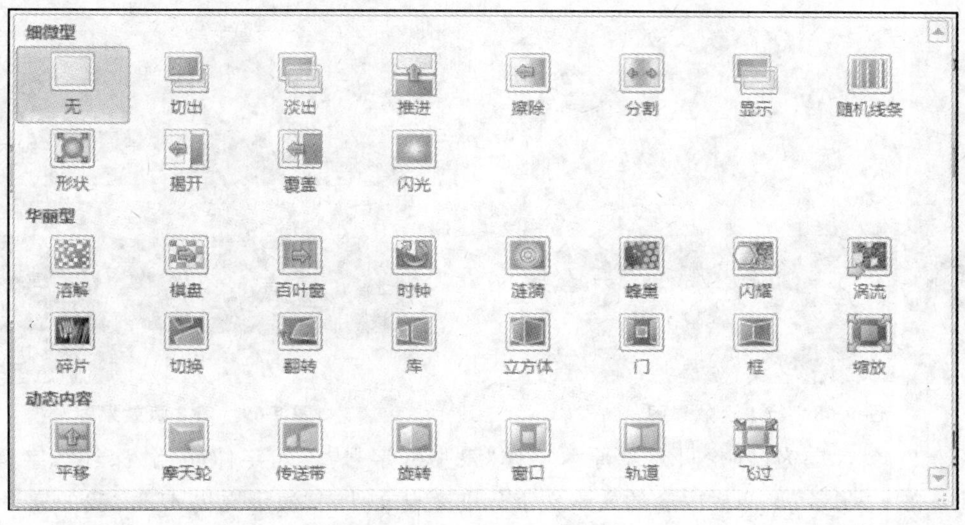

图 9-67 设置切换效果

(2) 如果希望全部幻灯片都采用该效果,可以单击"全部应用"按钮。

(3) 设置切换属性。在【切换】选项卡【计时】组右侧设置换片方式,例如,选"单击鼠标时",表示单击鼠标时才能切换幻灯片。也可以选"设置自动换片时间",表示经过该段时间后自动切换到下一张幻灯片。

8. 演示文稿的打包

将演示文稿转换成放映格式,可以在没有安装 PowerPoint 2010 的计算机上直接放映。

(1) 打开演示文稿,单击【文件】选项卡中的"保存并发送"按钮。

(2) 双击"更改文件类型"项的"PowerPoint 放映"命令,出现"另存为"对话框,其中自动选择保存类型为"PowerPoint 放映(*.ppsx)",选择保存位置和文件名后,单击"保存"按钮即可。

五、实训操作

利用"演示文稿素材 4"文件夹内提供的素材,制作"我的家乡"演示文稿,并以"我的家乡.pptx"文件名保存。制作"我的家乡"演示文稿的操作要求如下:

1. 新建空白演示文稿

第 1 页幻灯片版式为"仅标题",再插入 6 页幻灯片,第 2～6 页版式为"比较",第 7 页的版式为"标题和内容"。所有幻灯片设置设计主题"春季",在母版中第 1 页版面下方页脚处加入文本框,输入文字"经贸系张小五制作",字体"楷体",字号"28",字体颜色"深蓝",文字效果"加粗",文字"阴影"。

2. 合理排版幻灯片

(1) 1 页:标题为"我的家乡",字体"隶书",字号"60",字体颜色"紫色",文字效果"加粗",文字"阴影"。在标题下方加入艺术字"美丽的呼伦贝尔",艺术字样式"第 4 行第 5 列(渐变填充-红色,强调文字颜色 4,映像)",字体"华文行楷",字号"54"。从文件夹"演示文稿素材 4"选择图片"我的家乡.jpg"加入到第 1 页幻灯片艺术字下方,如图 9-68 所示。

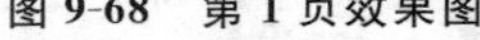
图 9-68 第 1 页效果图

图 9-69 第 2 页效果图

(2) 2 页:标题为"呼伦贝尔草原",字体"隶书",字号"44",字体颜色"深红",字符效果"加粗",文字"阴影"。两栏内容的文本文字分别来自文件夹"演示文稿 4"下"我的家乡.txt"中关于呼伦贝尔草原的两段文字,文本字体"华文新魏",字号"18",文字效果"加粗",并为文

本文字加入项目符号“●”。在两栏内容的占位符中分别加入两张图片，来自文件夹“演示文稿素材 4”中的“呼伦贝尔草原 1.jpg”和“呼伦贝尔草原 2.jpg”，如图 9-69 所示。

(3) 第 3～6 页：分别加入“满洲里”、“额尔古纳河”、“鄂伦春”和“呼伦湖”的标题、文字和图片，文字内容和图片均来自文件夹“演示文稿素材 4”，标题、文本和图片要求与第 2 页相同，如图 9-70。

图 9-70　第 3～6 页效果图

(4) 第 7 页：第 7 页的版式为“标题和内容”，标题文字“美丽的呼伦贝尔”，字体“华文新魏”，字号“40”，字体颜色“紫色”，文字效果“加粗”，文字“阴影”。在标题下，内容的占位符中选择添加一个 6 行 2 列的表格，将表格第一行中的两个单元格合并成一个。表格中输入如图 9-71 的文字，第 1 行字体“华文行楷”，字号“40”，文字效果“加粗”，文字“阴影”。第 2～6 行字体“华文”行楷，字号“32”，文字效果“加粗”。

3) 设置超链接

(1) 将表格中文字“呼伦贝尔大草原”、“满洲里”、“额尔古纳河”、“鄂伦春”和“呼伦湖”分别超链接到其对应的幻灯片。

(2) 在 2～6 页幻灯片右下角加入艺术字“返回目录”，艺术字样式“第 6 行第 2 列(填充-淡紫，强调文字颜色 6，暖色粗糙棱台)”，字体“黑体”，字号“28”，如图 9-72 所示，并将艺术字“返回目录”超链接到第 7 页。

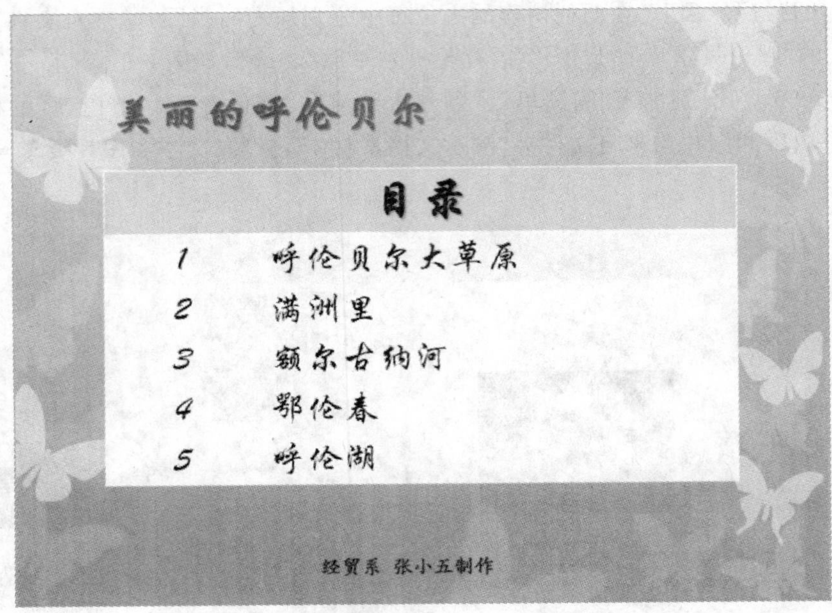

图 9-71 第 7 页效果图

图 9-72 超链接效果图

4）设置动画效果

(1) 第 1 页动画效果：标题文字“我的家乡”的动画效果“进入效果，切入，自顶部”，开始时间：“上一动画之后”。艺术字“美丽的呼伦贝尔”的动画效果“进入效果，翻转式由远及近”。图片“我的家乡”动画效果“强调效果，放大/缩小”，效果选项“垂直”。动画播放顺序是标题、艺术字、图片。

(2) 第 2 页动画效果：标题文字动画效果“进入效果，向内溶解”，开始时间“上一动画之后”，左图动画效果“进入效果，弹跳”，右图动画效果“进入效果，飞入，自右侧”，开始时间“上一动画之后”。左右文本动画效果均为“进入效果，盒状，缩小”，开始时间“上一动画之后”。

动画播放顺序是“标题、文本、图片”。

(3) 第 3～6 页标题和图片动画效果设置同第 2 页。

5) 设置切换效果和放映方式。

(1) 所有幻灯片切换效果为“随机线条”，在“换片方式”组中，设置自动换片时间为“5 秒钟”。

(2) 放映方式为演讲者放映(全屏幕)。

9.3 综合训练

请同学们参照实训 9.2.5 中演示文稿“我的家乡”对呼伦贝尔的介绍，为自己的家乡美景、名人、特色或是物产制作一个幻灯片，保存文件名为“我的家乡—美丽的 XX(地名)”，介绍下自己故乡的风土人情，幻灯片要求如下。

(1) 整个幻灯片有标题页及目录页，总页数不少于 7 页。

(2) 在幻灯片中使用艺术字，并在幻灯片中添加母版文字，在母版中的左下角或者右下角写上自己的班级姓名。

(3) 在幻灯片中介绍家乡风光时，添加的图片旁配有文字说明。

(4) 为每页幻灯片设置动画效果、切换效果及放映方式。

(5) 整个幻灯片中文本文字不小于 18 磅。

第10章 因特网基础与简单应用

10.1 因特网基础知识

一、学习目标

(1) 计算机网络的概念；

(2) 网络拓扑图；

(3) 因特网基础，IP 地址设置。

二、知识要点

1. 计算机网络

计算机网络是指将分布在不同地理位置的、多个具有独立功能的计算机系统通过通信设备和线路连接起来，由功能完善的网络软件(网络通信协议、网络操作系统等)实现资源共享和数据通信的系统。简单地说，计算机网络就是为了实现资源共享而相互连接的计算机的集合。从资源共享的角度理解计算机网络，需要把握以下两点。

(1) 计算机网络提供资源共享的功能。资源包括硬件资源和软件资源以及数据信息。硬件包括各种处理器、存储设备、输入/输出设备等。软件包括操作系统、应用软件和驱动程序等。

(2) 计算机网络提供通信连接的功能。组成计算机网络的计算机设备是分布在不同地理位置的独立的计算机。每台计算机核心的基础部件，如 CPU、系统总线、网络接口等都要求存在并且独立。互联的计算机之间没有明确的主从关系，每台计算机既可以联网使用，也可以脱离网络进行独立的工作。

2. 数据通信

数据通信是通信技术和计算机技术相结合而产生的一种新的通信方式。数据通信是指在两个计算机或终端之间以二进制的形式进行信息交换，数据传输。

3. 计算机网络的分类

计算机网络的分类标准有很多种，如根据网络所使用的传输技术分类、根据网络的拓扑结构分类、根据网络协议分类等。各种分类标准只能从某一方面反映网络的特征。

最普遍采用的分类方法是根据网络覆盖的地理范围和规模分类，它能较好地反映出计算机网络的本质特征。由于网络覆盖的地理范围不同，它们所采用的传输技术也就不同，因此形成不同的网络技术特点与网络服务功能。依据这种分类标准，可以将计算机网络分为三种：局域网、城域网以及广域网。

1) 局域网

局域网(local area network，LAN)是一种在有限区域内使用的网络，在这个区域内的各种计算机、终端与外部设备互联成网，其传送距离一般在几千米以内，最大距离不超过

10 km,因此适用于一个部门或者一个单位组建的网络。其特点是高数据传输速率(10 Mbps～10 Gbps)、低误码率、成本低、组网容易、易管理、使用灵活方便。

2）城域网

城域网(metropolitan area network,MAN)是介于广域网与局域网之间的一种高速网络,它的设计目标是满足几十万公里范围内的企业、学校、公司的多个局域网的互联需求,以实现大量用户之间的信息传输。

3）广域网

广域网(wide area network,WAN)又称为远程网,所覆盖的地理范围要比局域网大很多,从几千千米到几十万千米,传输速率比较低,一般在 96 kbps～45 Mbps 左右。广域网覆盖一个国家、地区甚至横跨几个洲,形成国际性的远程计算机网络。

另外,计算机网络的分类还有以下几种分类方法。

(1）从信号传输使用的频带或传输介质来划分,计算机网络可分为基带网和宽带网。

(2）从网络的逻辑功能和结构划分,计算机网络可分为资源子网和通信子网。

(3）从网络的使用范围划分,计算机网络可分为公用网和专用网。

(4）从网络通信传播方式的不同来划分,计算机网络可分为点对点传播方式网和广播式传播方式网。

4. 网络拓扑结构

网络拓扑结构是指用传输媒体互连各种设备的物理布局,简单地说就是网络形状或者是它在物理上的连通性。网络拓扑图给出网络服务器、工作站的网络配置和相互间的连接,它的结构主要有星型结构、环型结构、总线型结构、树型拓扑、网状型拓扑。

(1）星型拓扑

星型拓扑结构是最早的通用网络拓扑结构。在星型拓扑中,每个结点与中心结点连接,中心结点控制全网的通信。星型拓扑结构的优点是网络延迟时间较小,传输误差较低;缺点是必须具有极高的可靠性,因为中心系统一旦损坏,整个系统便趋于瘫痪,可靠性较差。图 10-1 所示为星型拓扑结构。

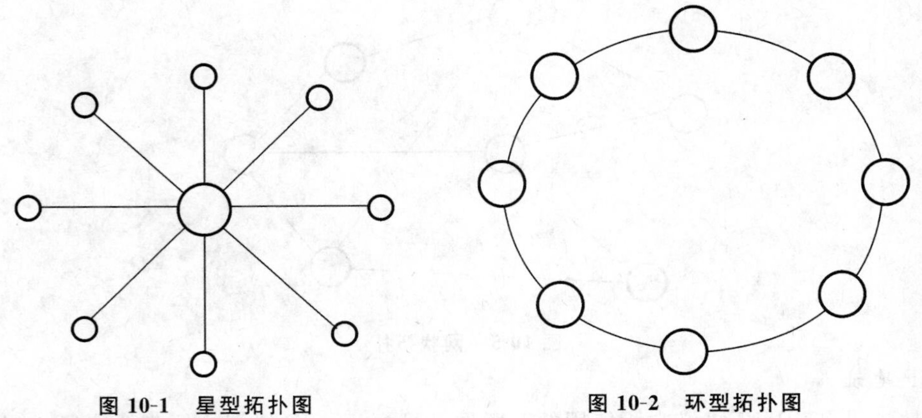

图 10-1　星型拓扑图　　**图 10-2　环型拓扑图**

2）环型拓扑

在环型拓扑结构中,传输媒体从一个节点到另一个节点,直到将所有的节点连成环型,数据在环路中沿着一个方向在各个节点间顺序传输。这种结构消除了节点通信时对中心系

统的依赖性,结构简单,但环中任意一个结点出现故障都可能造成网络瘫痪。图 10-2 所示为环型拓扑结构。

3）总线型拓扑

总线型网络结构中各个结点由一根传输总线相连,各个结点通过相应的硬件接口连接到同一根传输总线上,某个结点发出的信号可以沿着总线被其他所有结点接收到。总线型拓扑结构在结点加入和退出时非常方便,某个结点故障也不会影响其他结点之间的通信,可靠性较高,而且易于实现和拓展。图 10-3 所示为总线型拓扑结构。

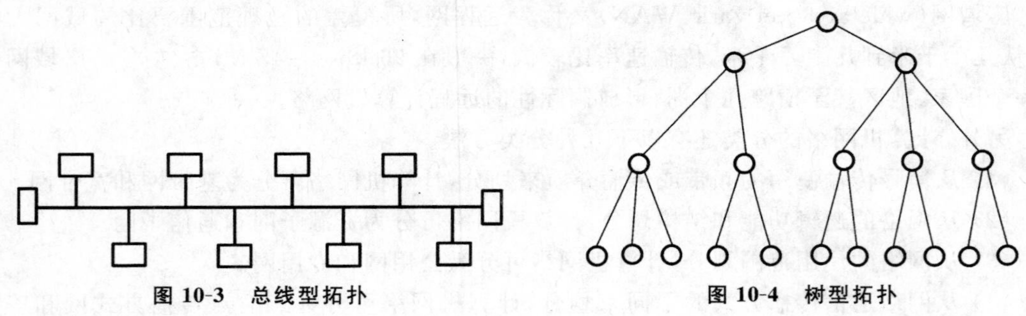

图 10-3　总线型拓扑　　**图 10-4　树型拓扑**

4）树型拓扑

树型拓扑结构是分级的集中控制式网络,像树一样,有根节点、分支和叶节点。与星型拓扑相比,树型结构通信线路总长度较短,成本较低,节点易于扩充,寻找路径比较方便,但上层节点或其相连的线路故障会影响到下层节点的通信。图 10-4 所示为树型拓扑结构。

5）网状拓扑

图 10-5 所示为网状拓扑结构。从图中可以看出,网状拓扑没有以上四种拓扑结构那么明显的规则,结点的连接是任意的,没有规律。网状拓扑的优点是系统可靠性高,但是由于结构的复杂,就必须采用路由协议、流量控制等方法。广域网中基本都采用网状拓扑结构。

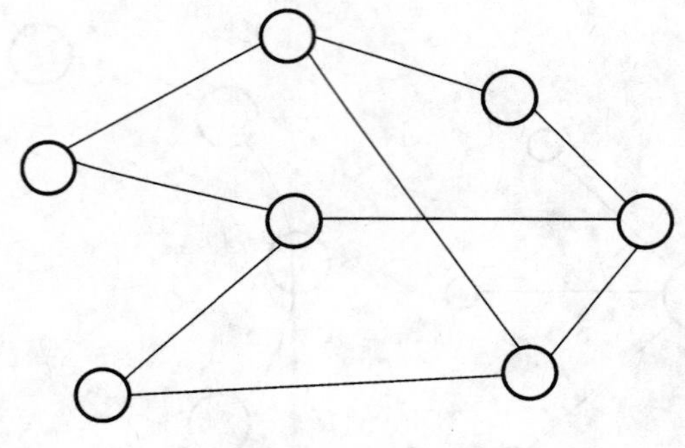

图 10-5　网状拓扑

5. IP 地址

IP 地址是 TCP/IP 协议中所使用的互联层地址标识。IP 协议主要有两个版本:IPv4 协议和 IPv6 协议,它们的最大区别就是地址表示方式不同。目前因特网广泛使用的是 IPv4,也就是 IP 地址的第四版本,以下没有特殊说明的,IP 地址即为 IPv4 地址。

为了方便管理和配置，将每个 IP 地址分为四段，每一段用一个十进制数来标识，段与段之间用圆点隔开，每个段的十进制数的范围是 0～255。例如，192.168.56.5 和 25.64.5.20 这写都是合法的 IP 地址。又如，192.168.56.266 和 268.52.2.1 这两个都是不合法的地址，原因就是里面的数字超过了我们规定的范围。

1）设置 IP 地址

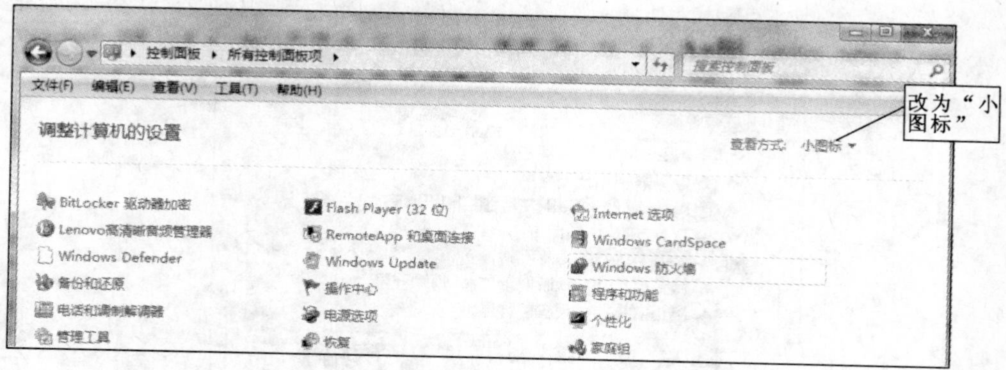

图 10-6

(1) 打开“控制面板”窗口，把右上角的“查看方式”改为“小图标”，如图 10-6 所示。单击“网络和共享中心图标”，开打“本地连接”弹出“本地连接状态”的对话框，如图 10-7 所示，单击“属性”按钮。

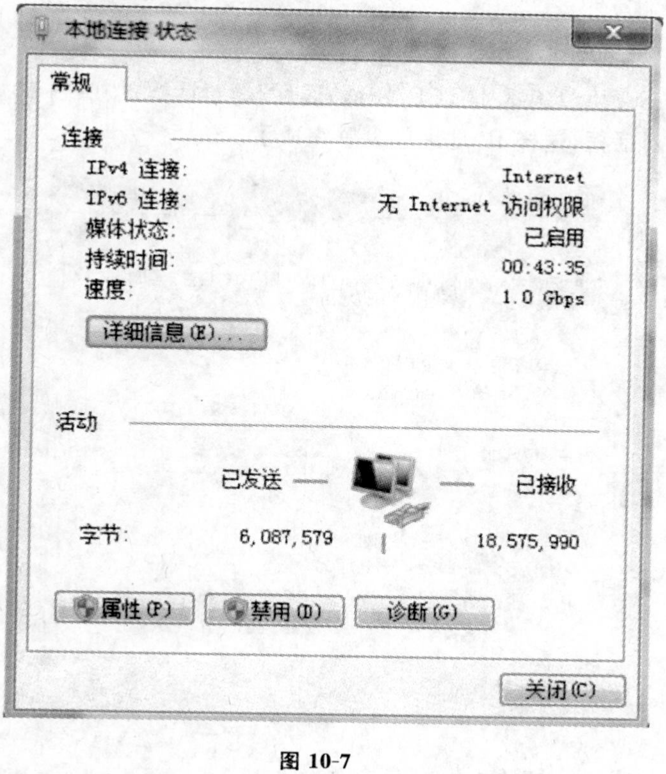

本地连接 状态
常规
连接
IPv4 连接：Internet
IPv6 连接：无 Internet 访问权限
媒体状态：已启用
持续时间：00:43:35
速度：1.0 Gbps
详细信息(E)...
活动
已发送 —— —— 已接收
字节：6,087,579 | 18,575,990
属性(P)　禁用(D)　诊断(G)
关闭(C)

图 10-7

(2) 打开“本地连接属性”对话框,双击“Internet 协议版本 4(TCP/IPv4)”如图 10-8 所示。

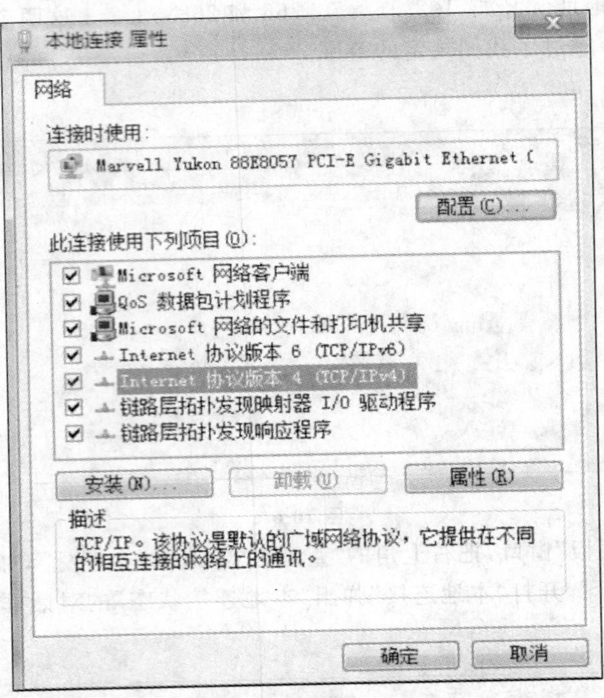

图 10-8

(3) 弹出“Internet 协议版本 4(TCP/IPv4)属性”的对话框,按照图 10-9 设置所有数据,并单击“确定”关闭对话框,这样 IP 地址就设置完成了。

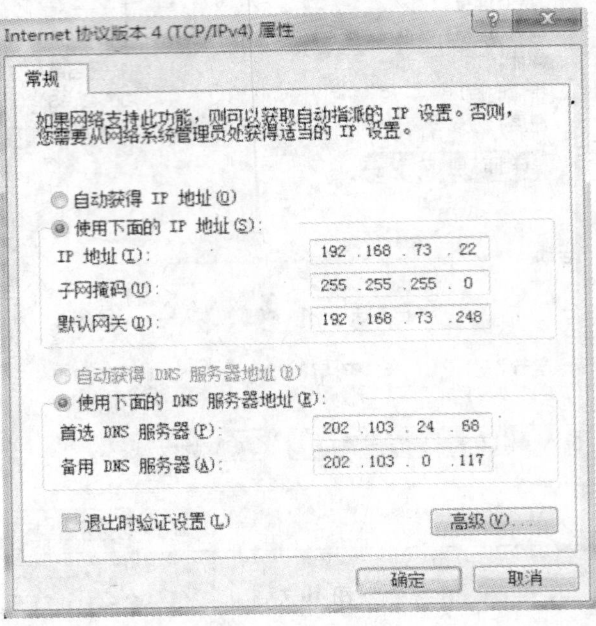

图 10-9

2）测试网络是否连通

单击左下角的“开始”菜单，单击“所有程序”，找到“附件”并单击，然后单击“命令提示符”，打开“命令提示符”窗口，如图 10-10 所示，进行以下两部操作：

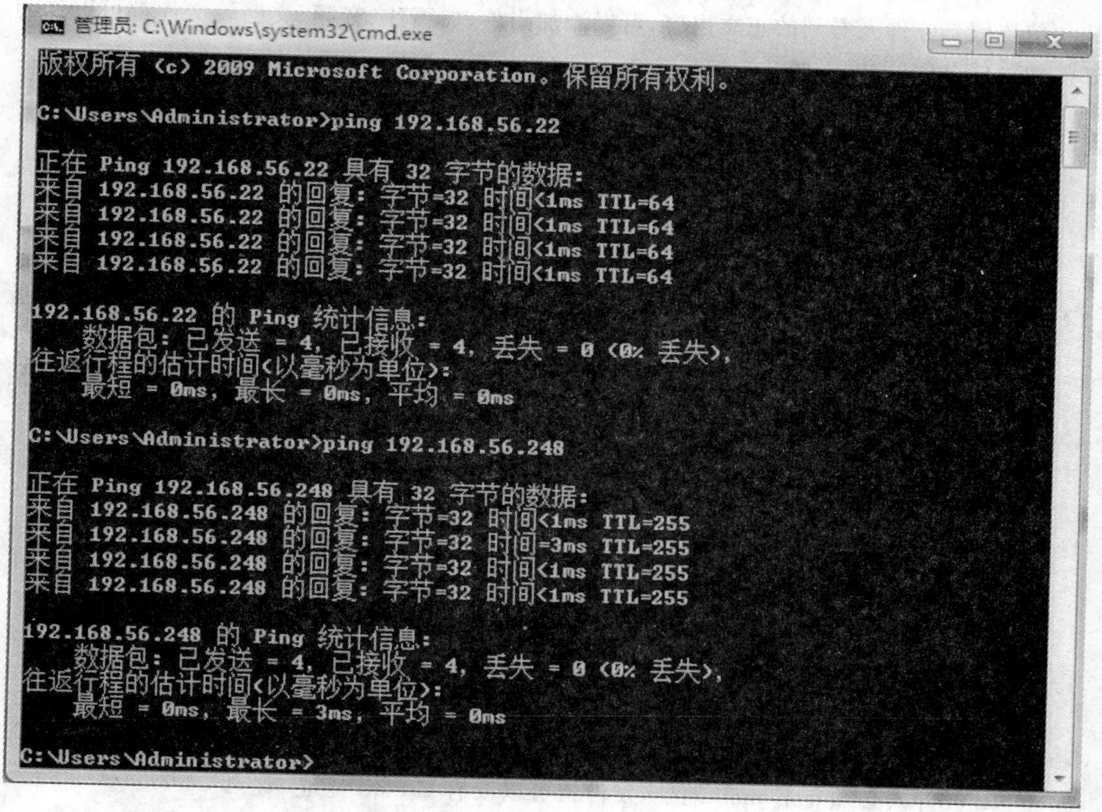

```
管理员: C:\Windows\system32\cmd.exe
版权所有 (c) 2009 Microsoft Corporation。保留所有权利。

C:\Users\Administrator>ping 192.168.56.22

正在 Ping 192.168.56.22 具有 32 字节的数据:
来自 192.168.56.22 的回复: 字节=32 时间<1ms TTL=64
来自 192.168.56.22 的回复: 字节=32 时间<1ms TTL=64
来自 192.168.56.22 的回复: 字节=32 时间<1ms TTL=64
来自 192.168.56.22 的回复: 字节=32 时间<1ms TTL=64

192.168.56.22 的 Ping 统计信息:
    数据包: 已发送 = 4, 已接收 = 4, 丢失 = 0 (0% 丢失),
往返行程的估计时间(以毫秒为单位):
    最短 = 0ms, 最长 = 0ms, 平均 = 0ms

C:\Users\Administrator>ping 192.168.56.248

正在 Ping 192.168.56.248 具有 32 字节的数据:
来自 192.168.56.248 的回复: 字节=32 时间<1ms TTL=255
来自 192.168.56.248 的回复: 字节=32 时间=3ms TTL=255
来自 192.168.56.248 的回复: 字节=32 时间<1ms TTL=255
来自 192.168.56.248 的回复: 字节=32 时间<1ms TTL=255

192.168.56.248 的 Ping 统计信息:
    数据包: 已发送 = 4, 已接收 = 4, 丢失 = 0 (0% 丢失),
往返行程的估计时间(以毫秒为单位):
    最短 = 0ms, 最长 = 3ms, 平均 = 0ms

C:\Users\Administrator>
```

图 10-10

①输入“ping 主机的 IP 地址”，测试本机网络连接是否正常；

②输入“ping 网关 IP 地址”，测试主机对外的网络出口是否连接正常。

6. 电子邮件

电子邮件（E-mail）是因特网上使用非常广泛的一种服务。由于电子邮件通过网络传送，具有方便、快速、不受地域或者时间限制，费用低廉等优点，所有很受广大用户欢迎。

1）电子邮件的地址

每个电子邮箱都有一个电子邮件地址，电子邮件地址的格式是固定的：＜用户标识＞@＜域名＞。地址中间不能有空格和逗号。例如，wgxy@163.com 就是一个电子邮件地址，表示在“163.com”邮件的主机上有一个名为 wgxy 的电子邮件用户。

2）电子邮件的格式

电子邮件由信头和信体两个基本部分组成。

(1) 信头。

信头中包括以下几项。

收件人：收件人的 E-mail 地址，多个收件人地址之间用分号（;）隔开。

抄送:表示同时可以接收到此信的其他人的 E-mail 地址。

主题:类似标题,用来概括邮件的主题,可以自由编写。

(2) 信体。

信体就是收件人看到的正文内容,可以添加附件,如图片、音频、文档等文件都可以作为邮件的附件一起发送。

三、学习与思考

1. Internet 提供的最常用、便捷的通信服务是________。
   A. 文件传输(FTP)　　B. 远程登录(Telnet)
   C. 电子邮件(E-mail)　　D. 万维网(www)
2. 假设 ISP 提供的邮件服务器为 bj163. com,用户名为 XUEJY 的正确电子邮件地址是________。
   A. XUEJY @ bj163. com　　B. XUEJYbj163. com
   C. XUEJY＃bj163. com　　D. XUEJY@bj163. com
3. 假设邮件服务器的地址是 email. bj163. com,则用户的正确的电子邮箱地址的格式是________。
   A. 用户名＃email. bj163. com　　B. 用户名@email. bj163. com
   C. 用户名 email. bj163. com　　D. 用户名＄email. bj163. com
4. 通常网络用户使用的电子邮箱建在________。
   A. 用户的计算机上　　B. 发件人的计算机上
   C. ISP 的邮件服务器上　　D. 收件人的计算机上
5. 下列关于电子邮件的说法,正确的是________。
   A. 收件人必须有 E-mail 地址,发件人可以没有 E-mail 地址
   B. 发件人必须有 E-mail 地址,收件人可以没有 E-mail 地址
   C. 发件人和收件人都必须有 E-mail 地址
   D. 发件人必须知道收件人住址的邮政编码
6. 下列关于电子邮件的说法中错误的是________。
   A. 发件人必须有自己的 E-mail 帐户
   B. 必须知道收件人的 E-mail 地址
   C. 收件人必须有自己的邮政编码
   D. 可使用 Outlook Express 管理联系人信息
7. 下列关于因特网上收/发电子邮件优点的描述中,错误的是________。
   A. 不受时间和地域的限制,只要能接入因特网,就能收发电子邮件
   B. 方便、快速
   C. 费用低廉
   D. 收件人必须在原电子邮箱申请地接收电子邮件
8. 写邮件时,除了发件人地址之外,另一项必须要填写的是________。
   A. 信件内容　　B. 收件人地址
   C. 主题　　D. 抄送

练习答案：

1. C 2. D 3. B 4. C 5. C 6. C 7. D 8. B

10.2 因特网的基本应用

一、实训目的

(1) 学会使用 IE 浏览器；

(2) 学会使用 OutLook；

(3) 使用 IE 浏览器打开网页并保存；

(4) 接收邮件并保存、发送邮件及附件、回复转发邮件；

二、实训内容

1. IE 浏览器的使用

某网站的主页地址是 http://www.ruiwen.com/news/562.htm，打开此主页，阅读鲁迅先生的散文"秋夜"页面，并将它以文本文件的格式保存到 D 盘，命名为"qiuye.txt"。

2. 发送邮件

用自己的邮箱跟老师发送一个邮件，内容包括自我介绍，并把简历添加到附件中一起发送给老师。

三、操作步骤

1. 使用 IE 浏览器

(1) 双击浏览器，启动 Internet Explorer，打开 IE 浏览器。

(2) 在"地址栏"中输入网址"http://www.ruiwen.com/news/562.htm"，并按回车键打开页面，阅读"秋夜"，如图 10-11 所示。

图 10-11 网页的输入

(3) 单击【文件】→【另存为】命令，如图 10-12 所示，弹出"保存网页"对话框，在左侧窗格中打开【计算机】双击本地磁盘 D，在"文件名"编辑框中输入"qiuye.txt"，在"保存类型"中选择"文本文件(*.txt)"，单击"保存"按钮完成操作，如图 10-13 所示。

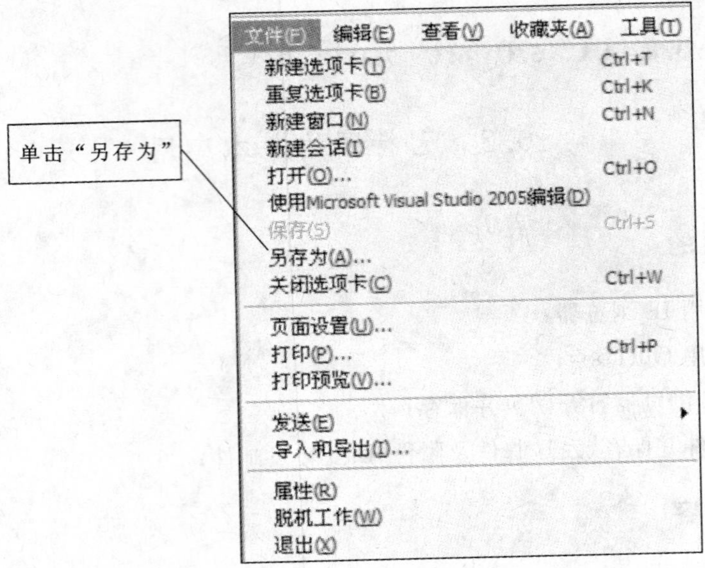

图 10-12　文件的保存

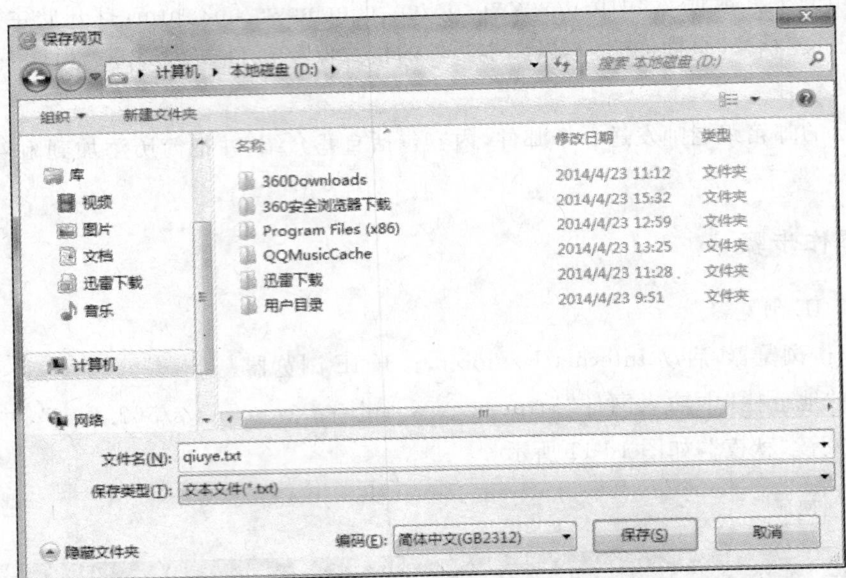

图 10-13　文件名的输入

2. 发送邮件

(1) 打开自己的邮箱(如 QQ 邮箱、163 邮箱等);

(2) 单击页面左端的【写信】,如图 10-14 所示;

(3)【收件人】填写老师的邮箱地址如图 10-15 所示;

(4) 单击【添加附件】把做好的简历添加到附件中如图 10-16,正文处写自我介绍。

(5) 单击【发送】按钮。

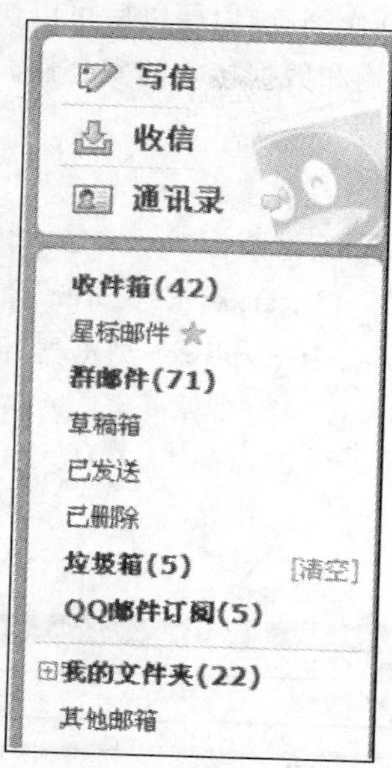

图 10-14　邮箱界面

收件人 276333749@qq.com;
添加抄送 - 添加密送 | 分别发送

图 10-15　收件人

图 10-16　添加附件

四、知识要点

1. IE 的使用

IE 是一个功能强大的 Web 浏览器，该软件操作简单、使用简便、易学易用，使用它几乎可以访问 Internet 的所有资源。IE 有如下功能。

(1) 浏览 Internet 上的多媒体信息。

(2) 收发电子邮件。

(3) 定制历史记录，以便快速浏览曾经访问过的网页。

(4) 自动处理交互式的表格。

(5) 阅读 Internet 上的新闻，在 Internet 上发表自己的文章。

(6) 为自己喜欢的 Web 站点制作书签,以便以后可以快速访问。

(7) 保证在 Internet 上信息传输和数据接收的安全性。

2. 启动 IE

启动 IE 有下列三种方法:

(1) 双击桌面上的 Internet Explorer 图标。

(2) 执行“开始”→“所有程序”→“Internet Explorer”命令。

(3) 单击任务栏上的“启动 Internet Explorer 浏览器”图标。

3. IE 的界面

IE 的界面如图 10-17 所示。

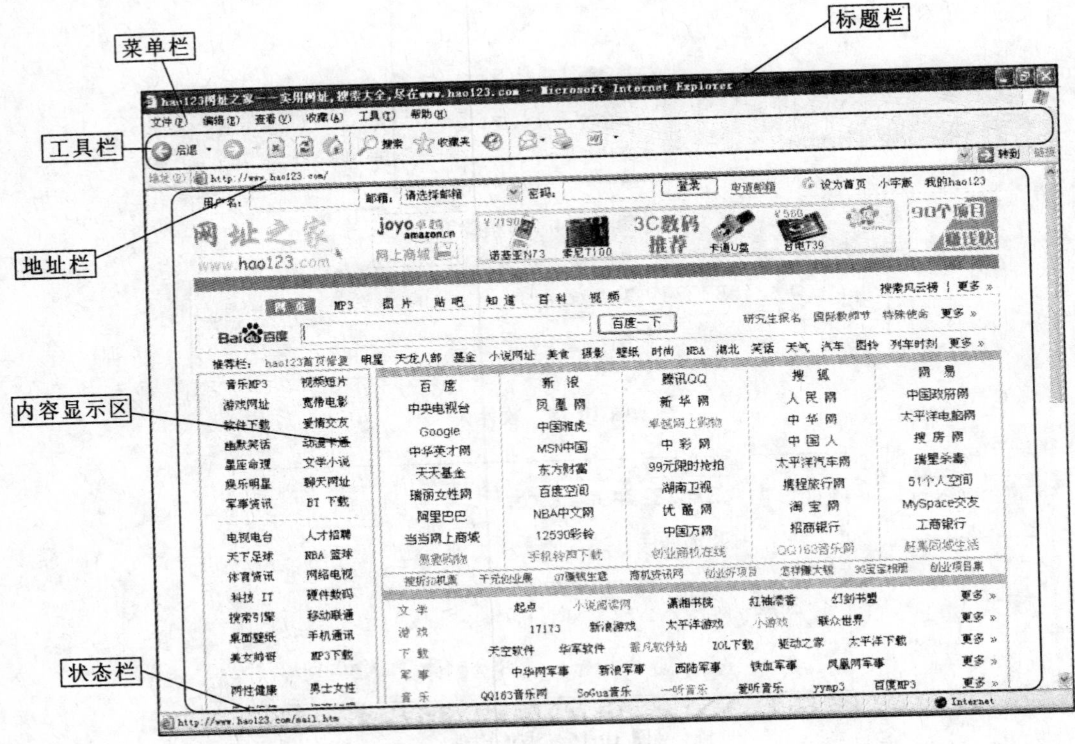

图 10-17　IE 界面

4. 输入网址的方法

在地址栏输入某一个网站或网页的网址并按 Enter 键。

5. 保存网页信息

(1) 如果用户想要保存当前浏览的网页,可以执行菜单“文件”→“另存为”→在弹出的“保存网页”对话框中指定保存位置和保存的文件名→单击“保存”按钮即可。

(2) 如果用户只想保存网页中的文本信息,可以执行菜单“文件”→“另存为”→在弹出的“保存网页”对话框中指定保存位置和保存的文件名→并在“保存类型”下拉列表中选择“文本文件(*.txt)”→单击“保存”按钮即可。

(3) 如果用户想要保存网页中的图片,可以把鼠标指针移动到需要保存的图片上→单

击右键→在弹出的快捷菜单中选择“图片另存为”选项→再在弹出的“保存图片”对话框中指定保存的位置和保存的文件名→单击“保存”按钮即可。

6. 使用 Outlook 收发电子邮件

在 Internet 上收发电子邮件，既方便又快捷。有许多工具可以用来收发电子邮件，如 Outlook Express 和 Foxmail 等。其中 Outlook Express 是 Windows XP 操作系统自带的。

启动 Outlook Express 的方法如下。

方法 1：单击“开始”按钮，执行“所有程序”→“Outlook 2010”命令。

方法 2：双击 Windows XP 桌面上的“Outlook 2010”图标。

方法 3：单击 Windows XP 任务栏上的“Outlook 2010”图标按钮。

如果第一次在 Windows XP 中使用 Outlook 2010，则在启动 Outlook 2010 之前，系统会自动启动“Internet 连接向导”，引导用户设置邮件账户。

启动 Outlook 2010 后，就进入其用户界面，如图 10-18 所示。

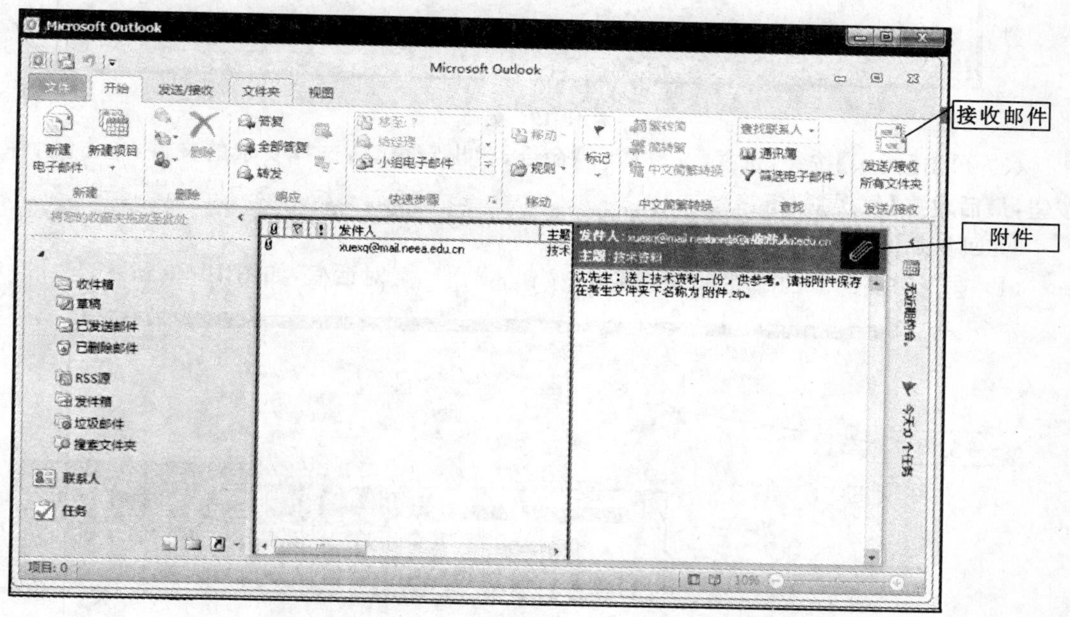

图 10-18　Outlook 窗口

1）接收邮件并保存

启动 Outlook 后，单击 Outlook 右上角的【发送/接收所有文件夹】进行接收文件的操作，如图 10-13 所示。按要求选择邮件，双击打开邮件，选择右边附件，在弹出的对话框中选择要求保存的位置，填入需要保存的名称，单击“保存”按钮。

2）发送邮件及附件

（1）启动 Outlook 后，单击常用工具栏中的【新建电子邮件】按钮，弹出新窗口如图 10-19 所示。

（2）窗口的上半部分为信头，在【收件人】文本框中输入收件人的邮箱地址，下半部分为信体，输入邮件的内容。

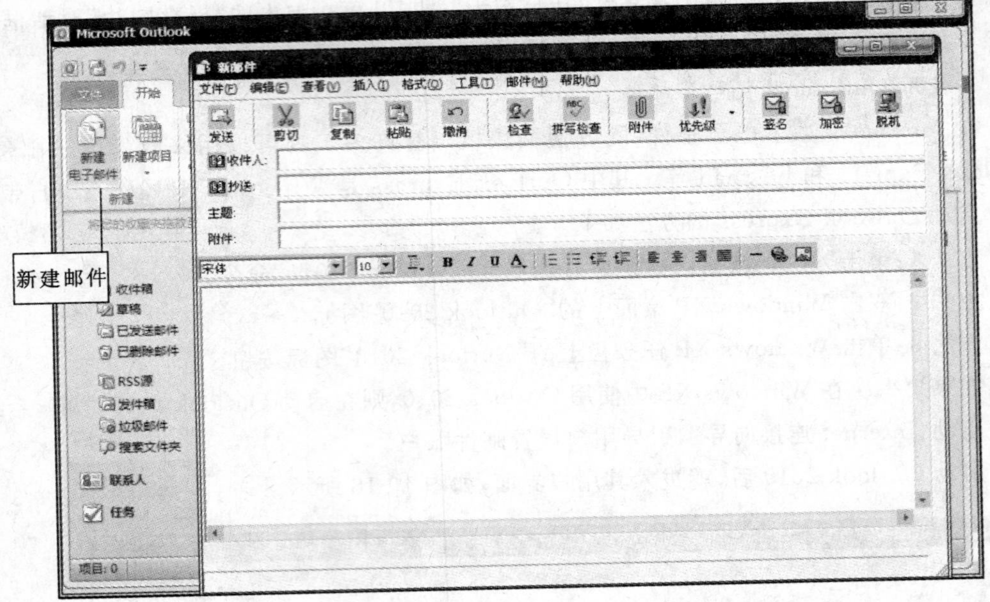

图 10-19 新建

(3) 单击【插入】按钮,选择【文件附件】命令,弹出新窗口,选择要求的文件,单击【附件】按钮,最后单击【发送】按钮。

3) 回复邮件

(1) 选择需要回复的邮件,单击“答复”按钮,弹出回复对话框,如图 10-20 所示。

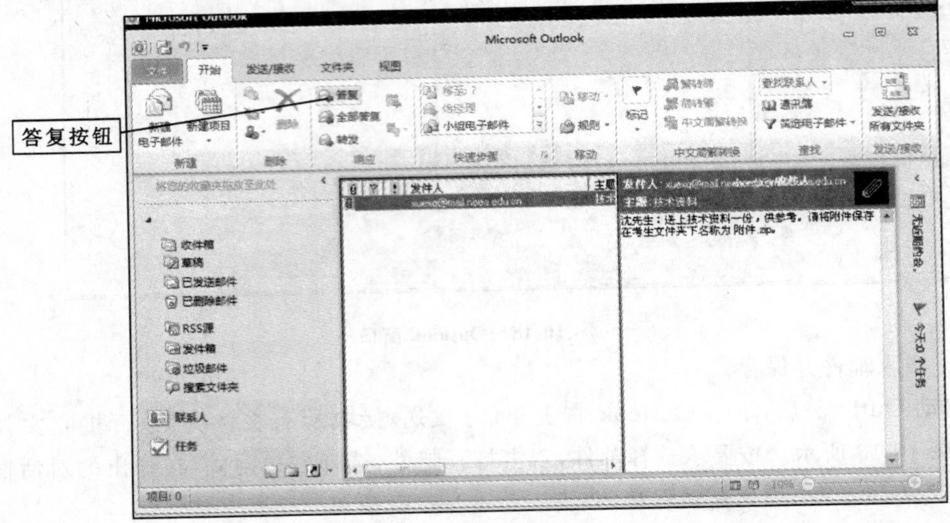

图 10-20 答复

(2) 在信体部分输入要回复的内容,如果有附件的话,还可以插入附件,最后单击“发送”按钮。

4) 转发邮件

(1) 选择需要转发的邮件,单击“转发”按钮,弹出“转发”对话框,如图 10-21 所示。

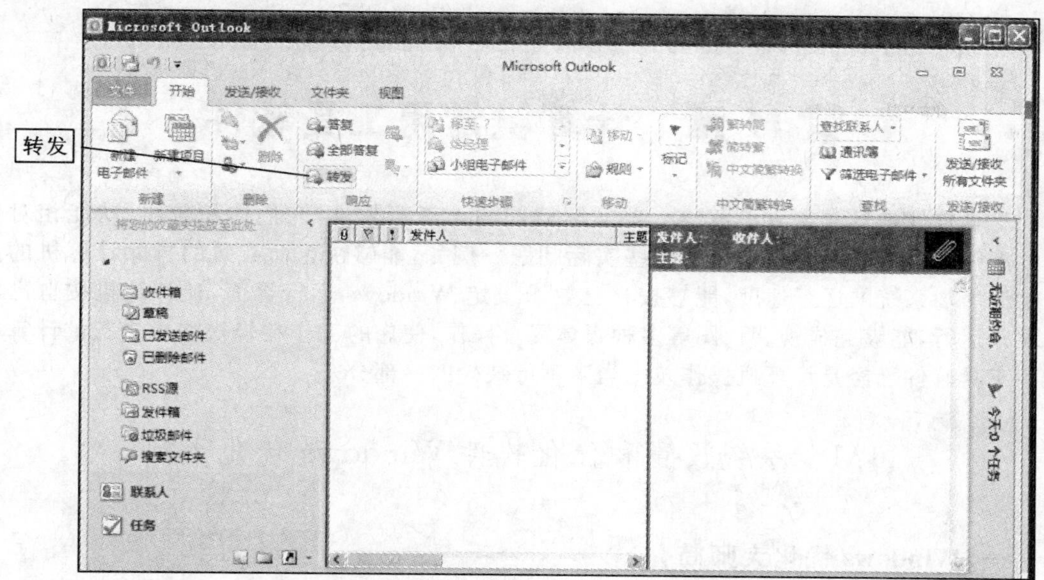

图 10-21　转发

(2) 在“收件人地址”文本框中输入发送地址，单击“发送”按钮。

五、实训操作

利用百度搜索工具(www. baidu. com)搜索一篇鲁迅的散文《从百草园到三味书屋》，阅读后并以文本文档的形式保存在自己的计算机中，命名为“从百草园到三味书屋”，用自己的邮箱跟老师发一个观后感的邮件，并把刚刚保存的文本文档“从百草园到三味书屋”通过附件的形式一并发给老师。

第 11 章　计算机常用工具软件

工具软件是日常生活中解决一些实际问题的计算机软件，它们体积较小、功能相对单一。能够解决计算机使用当中的一些实际问题。例如，能够快速而有效的排除计算机的逻辑错误增加系统的运行速度，能够按自己要求设定 Windows 运行界面，让计算机按自己的要求来运行，能够完成视、听、图等多种媒体混合操作，使您的工作在轻松快中进行。计算机常用工具软件已经是计算机操作技术当中不可缺少的一部分 。

11.1　系统设置和优化软件 Windows 优化大师

一、Windows 优化大师简介

Windows 优化大师是一款功能强大、非常实用的系统辅助软件。它能够深入系统的内部对垃圾文件进行清除，优化网络、开机速度甚至能够帮助用户维护系统安全。它提供了全面有效且简便安全的系统检测、系统优化、系统清理、系统维护四大功能模块及数个附加的工具软件。使用 Windows 优化大师，能够有效地帮助用户了解自己的计算机软硬件信息；简化操作系统设置步骤；提升计算机运行效率；清理系统运行时产生的垃圾；修复系统故障及安全漏洞；维护系统的正常运转。

1. 系统检测模块

这个模块有“系统信息总览”、“软件信息列表”、“更多硬件信息“等三个选项，它们能够显示用户计算机几乎所有的硬件具体信息和安装在系统中的软件信息，并且能够对系统进行测试，如图 11-1 所示。

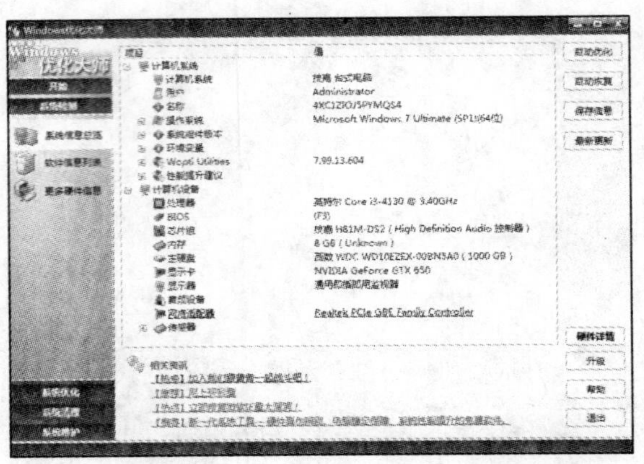

图 11-1

切换到软件信息界面，在这个界面中用户可以对软件进行分析、删除和卸载等操作，如图 11-2 所示。

切换到“更多硬件信息“的界面，用户可以测试自己计算机的性能，并与其他配置的计算

图 11-2

机作对比。

2. 系统优化模块

该模块有“硬盘缓存优化”、“桌面菜单优化”、“文件系统优化”、“网络系统优化”、“开机速度优化”、“系统安全优化”、“系统个性设置”、“后台服务优化”和“自定义设置项”等九个选项，它们是 Windows 优化大师的核心功能。在这里用户可以对自己计算机的系统进行全方面的优化设置、对系统进行安全和个性化的设置。

切换到“系统安全优化”的界面，在这里用户可以对系统进行一些安全设置，用户可以使用 Windows 优化大师的常见病毒检查和免疫、扫描木马程序、扫描蠕虫病毒、禁止光盘、U 盘等所有磁盘自动运行等功能，根据自己的实际情况做出更加完善的系统安全策略，如图 11-3 所示。

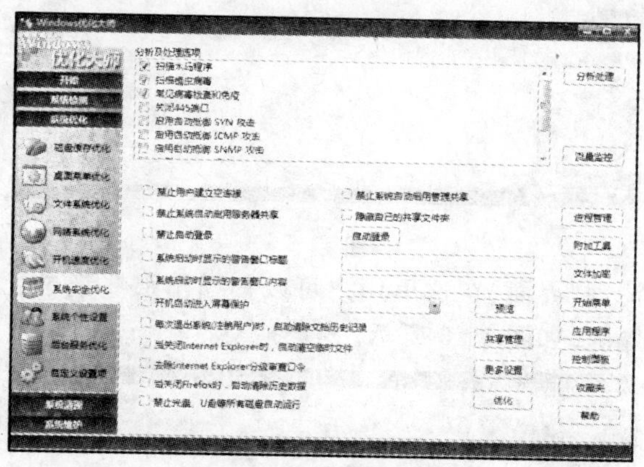

图 11-3

切换到“系统个性设置”的界面，在这里用户可以对自己的系统进行一些个性化的设置。在右键菜单中可以加入一些更方便用户使用的功能选项，在桌面上进行一些更个性化的设置，以及一些针对不同的用户对操作系统进行个性化更改的设置，如图 11-4 所示。

3. 系统清理模块

这个模块有“注册信息清理”、“磁盘文件管理”、“冗余 DLL 清理”、“ActiveX 清理”、“软件智能卸载”、“历史痕迹清理”和“安装补丁清理”等七个选项。在该模块中用户可以对一些长时间积累下来的无用信息进行清理，就如同对家里进行大扫除一样，为自己的计算机清理空间、扫除没有用的垃圾文件；可以对已将安装在系统中的软件进行智能卸载，将一些不能

图 11-4

使用正常手段卸载的软件清除出计算机;用户还可以清除这台计算机上自己使用过的痕迹,对自己的隐私信息加以保护。

切换到“软件智能卸载”界面,在这里用户可以对计算机中已安装的软件进行分析和智能卸载,如图 11-5 所示。

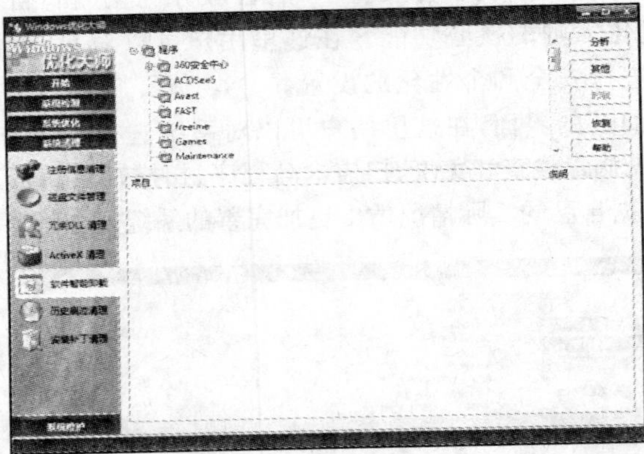

图 11-5

切换到“历史痕迹清理”界面,在这里用户可以扫描出那些记录了自己使用痕迹信息的文件,并且可以将它们删除,如图 11-6 所示。

图 11-6

4. 系统维护模块

切换到系统维护模块，该模块包括"系统磁盘医生"、"磁盘碎片整理"、"驱动智能备份""其他选项设置"、"系统维护日志"和"360 杀毒"等六个选项。在该模块中可以对自己计算机的磁盘进行检查和磁盘碎片整理，对已安装的驱动程序进行智能备份，并且可以看到系统维护的日志。

切换到"驱动智能备份"的界面，在这里用户可以卸载、备份和恢复一些计算机中硬件的驱动程序，如图 11-7 所示。

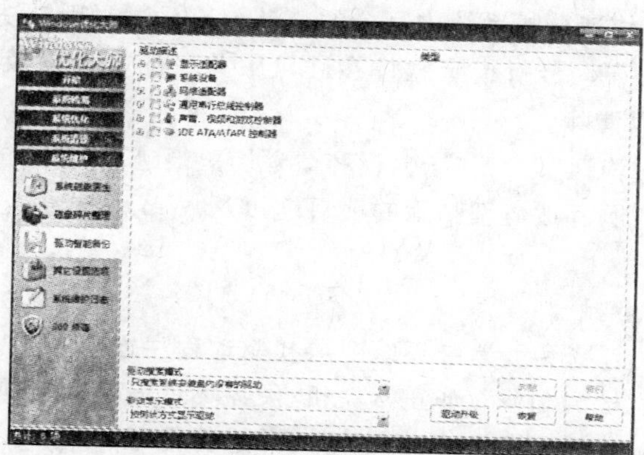

图 11-7

切换到"其他设置选项"界面，在这里用户可以对系统加载的一些插件进行设置，还可以备份和恢复系统文件，如图 11-8 所示。

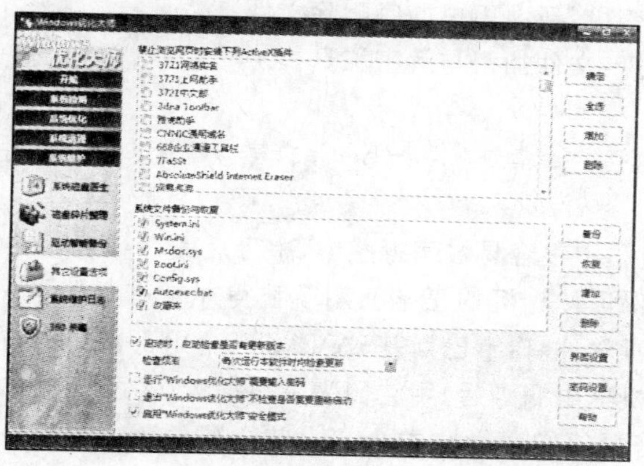

图 11-8

二、Windows 优化大师的特点

1. 详尽准确的系统信息检测

Windows 优化大师深入系统底层，分析用户计算机，提供详细准确的硬件、软件信息，并根据检测结果向用户提供系统性能进一步提高的建议。

2. 全面的系统优化选项

磁盘缓存、桌面菜单、文件系统、网络、开机速度、系统安全、后台服务等能够优化的方方面面全面提供。并向用户提供简便的自动优化向导，能够根据检测分析到的用户计算机软、

硬件配置信息进行自动优化。所有优化项目均提供恢复功能,用户若对优化结果不满意可以一键恢复。

3. 强大的清理功能

(1) 注册信息清理:快速安全扫描、分析和清理注册表。

(2) 磁盘文件管理:快速安全扫描、分析和清理选中硬盘分区或文件夹中的无用文件;统计选中分区或文件夹空间占用;重复文件分析;重启删除顽固文件。

(3) 冗余 DLL 清理:快速分析硬盘中冗余动态链接库文件,并在备份后予以清除。

(4) ActiveX 清理:快速分析系统中冗余的 ActiveX/COM 组件,并在备份后予以清除。

(5) 软件智能卸载:自动分析指定软件在硬盘中关联的文件以及在注册表中登记的相关信息,并在备份后予以清除。

(6) 历史痕迹清理:快速安全扫描、分析和清理历史痕迹,保护您的隐私。

(7) 备份恢复管理:所有被清理删除的项目均可从 Windows 优化大师自带的备份与恢复管理器中进行恢复。

4. 有效的系统维护模块

(1) 驱动智能备份:让您免受重装系统时寻找驱动程序之苦。

(2) 系统磁盘医生:检测和修复非正常关机、硬盘坏道等磁盘问题。

(3) 磁盘碎片整理:分析磁盘上的文件碎片,并进行整理。

(4) Wopti 内存整理:轻松释放内存。释放过程中 CPU 占用率低,并且可以随时中断整理进程,让应用程序有更多的内存可以使用。

(5) Wopti 进程管理大师:功能强大的进程管理工具。

(6) Wopti 文件粉碎机:帮助用户彻底删除文件。

(7) Wopti 文件加密:文件加密与解密工具。

11.2　杀毒软件 360 杀毒及 360 安全卫士

计算机在使用的过程中很容易被病毒感染,中毒后的计算机存在着很大的风险,所以给计算机安装杀毒软件,保证计算机的正常使用就显得非常有必要了!目前国内外有很多杀毒软件,比较有名的杀毒软件有:卡巴斯基、AVAST、金山毒霸、360 杀毒等。这类软件主要有两个作用:①当计算机遭中病毒后,用它们去杀掉病毒;②虽然没有中病毒,但是我们上网时,病毒无处不在,就需要他们去做防护伞。本节主要给大家介绍一下 360 杀毒软件以及 360 安全卫士。

一、360 杀毒软件的特点

360 杀毒软件具有以下特点。

(1) 全面防御 U 盘病毒。彻底剿灭各种借助 U 盘传播的病毒,第一时间阻止病毒从 U 盘运行,切断病毒传播链。

(2) 领先双引擎,强力杀毒。国际领先的常规反病毒引擎+360 云引擎,强力杀毒,全面保护计算机安全。

(3) 第一时间阻止最新病毒。360 杀毒具有领先的启发式分析技术,能第一时间拦截新

出现的病毒。

(4) 独有可信程序数据库，防止误杀。依托360安全中心的可信程序数据库，实时校验，360杀毒的误杀率极低。

(5) 快速升级，及时获得最新防护能力。每日多次升级，让用户及时获得最新病毒库及病毒防护能力。

(6) 完全免费。再也不用为收费烦恼，完全摆脱激活码的束缚。

二、360杀毒软件的基本操作

启动360杀毒软件，如图11-9所示。

图 11-9

1. 病毒查杀

提供快速扫描、全盘扫描、自定义扫描、宏病毒扫描方式。

操作步骤如下。

(1) 可选中"快速扫描"选项，该选项仅扫描计算机的关键目录和极易有病毒隐藏的目录。

(2) 可选中"全盘扫描"，该选项查杀所有分区上的病毒。

(3) 可选中"自定义扫描"，该选项仅对用户指定的目录和文件进行扫描。

2. 360功能大全

启动360功能大全，主要分类为系统安全、系统优化、系统急救，实时监控病毒、木马的入侵，保护计算机安全，如图11-10所示。

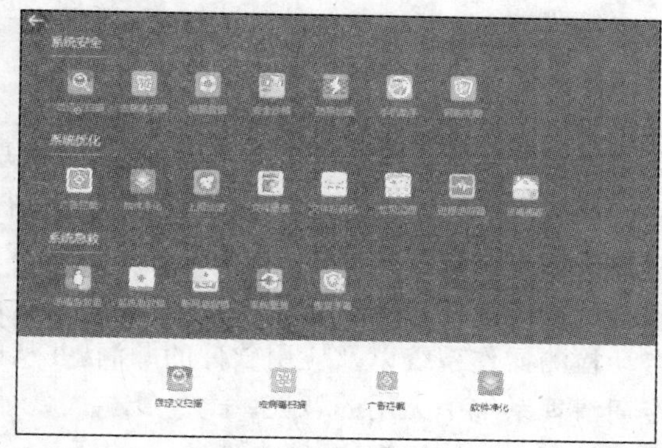

图 11-10

3. 360 杀毒设置

单击“设置”选项卡,可以对 360 杀毒软件进行相应的设置。主要包括“常规设置”、“升级设置”、“病毒扫描设置”、“实时防护设置”、“异常提醒”等。在这里可以设置发现病毒时的处理方式、定时查毒、病毒防护级别等,如图 11-11 所示。

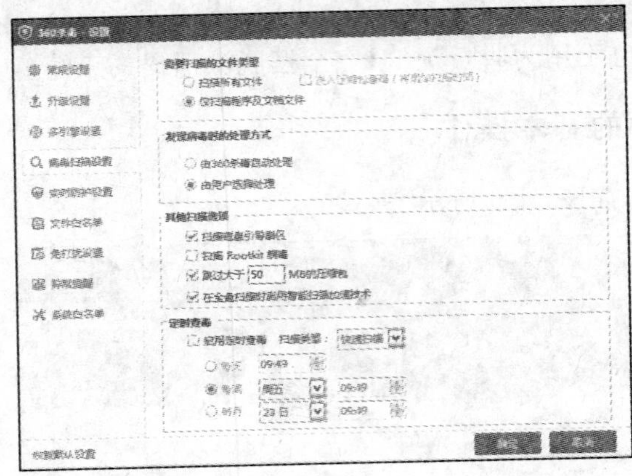

图 11-11

三、360 安全卫士的基本操作

360 安全卫士在启动后,界面上有 8 个按钮,分别是计算机体检、木马查杀、系统修复、计算机清理、优化加速、计算机救援、手机助手、软件管家(如图 11-12 所示)。

图 11-12

1. 常用

(1) 360 计算机体检可以对计算机系统进行快速一键扫描,对木马病毒、系统漏洞、恶评插件等问题进行修复,并全面解决潜在的安全风险,提高计算机的运行速度。

(2) 查杀木马可以对系统的木马进行快速查杀。

(3) 清理插件可以清理过多的插件,提高浏览器以及系统的运行速度。

(4) 修复漏洞可以自动检测操作系统以及应用软件的漏洞,并从网上下载对应的补丁。

(5) 清理垃圾可以定期清理系统中无用的垃圾。

(6) 清理痕迹可以清理使用者的使用痕迹。

(8) 系统修复可以修复系统。

2. 木马防火墙

单击“木马防火墙”按钮，出现如图所示窗口，共有防护状态、隔离沙箱、信任列表、阻止列表、阻止列表、设置 6 个选项卡，如图 11-13 所示。

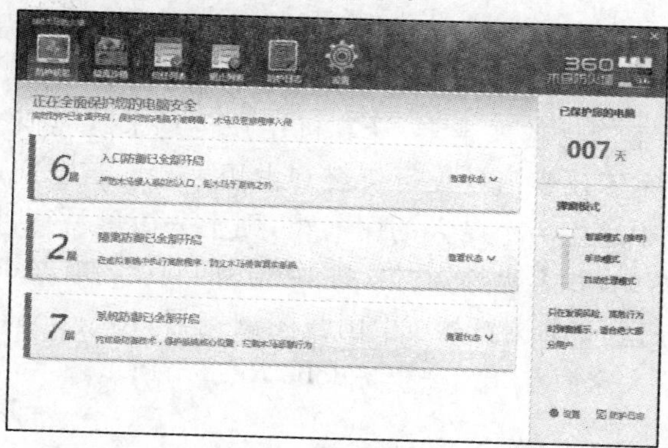

图 11-13

3. 360 保镖

启动 360 保镖，包括保镖状态、网购保镖、搜索保镖、下载保镖、看片保镖、U 盘保镖、邮件保镖，如图 11-14 所示。

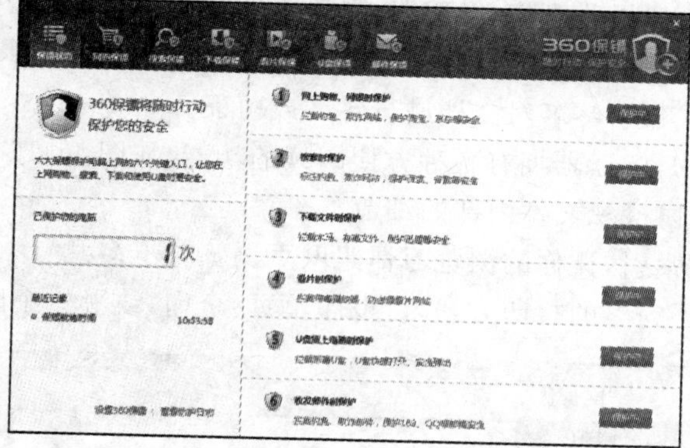

图 11-14

4. 软件管家

单击“软件管家”按钮，会出现如图所示的对话框，如图 11-15 所示。

图 11-15

360 软件管家共有 7 个按钮,包括软件大全、软件升级、软件卸载、软件体验、游戏中心、应用宝库、手机必备。

11.3　电子阅读软件 Adobe Reader PDF

网上可供阅读的电子读物越来越多,计算机用户也越来越习惯于用计算机来阅读,另外,在 家中购买大量藏书不仅要消耗大量资金和占用大量建筑空间,而且还难以查找和长期保存。如果在计算机中建立一个庞大的图书馆,则十分简单易行,同时还有占用空间小、投入资金少、收藏、整理、查找容易等优点。目前常用的阅读器有 Adobe Reader、方正 Apabi Reader、SSReader、超星图书浏览器、中国数图浏览器、ReadBook、ReadSonic、电子小说阅读器等。本节主要给大家简单介绍一下 Adobe Reader PDF。

一、Adobe Reader PDF 简介

Adobe Reader 是用于打开和使用在 Adobe Acrobat 中创建的 Adobe PDF 的工具。虽然无法在 Reader 中创建 PDF,但是可以使用 Reader 查看、打印和管理 PDF。在 Reader 中打开 PDF 后,可以使用多种工具快速查找信息。如果您收到一个 PDF 表单,则可以在线填写并以电子方式提交。如果收到审阅 PDF 的邀请,则可使用注释和标记工具为其添加批注。使用 Reader 的多媒体工具可以播放 PDF 中的视频和音乐。如果 PDF 包含敏感信息,则可利用数字身份证或数字签名对文档进行签名或验证。

Adobe Reader PDF 阅读器拥有各种方便阅读的功能,如图 11-16 所示。

(1)放大与缩小可以检视文件内部的细节。

(2)翻页与超文件索引,让你的浏览习惯跟网页浏览差不多。

(3)打印时,提供了完整的打印方式,可以印单页,全印,或者一个区段。

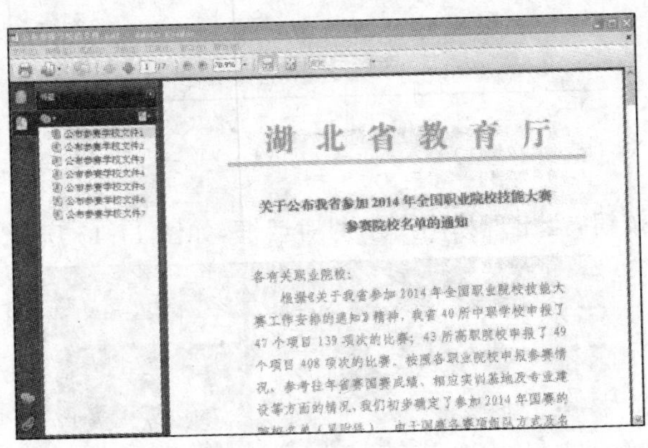

图 11-16

二、Adobe Reader PDF 的使用

1. PDF 文件制作

PDF 文档使用很简单,然而如何将常用的 Doc、Excel 等文档制作成 PDF 格式呢? 其实,有了 CutePDF Writer,一切问题变得非常的简单,如图 11-17 所示。

图 11-17

CutePDF Writer 是一个开源应用程序，Windows 打印功能的任何程序都可以使用它创建 PDF 文档。软件安装后会生成虚拟打印机，任何支持 Windows 打印功能的程序生成的文件，在打印时只要选择生成的 CutePDF Writer 虚拟打印机，就可轻轻松松的转换为 PDF 文档，并且可以生成 Postscript 文档、Encapsulated Postscript 文件等格式。此外，你也可以将文件转换为 PNG、BMP、JPEG、PCX、TIFF 等图形格式文件，如图 11-18 所示。

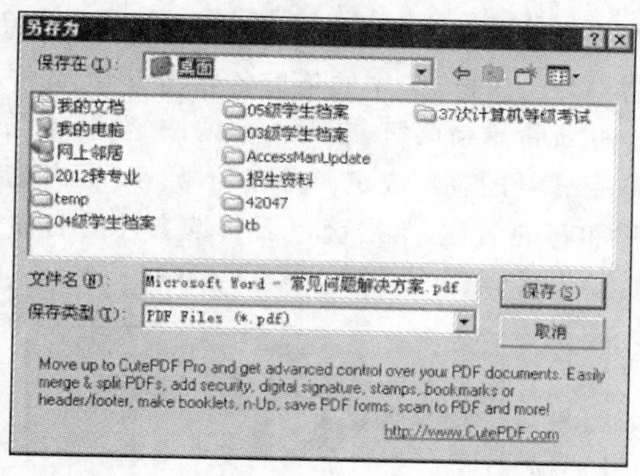

图 11-18

2. PDF 文档的转换

PDF 转 Word 文档同样简单，要想将 PDF 文档转换为可以进行重新编排格式的 Word 文档，过程同样简单，只要使用"ScanSoft PDF Converter for Microsoft Word"这款 Office 插件即可。该插件安装后，可以在 Word 软件中直接通过"文件→打开"选项来打开 PDF 文档。文件转换时，插件首先捕获 PDF 文档中的信息，分离文字同图片、表格和卷，再将其统一到 Word 格式，完全保留原来的格式和版面设计。当然，有了该插件，也可以轻松地通过右键来将 PDF 文件转换成为 Word 文件，还可以在 Microsoft Outlook 直接打开 E-mail 附件里的 PDF 文件，以及把网上的 PDF 文件直接在 Word 里打开。

3. PDF 文档的管理

PDF 文档越来越多，对文档的管理变得非常的重要，以备文章的检索、阅读。有了 Active PDF Searcher 这款 PDF 文件管理软件，问题变得不再复杂。它是一个强大的 PDF 文档阅读与检索工具，具有强大的全文检索功能，并且支持多个 PDF 全文检索。软件内置

PDF 解析和浏览引擎,以及一个 5 万词的中文词库,能够检索中文、英文及其他各种语言,检索速度快,使用非常方便。

11.4 图片浏览软件 ACDSee

一、ACDSee 的特点

ACDSee 是使用最为广泛的看图工具软件之一,大多数计算机爱好者都使用它来浏览图片,它的特点是支持性强,它能打开包括 ICO、PNG、XBM 在内的二十余种图像格式,并且能够高品质地快速显示它们,甚至近年在互联网上十分流行的动画图像档案都可以利用 ACDSee 来欣赏。它还有一个特点是快,与其他图像观赏器比较,ACDSee 打开图像档案的速度无疑是相对的快。与其他看图工具(如:看图大眼睛、Picasa 等流行软件)相比,功能强大,支持格式最全,版本较多,能满足不同人的需求。

二、ACDSee 的使用

1. 文件批量更名

这是与扫描图片并顺序命名配合使用的一个功能,它的使用方法是:选中“浏览”窗口内需要批量更名的所有文件,单击文件列表中的项目名称,使其按文件名、大小、日期等规律排列。再单击鼠标右键,选中“批量重命名”。在对话框内按“发型#”的格式填入文件名模板,其中通配符#的个数由数字序号的位数决定。另在“开始于”框内选择起始序号(如“1”),可以再预览中看到旧的名称和新的名称,单击确定后所选文件的名称全部被更改为模板指定的形式,如图 11-19 所示。

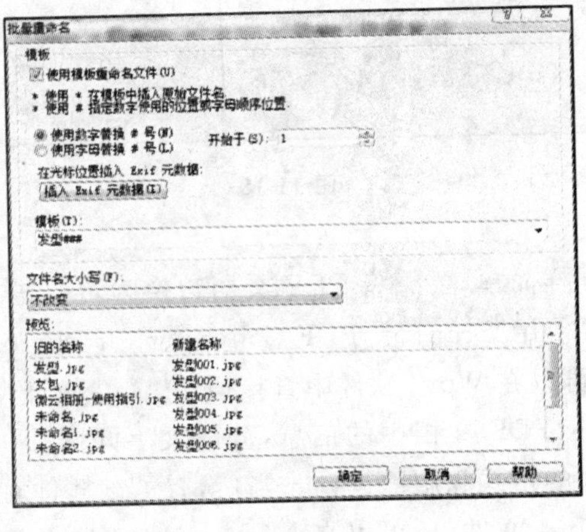

图 11-19

2. 图片添加注释

在计算机中一般都存放了许多图片,时间一长,别说文件名,就是连它是干什么用的都不知道了,这时候就需要对它们进行管理,以提高效率。请选中一图片文件,然后右击,选择“属性”命令,打开窗口,在里面写上注释的内容和关键字,以后就可以通过 ACDSee 的查询功能快速地找到所需要的图片了。

3. 用全屏幕查看图形

在全屏幕状态下，查看窗口的边框、菜单栏、工具条、状态栏等均被隐藏起来以腾出最大的桌面空间，用于显示图片，这对于查看较大的图片自然是十分重要的功能。使用 ACDSee 实现全屏幕查看图片的过程也很简单，首先将图片置于查看状态，而后按 Ctrl＋F 组合键，这时工具条就被隐藏起来了，再按一次 Ctrl＋F 组合键，即可恢复到正常显示状态。另外，利用鼠标也可以实现全屏幕查看，先将光标置于查看窗口中，而后单击鼠标中键，即可在全屏幕和正常显示状态之间来回地切换。如果使用的是双键鼠标，则将光标置于查看窗口中，而后按住左键的同时单击右键，也能够实现全屏幕和正常查看状态的切换。

4. 用固定比例浏览图片

有时候，得到的图片文件比较大，一屏幕显示不下，而有时候所要看的图片又比较小，以原先的大小观看又会看不清楚，这时候就必须使用到 ACDSee 的放大和缩小显示图片的功能，使用起来非常简单，只在浏览状态下，单击相关工具栏上的按钮即可。但是一旦切换到下一张时，ACDSee 仍然默认以图片的原大小显示图片，这时候又必须重新单击放大或缩小钮，非常麻烦。其实，在 ACDSee 软件中有一个“锁定”开关，只要在浏览一文件时将画面调整至合适大小，再右击画面，选中“查看”选项中的“锁定”开关(即在前打一外小勾)，当点下“0 下一张”按钮浏览下一张图片时就会以固定的比例浏览图片，从而减少了再次放大和缩小调整图片的麻烦，非常方便。

5. 用图像增强器美化图像

在处理图象时，鼠标右键单击然后选择“编辑”按钮，来打开图象处理窗口。在该窗口的工具栏中选择需要的工具，如色彩调整，程序将打开一个调整窗口，窗口中有两个对比图，拖动窗口中的滑条，即可调整图象的色彩；如果选择菜单“滤镜”，程序将打开含有滤镜效果的窗口，该窗口中有多种滤镜工具，经过一定的设置和美华，从而获得比较满意的效果。

6. 制作屏幕保护程序

如果要将计算机中自己喜欢的图片制作成一个漂亮的屏幕保护程序，只要巧妙地利用 ACDSee 的连续播放功能就可能达到这个目的。

选中一图片文件夹在 ACDSee 中打开，首先选择工具栏菜单下的“额外”命令，并选“幻灯片”标签，风格可以选择切换的效果，将延迟时间由默认的 5000 毫秒(即 5 秒)改为自己的值，一般要改得小一些，这样图片显示就快一些，然后点“开始”就可以慢慢地欣赏所喜爱的图片了，如图 11-20 所示。

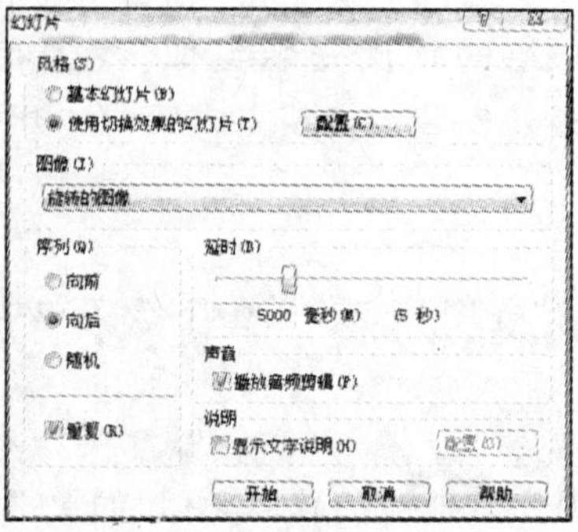

图 11-20

7. 制作桌面墙纸

在 Windows 下工作,首先映入眼帘的就是桌面,因此桌面的图像的漂亮与否将会直接影响到工作情绪。给自己设计一个漂亮的桌面的墙纸对于提高自己的工作效率是很有帮助的,利用 ACDSee 同样可以将自己喜爱的图片存为一张墙纸,这样一旦所有的程序最小化,就可以看到自己喜欢的图片了。具体方法是首先选中一图片,右击,选择“壁纸”命令,此时会弹出子菜单,分别是“居中”、“平铺”、“还原”,其中“居中”表示正中放置图片,“平铺”表示平铺放置图片,“还原”为恢复原先 Windows 的墙纸设置。

8. 批量转换图片文件格式

ACDSee 可以成批转换图片格式,转换方法是:选中当前窗口内需要转换格式的图片,单击“工具”菜单下的“格式转换”命令,弹出图片格式转换对话框。可以在"图像格式转换"框内选中要转换的图片格式,对于 JPEG 等格式,可以单击“格式设置”按钮设置压缩率等参数。而“选项”框单击进去后可设置修改图片保存位置,如图 11-21 所示。

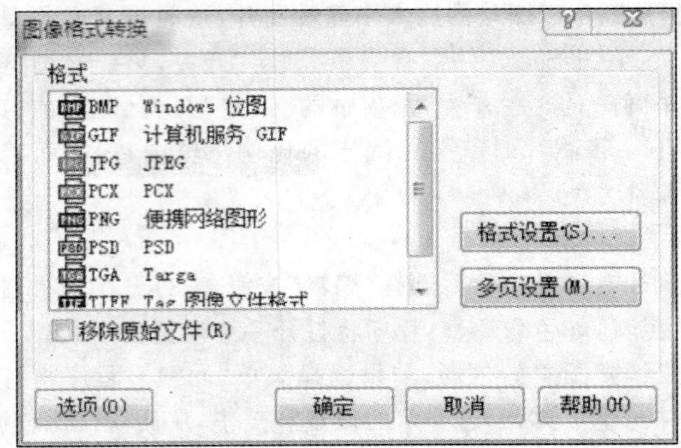

图 11-21

11.5 文件压缩与解压缩软件 WinRAR

一、WinRAR 的安装、启动与退出

1. WinRAR 的安装

WinRAR 的安装与前面介绍的软件安装类似,找到存放 WinRAR 的文件夹,双击 wrar501sc.exe,根据提示向导逐步安装。安装完成后,在“开始”菜单,“所有程序”选项中会出现 WinRAR 项。

2. WinRAR 的启动

单击【开始】菜单,鼠标指向“程序”选项,单击下级菜单中的【WinRAR】程序,即可启动 WinRAR。

3. WinRAR 的退出

退出 WinRAR 的方法与退出其他应用软件类似,如单击窗口右上方的【关闭】按钮等。

二、WinRAR 的特点

WINRAR 是目前流行的压缩工具，界面友好，使用方便，在压缩率和速度方面都有很好的表现。其压缩率比高，5.x 采用了更先进的压缩算法，是现在压缩率较大、压缩速度较快的格式之一。WINRAR 提供了 RAR 和 ZIP 文件的完整支持，能解压 ARJ、CAB、LZH、ACE、TAR、GZ、UUE、BZ2、JAR、ISO 格式文件。WinRAR 的功能包括强力压缩、分卷、加密、自解压模块、备份简易。其软件界面如图 11-22 所示。

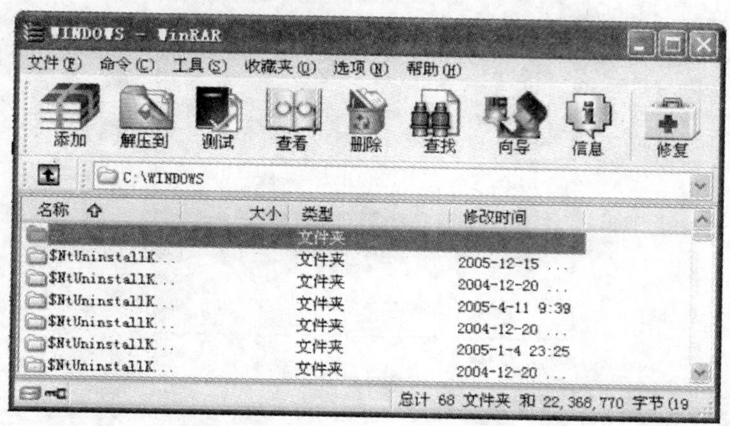

图 11-22

1. WINRAR 压缩比例高

WinRAR 在 Dos 时代就一直具备这种优势，经过多次试验证明，WinRAR 的 RAR 格式一般要比 WinZIP 的 ZIP 格式高出 10%～30%的压缩率，尤其是它还提供了可选择的、针对多媒体数据的压缩算法。

2. 对多媒体文件有独特的高压缩率算法

WinRAR 对 WAV、BMP 声音及图像文件可以用独特的多媒体压缩算法大大提高压缩率，虽然我们可以将 WAV、BMP 文件转为 MP3、JPG 等格式节省存储空间，但不要忘记 WinRAR 的压缩可是标准的无损压缩。

3. 能完善的支持 ZIP 格式并且可以解压多种格式的压缩包

虽然 WinZIP 也能支持 ARJ、LHA 等格式，但却需要外挂对应软件的 Dos 版本，实在是功能有限。但 WinRAR 就不同了，不但能解压多数压缩格式，且不需外挂程序支持就可直接建立 ZIP 格式的压缩文件，所以我们不必担心离开了 WinZIP 如何处理 ZIP 格式的问题。

4. 设置项目非常完善，并且可以定制界面

让我们通过开始选单的程序组启动 WinRAR，在其主界面中选择“选项”选单下的“设置”打开设置窗口，分为常规、压缩、路径、文件列表、查看器、综合六大类，非常丰富，通过修改它们，可以更好地使用 WinRAR。

5. 对受损压缩文件的修复能力极强

在网上下载的 ZIP、RAR 类的文件往往因头部受损的问题导致不能打开，而用WinRAR 调入后，只须单击界面中的“修复”按钮就可轻松修复，成功率极高。

6. 能建立多种方式的全中文界面的全功能(带密码)多卷自解包

启动 WinRAR 进入主界面，选好压缩对象后，选文件选单下的“密码”，输入密码，确定后单击主界面中的“添加”按钮，如图所示，将“常规”标签下的“创建自解压缩包”打勾，在分卷大小框内输入每卷大小；在“高级”标签下单击“自解压缩包选项”，选择图形模块方式，并可在“高级自解压缩包选项”中设置自解包运行时显示的标题、信息、默认路径等项目，单击“确定”后压缩开始，如图 11-23 所示。

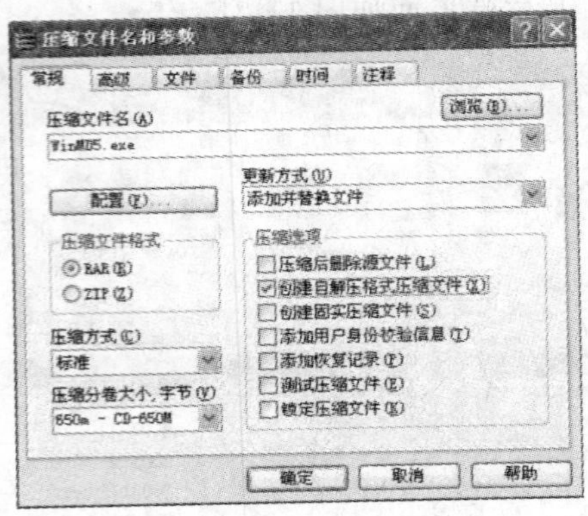

图 11-23

7. 辅助功能设置细致

可以在压缩窗口的“备份”标签中设置压缩前删除目标盘文件，可以为压缩包加注释，可以设置压缩包的防受损功能等，从这些细微之处能看出 WinRAR 的体贴周到。

8. 压缩包可以锁住避免被更改

双击进入压缩包后，单击命令选单下的“锁定压缩包”就可防止人为的添加、删除等操作，保持压缩包的原始状态，如图 11-24 所示。

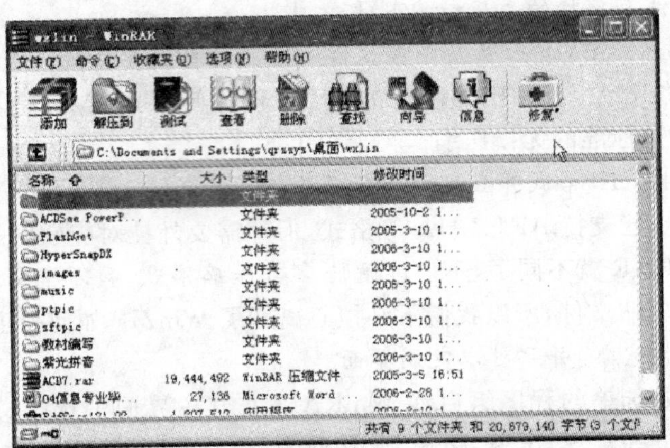

图 11-24

三、文件的快速压缩和解压

1. 快速压缩

(1) 鼠标右击要压缩的文件，显示 WinRAR 的快捷键(图中用圆圈标注的部分)。

(2) 单击【添加到压缩文件】,显示“压缩文件名和参数”对话框。在“常规”选项卡中输入压缩文件名,单击【确定】按钮完成压缩。

快速压缩示意图如图 11-25 所示。

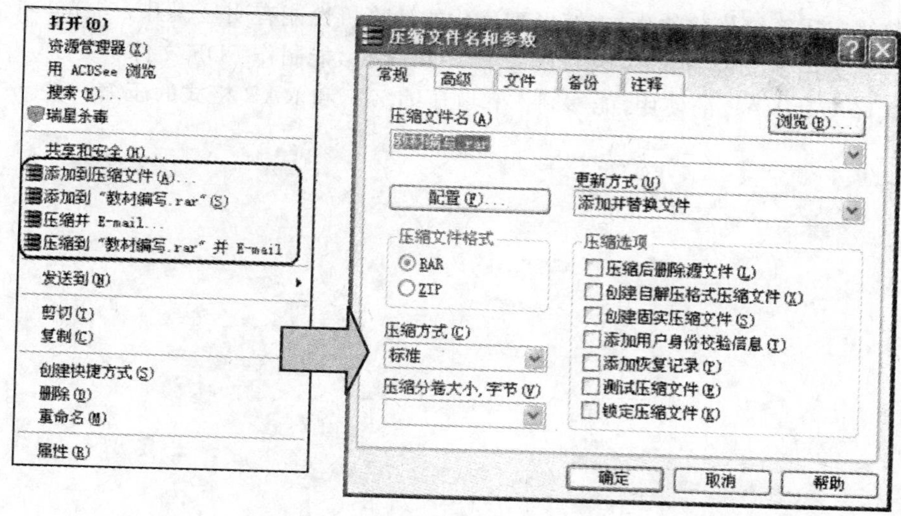

图 11-25

2. 快速解压

(1) 鼠标右键单击要解压的文件,弹出快捷菜单。

(2) 单击【解压文件】后。显示“解压路径和选项”对话框,在“目标路径”处选择解压缩后的文件存放路径和名称,单击【确定】按钮,完成文件解压。也可以选择“解压到当前文件夹”。

快速解压示意图如图 11-26 所示。

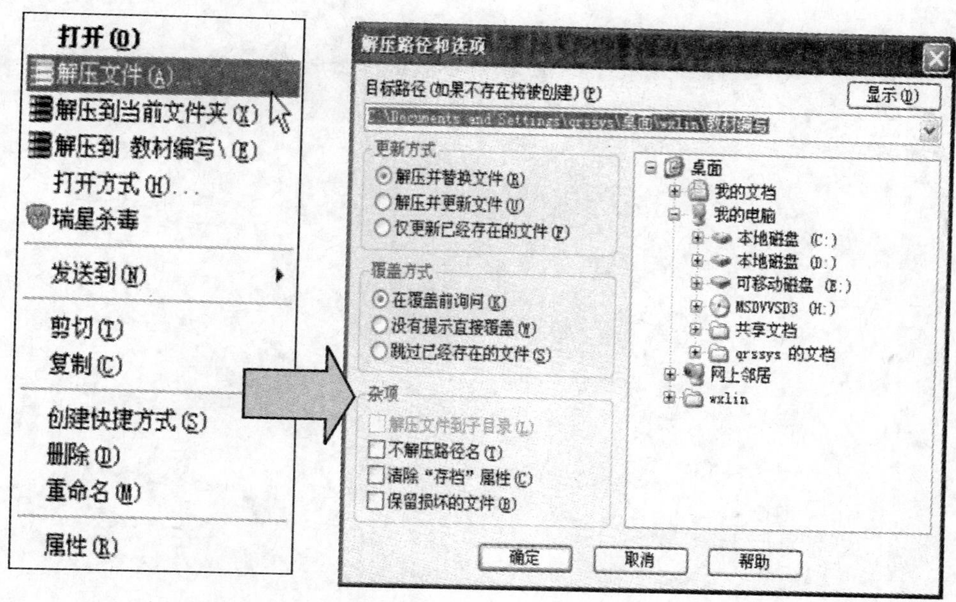

图 11-26

11.6 实训操作

(1) 熟练应用系统优化软件,能够做到优化的计算机性能有明显提升。

(2) 熟练运用 Aodbe Reader 阅读器查看 PDF 文件,能制作 PDF 文件。

(3) 掌握 WINRAR 的使用,能够制作和解压缩 ZIP 和 RAR 格式的压缩文件。

参考文献

[1] 王德永,郗大海. Office办公软件高级应用[M]. 北京:人民邮电出版社,2013.

[2] 杨继萍,倪宝童等. 计算机应用标准教程(2013—2015版)[M]. 北京:清华大学出版社,2013.

[3] 宋强等. Office办公软件应用标准教程(2013—2015版)[M]. 北京:清华大学出版社,2013.

[4] 饶兴明,石友版. 计算机应用基础项目化教程[M]. 北京:邮电大学出版社,2013.

[5] 全国计算机等级考试教材编写组. 全国计算机等级考试教程——一级计算机基础及MS Office应用[M]. 北京:人民邮电出版社,2013.

[6] 全国计算机等级考试命题研究中心,未来教育教学与研究中心. 全国计算机等级考试上机考试题库——一级计算机基础及Ms Office应用[M]. 成都:电子科技大学出版社,2013.

[7] 全国计算机信息高新技术考试教材编写委员会编写组. 办公软件应用(Windows平台)Windows 7、Office 2010职业技术培训教程(操作员级)[M]. 北京:希望电子出版社,2013.

[8] 雷振德,朱洛南. 计算机办公实用教程[M]. 北京:科学出版社,2012.

[9] 黄进龙,卢秋根. Office办公软件项目教程[M]. 北京人民邮电出版社,2012.

[10] 章晓英,王红等. Office办公软件案例教程[M]. 北京:科学出版社,2011.

[11] 孙海伦. 办公软件应用教程[M]. 北京:人民邮电出版社,2010.